U0248504

21 世纪高等学校基础工业 CAD/CAM 规划教材

SolidWorks 2013 中文版基础设计教程

赵罘 杨晓晋 刘玥 编著

清华大学出版社

北京

内 容 简 介

本书针对 SolidWorks 2013 中文版由浅入深地介绍了软件基础、草图绘制、特征建模、装配体设计、工程图设计、动画设计及图片渲染等方面的功能。在具体写作上，每章的前半部分介绍软件的基础知识，后半部分利用一个内容较全面的范例来使读者了解具体的操作步骤，该操作步骤内容翔实，图文并茂，引领读者一步一步完成模型的创建，使读者既快又深入地理解 SolidWorks 软件中的一些抽象的概念和功能。

本书可作为广大工程技术人员的 SolidWorks 自学教程和参考书籍，也可作为大专院校计算机辅助设计课程的指导教材。本书的实例文件、每章的 PPT 演示文件可在清华大学出版社网站上下载，也可在作者的博客中下载：http://blog.sciencenet.cn/u/zhaofu。

图书在版编目（CIP）数据

SolidWorks 2013 中文版基础设计教程 / 赵罘等编著. —北京：清华大学出版社，2013.3

21 世纪高等学校基础工业 CAD/CAM 规划教材

ISBN 978-7-302-30784-6

Ⅰ. ①S…　Ⅱ. ①赵…　Ⅲ. ①计算机辅助设计-应用软件-高等学校-教材　Ⅳ. ①TP391.72

中国版本图书馆 CIP 数据核字（2012）第 287073 号

责任编辑：薛　阳
封面设计：杨　兮
责任校对：白　蕾
责任印制：杨　艳

出版发行：清华大学出版社

网　　　址：http://www.tup.com.cn，http://www.wqbook.com

地　　　址：北京清华大学学研大厦 A 座　　　邮　　编：100084

社 总 机：010-62770175　　　　　　　　邮　　购：010-62786544

投稿与读者服务：010-62776969，c-service@tup.tsinghua.edu.cn

质 量 反 馈：010-62772015，zhiliang@tup.tsinghua.edu.cn

印 刷 者：北京密云胶印厂

装 订 者：北京市密云县京文制本装订厂

经　　销：全国新华书店

开　　本：185mm×260mm　　　印　　张：28　　　字　　数：677 千字

版　　次：2013 年 3 月第 1 版　　　　　　印　　次：2013 年 3 月第 1 次印刷

印　　数：1～3000

定　　价：49.00 元

产品编号：048384-01

前　言

SolidWorks 软件以参数化特征造型为基础，具有功能强大、易学、易用等特点，极大地提高了机械设计工程师的设计效率和设计质量，并成为主流三维 CAD 软件市场的标准，是目前最优秀的三维 CAD 软件之一。其最新版本中文版 SolidWorks 2013 针对设计中的多项功能进行了大量补充和更新，使设计过程更加便捷。

本书主要内容包括：

（1）介绍 SolidWorks 软件基础，包括软件的基本功能和基本操作方法。

（2）草图绘制，讲解二维草图的绘制和修改方法。

（3）特征设计，讲解 SolidWorks 软件大部分的特征建模命令和使用方法。

（4）曲面建模，讲解曲线和曲面的建立方法和过程。

（5）装配体设计，讲解由零件建立装配体的方法和过程。

（6）工程图设计，讲解制作符合国标的工程图的方法和过程。

（7）钣金设计，讲解钣金零件的设计方法。

（8）焊件设计，讲解结构件零件的设计方法。

（9）图片渲染，讲解图片渲染的方法和过程。

（10）动画设计，讲解装配体的动画建立方法。

（11）公差分析，讲解零件的公差标注和公差分析方法。

本书由赵罘、杨晓晋、刘玥编著，另外，张艳婷参与第 1 章的编写，赵楠参与第 2 章的编写，刘晔辉参与第 3 章的编写，张媛、孟春玲参与第 4 章的编写，龚堰珏参与第 5 章的编写，郑玉彬参与第 6 章的编写，胡水兰参与第 7 章的编写，刘玢参与第 8 章的编写，罗有彪参与第 9 章的编写，刘奇荣参与第 10 章的编写，王梦雨参与第 11 章的编写，王璐参与第 12 章的编写，于勇参与第 13 章的编写，赵海楠参与第 14 章的编写工作。

由于作者水平有限，书中难免会有疏漏和不足之处，恳请广大读者提出宝贵意见，电子邮箱是 zhaoffu@163.com。

编　者

2012 年 12 月

目　　录

第 1 章   SolidWorks 基础

SolidWorks 是功能强大的三维 CAD 设计软件,是美国 SolidWorks 公司开发的以 Windows 操作系统为平台的设计软件。SolidWorks 相对于其他 CAD 设计软件来说,简单易学,具有高效的简单的实体建模功能,并可以利用 SolidWorks 集成的辅助功能对设计的实体模型进行一系列计算机辅助分析,以更好地满足设计需要,节省设计成本,提高设计效率。

SolidWorks 通常应用于产品的机械设计中,它将产品设计置于 3D 空间环境中进行,设计工程师按照设计思想绘制出草图,然后生成模型实体及装配体,运用 SolidWorks 自带的辅助功能对设计的模型进行模拟功能分析,根据分析结果修改设计的模型,最后输出详细的工程图,进行产品生产。

SolidWorks 集成强大的辅助功能,在产品设计过程中可以方便地进行三维浏览、运动模拟、碰撞和运动分析、受力分析、运动算例、在模拟运动中为动画添加马达等。SolidWorks 常使用的功能工具有:eDrawing、PhotoWorks、3D Instant Website 及 COSMOSMotion 等,另外,还可以利用 SolidWorks 提供的 FeatureWorks、SolidWorks Toolbox、PDMWorksd 等工具来扩展该软件的使用范围。

本章是 SolidWorks 的基础,主要介绍该软件的基本概念和常用术语、操作界面、特征管理器和命令管理器,是用户使用 SolidWorks 必须要掌握的基础知识,是熟练使用该软件进行产品设计的前提。

1.1   SolidWorks 概述和基础概念

Solidworks 公司是专业从事三维机械设计、工程分析和产品数据管理软件开发和营销的跨国公司,其软件产品 Solidworks 自 1995 年问世以来,以其优异的性能、易用性和创新性,极大地提高了机械设计工程师的设计效率。功能强大、易学易用和技术创新是 SolidWorks 的三大特点,使得 SolidWorks 成为领先的、主流的三维 CAD 解决方案。

SolidWorks 公司根据实际需求及技术的发展,推出了 SolidWorks 2013,该软件在用户界面、模型的布景及外观、草图绘制、特征、零件、装配体、配置、运算实例、工程图、出样图、尺寸和公差 COSMOSWorks 及其他模拟分析功能等方面功能更加强大,使用更加人性化,缩短了产品设计的时间,提高了产品设计的效率。本节将介绍 SolidWorks 2013 概述及基础概念,使用户对该软件有个初步的认识。

1.1.1   启动 SolidWorks 2013

在 Windows 操作环境下,SolidWorks 2013 安装完成后,就可以启动该软件了。单击选择【开始】|【所有程序】| SolidWorks 2013 菜单命令,或者双击桌面上的 SolidWorks 2013

的快捷方式图标，该软件就可以被启动，如图 1-1 是 SolidWorks 2013 的启动画面。

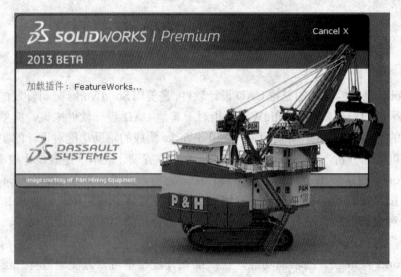

图 1-1   SolidWorks 2013 的启动画面

注意：SolidWorks 2013 启动时，在启动画面上会随机产生一个三维装配体。

1.1.2   新建文件

创建新文件时，需要选择创建文件的类型。选择【文件】|【新建】菜单命令，或单击工具栏上的 □ 【新建】按钮，打开【新建 SolidWorks 文件】属性管理器，如图 1-2 所示。

不同类型的文件，其工作环境是不同的，SolidWorks 提供了不同类型文件的默认工作环境，对应不同文件模板。在该属性管理器中有三个图标，分别是零件、装配体及工程图三个图标。单击属性管理器中需要创建文件类型的图标，然后单击【确定】按钮，就可以建立需要的文件，并进入默认的工作环境。

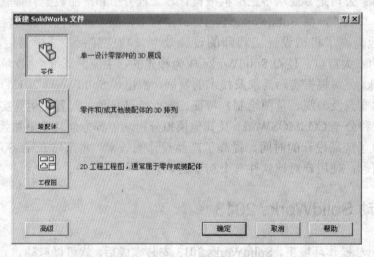

图 1-2   【新建 SolidWorks 文件】属性管理器

在 SolidWorks 2013 中,【新建 SolidWorks 文件】属性管理器有两个界面可供选择,一个是新手界面属性管理器;另一个是高级界面属性管理器,如图 1-3 所示。

图 1-3　【新建 SolidWorks 文件】高级界面属性管理器

新手界面属性管理器中使用较简单的属性管理器,提供零件、装配体和工程图文档的说明;高级界面属性管理器中在各个标签上显示模板图标,当选择某一文件类型时,模板预览出现在预览框中,在该界面中,用户可以保存模板并添加自己的标签,也可以选择 Tutorial 标签来访问指导教程模板。

1.1.3　打开文件

打开已有的 SolidWorks 文件,对其进行相应的编辑和操作。单击选择【文件】|【打开】菜单命令,或单击工具栏上的 【打开】按钮,打开【打开】属性管理器,如图 1-4 所示。

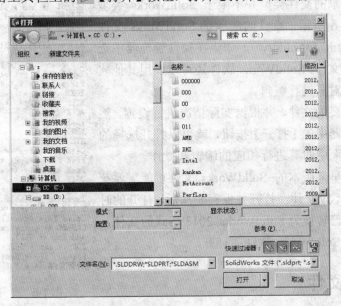

图 1-4　【打开】属性管理器

属性管理器中属性设置如下。

（1）文件名：输入打开文件的文件名，或者单击文件列表中所需要的文件，文件名称会自动显示在文件名一栏中。

（2）下箭头 （位于【打开】按钮右侧）：单击该按钮，可以打开最近的文件。

（3）快速过滤器：单击可以快速选择打开文件的类型。

（4）参考：单击该按钮用于显示当前所选装配体或工程图所参考的文件清单，文件清单显示在【编辑参考的文件位置】属性管理器中，如图 1-5 所示。

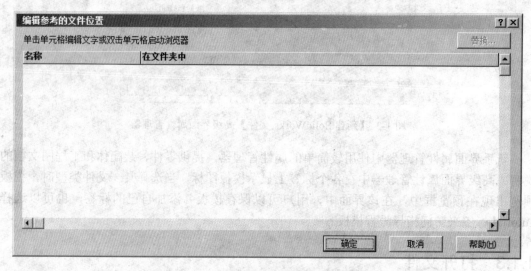

图 1-5 【编辑参考的文件位置】属性管理器

属性管理器中的【文件类型】下拉菜单用于选择显示文件的类型，显示的文件类型并不限于 SolidWorks 类型的文件，如图 1-6 所示。默认的选项是 SolidWorks 文件（*.sldprt、*.sldasm 和*.slddrw）。如果在属性管理器中选择了其他类型的文件，SolidWorks 软件还可以调用其他软件所形成的图形对其进行编辑。

单击选取需要的文件，并根据实际情况进行设置，然后单击属性管理器中的【打开】按钮，就可以打开选择的文件，在操作界面中对其进行相应的编辑和操作。

注意：打开早期版本的 SolidWorks 文件可能需要花费较长的时间，不过文件在打开并保存一次后，打开的时间将恢复正常。已转换为 SolidWorks 2013 格式的文件，将无法在旧版的 SolidWorks 软件中打开。

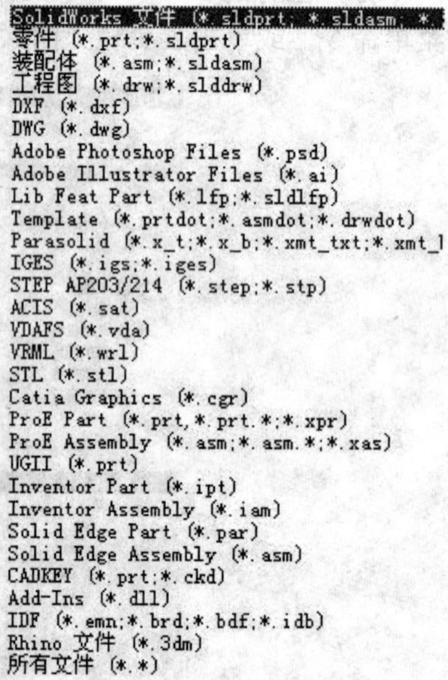

1.1.4 保存文件

图 1-6 打开文件类型列表

文件只有保存起来，在需要时才能打开该文件并对其进行相应的编辑和操作。单击选

择【文件】|【另存为】菜单命令，打开【另存为】属性管理器，如图 1-7 所示。

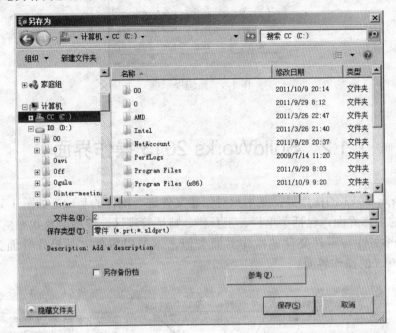

图 1-7　【另存为】属性管理器

【另存为】属性管理器中各项功能如下。

（1）文件名：在该栏中可输入自行命名的文件名，也可以使用默认的文件名。

（2）保存类型：用于选择所保存文件的类型。通常情况下，在不同的工作模式下，系统会自动设置文件的保存类型。保存类型并不限于 SolidWorks 类型的文件，如 *.sldprt、*.sldasm 和*.slddrw，还可以保存为其他类型的文件，方便其他软件对其调用并进行编辑。如图 1-8 所示是 SolidWorks 可以保存为其他文件的类型。

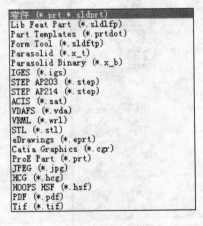

图 1-8　保存文件类型

1.1.5　退出 SolidWorks 2013

文件保存完成后，用户可以退出 SolidWorks 2013 系统。单击选择【文件】|【退出】菜单命令，或者单击操作界面右上角的【退出】图标按钮，可退出 SolidWorks。

如果在操作过程中不小心执行了退出命令，或者对文件进行了编辑而没有保存文件，执行退出命令，系统会弹出如图 1-9 所示的提示框。如果要保存对文件的修改并退出 SolidWorks 系统，则单击提示框中的【是】按钮。如果不保存对文件的修改并退出 SolidWorks 系统，则单击提示框中的【否】按钮。如果不对该文件进行任何操作并不退出 SolidWorks 系统，则单击提示框中的【取消】按钮，回到原来的操作界面。

图 1-9　系统提示框

1.2　SolidWorks 2013 操作界面

　　SolidWorks 2013 的操作界面是用户对创建文件进行操作的基础，如图 1-10 所示为一个零件文件的操作界面，包括菜单栏、工具栏、特征管理区、绘图区及状态栏等。装配体文件和工程图文件与零件文件的操作界面类似，本节以零件文件操作界面为例，介绍 SolidWorks 2013 的操作界面。

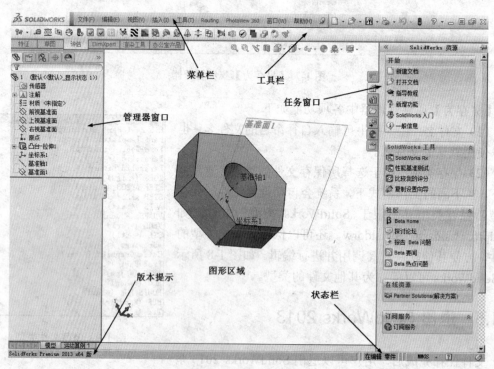

图 1-10　SolidWorks 2013 操作界面

　　在 SolidWorks 2013 操作界面中，菜单栏包括了所有的操作命令，工具栏一般显示常用的命令按钮，可以根据用户需要进行相应的设置，设置方法将在 1.3 节进行介绍。CommandManager 可以将工具栏按钮集中起来使用，从而为图形区域节省空间。FeatureManager（特征管理器）设计树记录文件的创建环境以及每一步骤的操作，对于不同类型的文件，其特征管理区有所差别。绘图区域是用户绘图的区域，文件的所有草图及特征生成都在该区域中完成，特征管理器设计树和图形区域为动态链接，可在任一窗格中选择特征、草图、工程视图和构造几何体。状态栏显示编辑文件目前的操作状态。特征管理区中的注解、材质和基准面是系统默认的，可根据实际情况对其进行修改。

1.2.1　菜单栏

| 文件(F) 编辑(E) 视图(V) 插入(I) 工具(T) 窗口(W) 帮助(H) |

图 1-11　菜单栏

中文版 SolidWorks 2013 的菜单栏如图 1-11 所示，包括【文件】、【编辑】、【视图】、【插入】、【工具】、【窗口】和【帮助】等 7 个菜单。下面分别进行介绍。

1.【文件】菜单

【文件】菜单包括【新建】、【打开】、【保存】和【打印】等命令，如图 1-12 所示。

2.【编辑】菜单

【编辑】菜单包括【剪切】、【复制】、【粘贴】、【删除】、【压缩】以及【解除压缩】等命令，如图 1-13 所示。

3.【视图】菜单

【视图】菜单包括显示控制的相关命令，如图 1-14 所示。

图 1-12　【文件】菜单

图 1-13　【编辑】菜单

图 1-14　【视图】菜单

4.【插入】菜单

【插入】菜单包括【凸台/基体】、【切除】、【特征】、【阵列/镜向】（此处为与软件界面统一，使用【镜向】，下同）、【扣合特征】、【曲面】、【钣金】、【模具】等命令，如图 1-15 所示。这些命令也可以通过【特征】工具栏中相对应的功能按钮来实现。

5.【工具】菜单

【工具】菜单包括多种工具命令，如【草图绘制实体】、【几何关系】、【测量】、【质量特性】、【对称检查】等，如图 1-16 所示。

6.【窗口】菜单

【窗口】菜单包括【视口】、【新建窗口】、【层叠】等命令，如图 1-17 所示。

图 1-15　【插入】菜单

图 1-16　【工具】菜单

图 1-17　【窗口】菜单

7.【帮助】菜单

【帮助】菜单命令（如图 1-18 所示）可以提供各种信息查询，例如，【SolidWorks 帮助主题】命令可以展开 SolidWorks 软件提供的在线帮助文件，【API 帮助主题】命令可以展开 SolidWorks 软件提供的 API（应用程序界面）在线帮助文件，这些均可作为用户学习中文版 SolidWorks 2013 的参考。

此外，用户还可以通过快捷键访问菜单命令或者自定义菜单命令。在 SolidWorks 中单击鼠标右键，可以激活与上下文相关的快捷菜单，如图 1-19 所示。快捷菜单可以在图形区域、【FeatureManager（特征管理器）设计树】（以下统称为【特征管理器设计树】）中使用。

图 1-18　【帮助】菜单　　　　　　　　　　　　　　图 1-19　快捷菜单

1.2.2　特征管理区

特征管理区主要包括属性管理器、ConfigurationManager【配置管理器】、FeatureManager 设计树【特征管理器设计树】、FeatureManager 过滤器【特征管理器过滤器】以及 DimXpertManager【尺寸专家管理器】5 个部分。

属性管理器在图形区域左侧窗格中的属性管理器标签 上，该命令在选择属性管理器中所定义的实体或命令时打开，用来查看或者修改某一实体的属性。

配置管理器在图形区域左侧窗格中的配置管理器标签 上，主要用来显示零件以及装配体的实体配置，是生成、选择和查看一个文件中零件和装配体多个配置的工具。在实际应用中配置管理器可以分割并显示两个配置管理器实例，或同特征管理器设计树、属性管理器或使用窗格的第三方应用程序相组合。在装配体中，配置管理器有一可控制显示状态的部分。

特征管理器设计树在图形区域左侧窗格中的特征管理器设计树标签 上，它提供了激活的零件、装配体或工程图的大纲视图，可以更方便地查看模型或装配体如何构造的，或者查看工程图中的不同图纸和视图。特征管理器设计树和图形区域为动态链接，可在任一窗格中选择特征、草图、工程视图和构造几何体。特征管理器设计树是按照零件和装配体建模的先后顺序，以树状形式记录特征，可以通过该设计树了解零件建模和装配体装配的顺序，以及其他特征数据。在属性管理器设计树中包含 3 个基准面，分别是前视基准面、上视基准面和右视基准面。这 3 个基准面是系统自带的，用户可以直接在其上绘制草图。

特征管理器过滤器在图形区域左侧窗格中的特征管理器过滤器标签 ▽══════ 上，在图标后面可以输入关键字，用来搜索特定的零件特征和装配体零部件。可以按以下方式输入关键字进行过滤。

- 特征类型。
- 特征名称。
- 草图。
- 文件夹。
- 配合。
- 用户定义的标签。
- 自定义属性。
- 过滤图形区域。
- 过滤隐藏或压缩的零部件。

特征管理器过滤器的使用方法具体如下。

（1）如图 1-20 为未过滤前的特征管理器设计树，在特征管理器过滤器 ▽══════ 中输入关键字，关键字可以是上述的任何方式，在本例中输入【曲面】，结果特征管理器设计树过滤结果如图 1-21 所示。

图 1-20　过滤前的特征管理器设计树图　　　　　　图 1-21　过滤后的特征管理器设计树

（2）如果要重新显示特征管理器设计树中的所有特征，单击过滤器中的 ⊗ 【取消】按钮。

注意：特征管理器设计树中的 ⊗ 【取消】按钮在使用过滤方式后才出现的。

1.3　SolidWorks 2013 系统环境

在使用软件前，用户可以根据实际需要设置适合自己的 SolidWorks 2013 系统环境，以提高工作的效率。SolidWorks 软件同其他软件一样，可以显示或者隐藏工具栏，添加或者删除工具栏中的命令按钮，设置零件、装配体和工程图的操作界面。

1.3.1　工具栏

SolidWorks 根据设计功能需要，有较多的工具栏，由于图形区域限制，不能也不需要在一个操作中显示所有的工具栏，SolidWorks 系统默认的是比较常用的工具栏。在建模过程中，用户可以根据需要显示或者隐藏部分工具栏。常用设置工具栏的方法有两种，下面将分别介绍。

1. 利用菜单命令设置工具栏

利用菜单命令设置工具栏的操作方法如下。

（1）单击选择【工具】|【自定义】菜单命令，或者右键单击任何工具栏，在系统弹出的快捷菜单中选择【自定义】选项，如图 1-22 所示，此时系统弹出如图 1-23 所示的【自定义】属性管理器。

图 1-22　右键自定义快捷菜单

图 1-23　【自定义】属性管理器

注意：右键快捷菜单中选项较多，【自定义】选项需要单击快捷菜单中向下的箭头才能显示出来。

（2）选择属性管理器中的【工具栏】标签，此时会显示 SolidWorks 2013 系统中所有的工具栏，根据实际需要勾选工具栏。

（3）单击【自定义】属性管理器中的【确定】按钮，确认所选择的工具栏设置，则会在系统工作界面上显示选择的工具栏。

如果某些工具栏在设计中不需要，为了节省图形绘制空间，要隐藏已经显示的工具栏，单击已经勾选的工具栏，则取消工具栏的勾选，然后单击属性管理器中的【确定】按钮，此时操作界面上会隐藏取消勾选的工具栏。

2．利用鼠标右键命令设置工具栏

利用鼠标右键命令设置工具栏的操作方法如下。

（1）在操作界面的工具栏中单击鼠标右键，系统出现设置工具栏的快捷菜单，如图 1-24 所示。

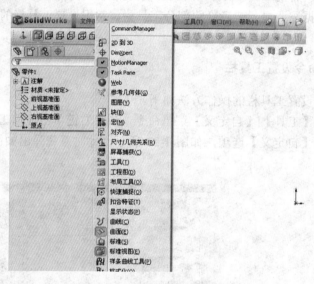

图 1-24　工具栏右键设置显示

（2）如果要显示某一工具栏，单击需要显示的工具栏，工具栏名称前面的标志图标会凹进，则操作界面上显示选择的工具栏。

（3）如果要隐藏某一工具栏，单击已经显示的工具栏，工具栏名称前面的标志图标会凸起，则操作界面上隐藏选择的工具栏。

隐藏工具栏还有一个更直接的方法，即将界面中需要隐藏的工具栏，用鼠标左键将其拖动到绘图区域中，此时工具栏以标题栏的方式显示工具栏，如图 1-25 所示是拖动到绘图区域中的【曲面】工具栏。如果要隐藏该工具栏，则单击工具栏右上角 ☒【关闭】按钮，则在操作界面中隐藏该工具栏。

图 1-25　【曲面】工具栏

注意：工具栏对于大部分 SolidWorks 工具以及插件均可使用，命名的工具栏可以方便用户进行特定的设计任务，如应用曲面或工程图曲线等。

1.3.2　工具栏命令按钮

工具栏中系统默认的命令按钮，并不是所有的命令按钮，有时候在绘制图形时，上面没有需要的命令按钮，用户可以根据需要添加或者隐藏命令按钮。

添加或隐藏工具栏中命令按钮的操作方法如下。

（1）单击选择【工具】|【自定义】菜单命令，或者右键单击任何工具栏，在系统弹出的快捷菜单中选择【自定义】选项，此时系统弹出【自定义】属性管理器。

（2）单击【自定义】属性管理器中的【命令】标签，此时出现如图 1-26 所示的命令按钮设置属性管理器。

图 1-26　命令按钮设置属性管理器

（3）在左侧【类别】选项中选择添加或隐藏命令所在的工具栏，此时会在右侧【按钮】选项出现该工具栏中所有的命令按钮。

（4）添加命令按钮时，在【按钮】选项中，用鼠标左键单击选择要增加的命令按钮，按住鼠标左键拖动该按钮到要放置的工具栏上，然后松开鼠标左键。单击属性管理器中的【确定】按钮，工具栏上显示添加的命令按钮。

（5）隐藏暂时不要的命令按钮时，打开【自定义】属性管理器的【命令】标签，然后把要隐藏的按钮用鼠标左键拖动到绘图区域中，单击属性管理器中的【确定】按钮，就可以隐藏该工具栏中的命令按钮。

下面以【注解】工具栏中添加【装饰螺纹线】命令按钮为例，说明添加命令的具体操作方法：

（1）单击选择【工具】|【自定义】菜单命令，此时系统弹出【自定义】属性管理器，单击选择【命令】标签。

（2）在左侧【类别】选项栏中选择【注解】工具栏，在右侧【按钮】选项栏中用鼠标左键选择【装饰螺纹线】命令按钮，如图 1-27 所示。

图 1-27　添加【装饰螺纹线】命令按钮

（3）按住鼠标左键将【装饰螺纹线】命令按钮拖到操作界面中【注解】工具栏中合适位置，然后松开左键，该命令按钮就添加到工具栏中，单击【自定义】属性管理器中的【确定】按钮，完成命令按钮的添加。

1.3.3　快捷键

SolidWorks 提供了更多方式来执行操作命令，除了使用菜单和工具栏中命令按钮执行操作命令外，用户还可以通过设置快捷键来执行操作命令。

快捷键设置的具体操作方法如下。

（1）单击选择【工具】|【自定义】菜单命令，或者右键单击工具栏任意区域，在快捷菜单中选择【自定义】选项，此时系统弹出【自定义】属性管理器。

（2）在左侧【类别】选项栏中选择【注解】工具栏，在右侧【按钮】选项栏中用鼠标左键选择某个命令按钮。单击选择【自定义】属性管理器中的【键盘】标签，此时出现如图 1-28 所示的快捷键设置框。

（3）在【范畴】一栏的下拉菜单中选择要设置快捷键的菜单项，然后在【命令】选项中左键单击选择要设置快捷键的命令，然后输入快捷键，则在【快捷键】一栏中显示设置的快捷键。

图 1-28　快捷键设置框

（4）如果要移除快捷键，按照上述方式选择要删除的命令，单击属性管理器中的【移除快捷键】按钮，则删除设置的快捷键；如果要恢复系统默认的快捷键设置，单击属性管理器中的【重设到默认】按钮，则取消之前自行设置的快捷键，恢复到系统默认设置。

（5）单击属性管理器中的【确定】按钮，完成快捷键的设置。

注意：在设置快捷键时，如果某一快捷键已经被使用，则系统会提示该快捷键已经指定给某一命令，并提示是否要将该命令指派更改到新的命令中，如图 1-29 所示为将 Ctrl+O 快捷键指定给【另存为】命令时系统出现的提示框。

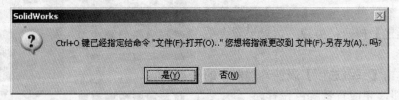

图 1-29　快捷键设置系统提示框

1.3.4　背景

在 SolidWorks 中，可以设置个性化的操作界面，主要是改变视图的背景。

设置背景的操作方法如下。

（1）单击选择【工具】|【选项】菜单命令，系统弹出【系统选项】属性管理器，系统默认选择为打开属性管理器中的【系统选项】标签。

（2）在属性管理器中的【系统选项】标签栏中单击选择【颜色】选项，如图 1-30 所示。在右侧【颜色方案设置】一栏中单击选择【视区背景】选项，然后单击右侧【编辑】按钮。

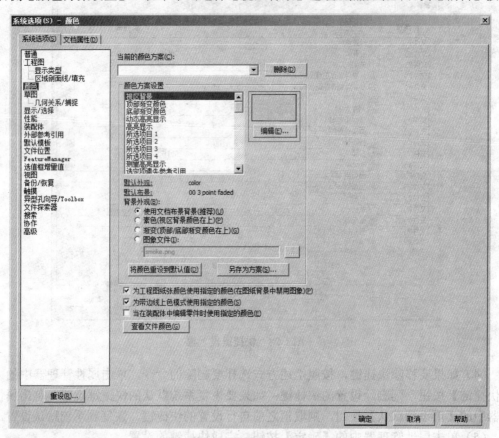

图 1-30　设置颜色时的属性管理器

（3）此时系统弹出如图 1-31 所示的【颜色】属性管理器，根据需要单击选择需要设置的颜色，然后单击选择【颜色】属性管理器中的【确定】按钮，为视区背景设置合适的颜色。

（4）单击【系统选项】属性管理器中的【确定】按钮，完成背景颜色设置。

设置其他颜色时，如工程图背景、特征、实体、标注及注解等，可以参考上面的步骤进行，这样根据显示的颜色就可以判断图形处于什么样的编辑状态中。

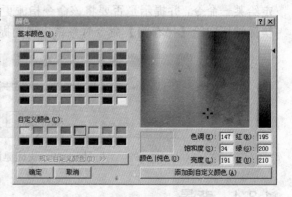

图 1-31　【颜色】属性管理器

1.3.5　单位

在绘制图形前，需要设置系统的单位，包括输入类型的单位及有效位数。系统默认的单位为 MMGS（毫米、克、秒），用户可以根据实际需要使用自定义方式设置其他类型的单位系统以及有效位数等。

设置单位的操作方法如下。

（1）单击选择【工具】|【选项】菜单命令，系统弹出【系统选项】属性管理器，单击属性管理器中的【文件属性】标签。

（2）单击选择【文件属性】标签中的【单位】选项，如图 1-32 所示，在右侧【单位系统】一栏中单击实际需要的单位系统，默认为 MMGS（毫米、克、秒）单位系统，在右下侧列表中对单位类型选择合适的单位及有效小数位数。

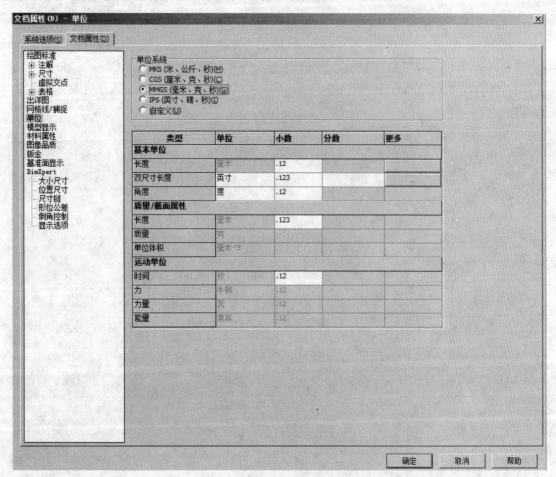

图 1-32　设置单位时的属性管理器

（3）单击【系统选项】属性管理器中的【确定】按钮，完成单位的设置。

针对不同的应用场合，设计精度要求不同，如图 1-33 为使用四位有效数字显示长度尺寸时的标注，如图 1-34 为使用两位有效数字显示长度尺寸时的标注。

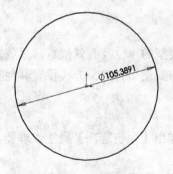
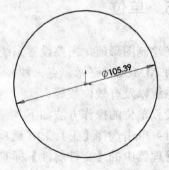

图 1-33　四位有效数字的标注　　　　　　　　图 1-34　两位有效数字的标注

第2章　参考几何体

参考几何体是 SolidWorks 中的重要概念，又被称为基准特征，是创建模型的参考基准。参考几何体工具按钮集中在【参考几何体】工具栏中，主要有※【点】、◇【基准面】、▨【基准轴】、⊥【坐标系】4 种基本参考几何体类型。

参考几何体属于辅助特征，没有体积和质量等物理属性，显示与否不影响其他零部件的显示。当辅助特征过多时，屏幕会显得过于凌乱，所以一般在需要时才显示参考几何体，不需要时则将它们隐藏起来。

2.1　参　考　点

SolidWorks 可以生成多种类型的参考点以用做构造对象，还可以在彼此间已指定距离分割的曲线上生成指定数量的参考点。通过选择【视图】|【点】菜单命令，切换参考点的显示。

单击【参考几何体】工具栏中的※【点】按钮（或者选择【插入】|【参考几何体】|【点】菜单命令），在【属性管理器】中弹出【点】的属性设置，如图 2-1 所示。

在【选择】选项组中，单击🔲【参考实体】选择框，在图形区域中选择用以生成点的实体；选择要生成的点的类型，其中包括：

- ⊙【圆弧中心】：在圆弧的中心处生成一个点。
- ▣【面中心】：在面的中心处生成一个点。
- ⋉【交叉点】：在线的交点处生成一个点。
- ⬓【投影】：在点到面的投影处生成一个点。
- ⬙【沿曲线距离或多个参考点】：可以沿边线或者曲线生成 1 组参考点。

图 2-1　【点】的属性设置

单击⬙【沿曲线距离或多个参考点】按钮，可以沿边线、曲线或者草图线段生成 1 组参考点，输入距离或者百分比数值。其中：

- 【距离】：按照设置的距离生成参考点数。
- 【百分比】：按照设置的百分比生成参考点数。
- 【均匀分布】：在实体上均匀分布的参考点数。
- 【参考点数】：设置沿所选实体生成的参考点数。

2.2　参考基准轴

参考基准轴是参考几何体中的重要组成部分。在生成草图几何体或者圆周阵列时常使用参考基准轴。参考基准轴的用途主要包括以下 3 项。

- 将参考基准轴作为中心线。基准轴可以作为圆柱体、圆孔、回转体的中心线。
- 作为参考轴，辅助生成圆周阵列等特征。
- 将基准轴作为同轴度特征的参考轴。当两个均包含基准轴的零件需要生成同轴度特征时，可以选择各个零件的基准轴作为几何约束条件，使两个基准轴在同一轴上。

2.2.1 临时轴

每 1 个圆柱或圆锥面都有 1 条轴线。临时轴是由模型中的圆锥或圆柱隐含生成的，临时轴常被设置为基准轴。

可以设置隐藏或者显示所有临时轴。选择【视图】|【临时轴】菜单命令，此时菜单命令左侧的图标下沉（如图 2-2 所示），表示临时轴可见，图形区域显示如图 2-3 所示。

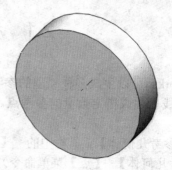

图 2-2　选择【临时轴】菜单命令　　　　图 2-3　显示临时轴

2.2.2 参考基准轴的属性设置

单击【参考几何体】工具栏中的【基准轴】按钮（或者单击选择【插入】|【参考几何体】|【基准轴】菜单命令），在【属性管理器】中弹出【基准轴】的属性设置，如图 2-4 所示。

在【选择】选项组中进行选择以生成不同类型的基准轴。

- 【一直线/边线/轴】：选择 1 条草图直线或者边线作为基准轴。
- 【两平面】：选择两个平面，利用两个面的交叉线作为基准轴。
- 【两点/顶点】：选择两个顶点、两个点或者中点之间的连线作为基准轴。
- 【圆柱/圆锥面】：选择 1 个圆柱或者圆锥面，利用其轴线作为基准轴。
- 【点和面/基准面】：选择 1 个平面，然后选择 1 个顶点，由此所生成的轴通过所选择的顶点垂直于所选的平面。

2.2.3 显示参考基准轴

单击选择【视图】|【基准轴】菜单命令，可以看到菜单命令左侧的图标下沉，如图 2-5 所示，表示基准轴可见（再次选择该命令，该图标恢复即为关闭基准轴的显示）。

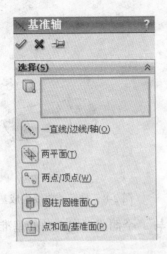

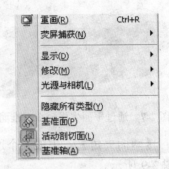

图 2-4　【基准轴】的属性设置　　　　　　　图 2-5　选择【基准轴】菜单命令

2.3　参考基准面

在【特征管理器设计树】中默认提供前视、上视以及右视基准面，除了默认的基准面外，可以生成参考基准面。参考基准面用来绘制草图和为特征生成几何体。

在 SolidWorks 中，参考基准面的用途很多，总结为以下几项。

- 作为草图绘制平面。
- 作为视图定向参考。
- 作为装配时零件相互配合的参考面。
- 作为尺寸标注的参考。
- 作为模型生成剖面视图的参考面。
- 作为拔模特征的参考面。

2.3.1　参考基准面的属性设置

单击【参考几何体】工具栏中的 ◇【基准面】按钮（或者单击选择【插入】|【参考几何体】|【基准面】菜单命令），在【属性管理器】中弹出【基准面】的属性设置，如图 2-6 所示。

在【第一参考】选项组中，选择需要生成的基准面类型及项目。选项如下所示。

图 2-6　【基准面】的属性设置

- ◇【平行】：选择一个平面后，将生成一个与之平行的基准面，如图 2-7 所示。
- ⊥【垂直】：生成一个垂直于边线、轴线或者平面的基准面，如图 2-8 所示。
- ✕【重合】：生成一个与选择的点，线和面相重合的基准面。

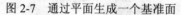

图 2-7　通过平面生成一个基准面　　　　　　　　　　图 2-8　垂直于曲线生成基准面

- 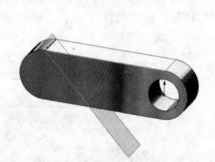【两面夹角】：生成一个通过 1 条边线，并与 1 个面成一定夹角的基准面，如图 2-9 所示。
- 【等距距离】：在平行于 1 个面的指定距离处生成等距基准面，如图 2-10 所示。
- 【反转】：选择此选项，在相反的方向生成基准面。

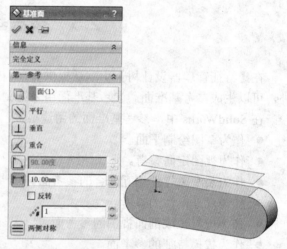

图 2-9　两面夹角生成基准面　　　　　　　　　　图 2-10　等距距离生成基准面

- 【两侧对称】：在选择的两面之间生成一个两侧对称的基准面。

2.3.2　参考基准面的修改

1. 修改参考基准面之间的等距距离或者角度

双击尺寸或者角度的数值，在弹出的【修改】属性管理器中输入新的数值，如图 2-11 所示。也可以在【特征管理器设计树】中用鼠标右键单击已生成的基准面的图标，在弹出的菜单中选择【编辑特征】命令，在【属性管理器】中弹出【基准面】的属性设置，在【选择】选项组中输入新的数值以定义基准面，单击 ✔【确定】按钮。

2. 调整参考基准面的大小

可以使用基准面控标和边线来移动、复制基准面或者调整基准面的大小。要显示基准面控标，可以在【特征管理器设计树】中单击已生成的基准面的图标或者在图形区域中单击基准面的名称，也可以选择基准面的边线，然后就可以进行调整了，如图 2-12 所示。

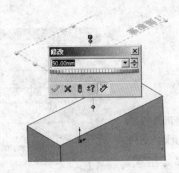
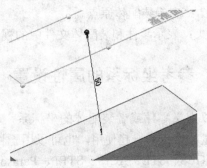

图 2-11 在【修改】属性管理器中修改数值   图 2-12 显示基准面控标

利用基准面控标和边线，可以进行以下操作。

- 拖动边角或者边线控标以调整基准面的大小。
- 拖动基准面的边线以移动基准面。
- 通过在图形区域中选择基准面以复制基准面，然后按住键盘上的 Ctrl 键并使用边线将基准面拖动至新的位置，生成 1 个等距基准面。

2.4 参考坐标系

SolidWorks 使用带原点的坐标系统，零件文件包含原有原点。当用户选择基准面或者打开 1 个草图并选择某一面时，将生成 1 个新的原点，与基准面或者面对齐。原点可以用做草图实体的定位点，并有助于定向轴心透视图。三维的视图引导可以令用户快速定向到零件和装配体文件中的 X、Y、Z 轴方向。

参考坐标系的作用归纳起来有以下几点。

- 方便 CAD 数据的输入与输出。当 SolidWorks 三维模型被导出为 IGES、FEA、STL 等格式时，此三维模型需要设置参考坐标系；同样，当 IGES、FEA、STL 等格式模型被导入到 SolidWorks 中时，也需要设置参考坐标系。
- 方便电脑辅助制造。当 CAD 模型被用于数控加工，在生成刀具轨迹和 NC 加工程序时需要设置参考坐标系。
- 方便质量特征的计算。计算零部件的转动惯量、质心时需要设置参考坐标系。
- 在装配体环境中方便进行零件的装配。

2.4.1 原点

零件原点显示为蓝色，代表零件的（0，0，0）坐标。当草图处于激活状态时，草图原点显示为红色，代表草图的（0，0，0）坐标。可以将尺寸标注和几何关系添加到零件原点中，但不能添加到草图原点中。

- └: 蓝色，表示零件原点，每个零件文件中均有 1 个零件原点。
- └: 红色，表示草图原点，每个新草图中均有 1 个草图原点。
- ↳: 表示装配体原点。
- ⅄: 表示零件和装配体文件中的视图引导。

2.4.2 参考坐标系的属性设置

可以定义零件或者装配体的坐标系，并将此坐标系与测量和质量特性工具一起使用，也可以用于将 SolidWorks 文件输出为 IGES、STL、ACIS、STEP、Parasolid、VDA 等格式。

单击【参考几何体】工具栏中的 ⅄【坐标系】按钮（或者选择【插入】|【参考几何体】|【坐标系】菜单命令），在【属性管理器】中弹出【坐标系】的属性设置，如图 2-13 所示。

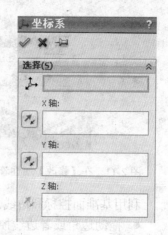

图 2-13 【坐标系】的属性设置

（1）⅄【原点】：定义原点。单击其选择框，在图形区域中选择零件或者装配体中的 1 个顶点、点、中点或者默认的原点。

（2）【X 轴】、【Y 轴】、【Z 轴】：定义各轴。单击其选择框，在图形区域中按照以下方法之一定义所选轴的方向。

- 单击顶点、点或者中点，则轴与所选点对齐。
- 单击线性边线或者草图直线，则轴与所选的边线或者直线平行。
- 单击非线性边线或者草图实体，则轴与选择的实体上所选位置对齐。
- 单击平面，则轴与所选面的垂直方向对齐。

（3）⚡【反转轴方向】：反转轴的方向。

2.5 范 例

下面结合现有模型，介绍生成参考几何体的具体方法。模型如图 2-14 所示。

2.5.1 生成参考坐标系

（1）启动中文版 SolidWorks 2013，单击【标准】工具栏中的 ◌【打开】按钮，弹出【打开】属性管理器，在本书配套模型文件中选择【2.sldprt】，单击【打开】按钮，在图形区域中显示出模型，如图 2-15 所示。

（2）生成坐标系。单击【参考几何体】工具栏中的 ⅄【坐标系】按钮，在【属性管理器】中弹出【坐标系】的属性设置。

（3）在图形区域中单击模型上方的 1 个顶点，则点的名称显

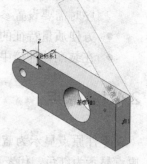

图 2-14 模型

示在 【原点】选择框中，如图 2-16 所示。

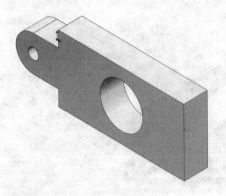

图 2-15　模型

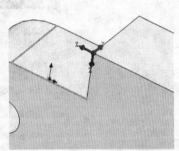

图 2-16　定义原点

（4）单击【X 轴】、【Y 轴】、【Z 轴】选择框，在图形区域中选择线性边线，指示所选轴的方向与所选的边线平行，单击【Z 轴】下的 【反转 Z 轴方向】按钮，反转轴的方向，如图 2-17 所示，单击 【确定】按钮，生成坐标系 1，如图 2-18 所示。

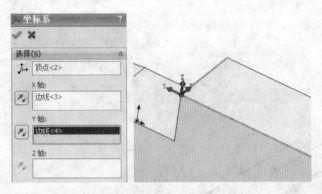

图 2-17　定义各轴

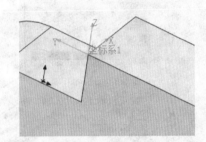

图 2-18　生成坐标系 1

2.5.2　生成参考基准轴

（1）单击【参考几何体】工具栏中的 【基准轴】按钮，在【属性管理器】中弹出【基准轴】的属性设置。

（2）单击 【圆柱/圆锥面】按钮，选择模型的曲面，检查 【参考实体】选择框中列出的项目，如图 2-19 所示，单击 【确定】按钮，生成基准轴。

2.5.3　生成参考基准面

（1）单击【参考几何体】工具栏中的 【基准面】按钮，在【属性管理器】中弹出【基准面】的属性设置。

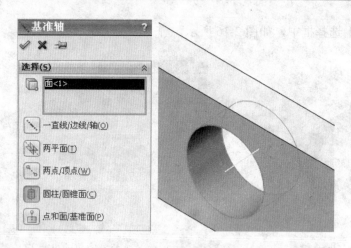

图 2-19　选择曲面

（2）单击 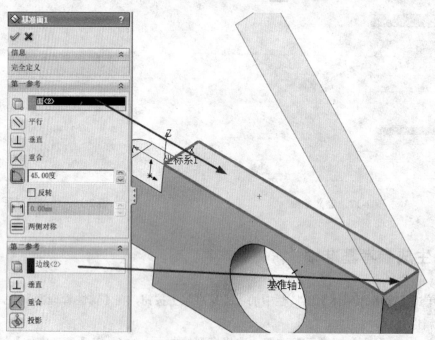【两面夹角】按钮，在图形区域中选择模型的上侧面及其上边线，在 【参考实体】选择框中显示出选择的项目名称，设置【角度】数值为 45.00 度，如图 2-20 所示，在图形区域中显示出新的基准面的预览，单击【确定】按钮，生成基准面 1。

图 2-20　生成基准面 1

2.5.4　生成参考点

单击【参考几何体】工具栏中的 ✱【点】按钮，在【属性管理器】中弹出【点】的属性设置。在【选择】选项组中，单击 📄【参考实体】选择框，在图形区域中选择模型的侧面，单击 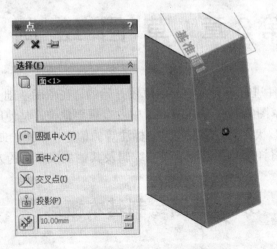【面中心】按钮，单击【确定】按钮，生成参考点，如图 2-21 所示。

图 2-21 生成参考点

第3章 草图绘制

使用 SolidWorks 软件进行设计是由绘制草图开始的，在草图基础上生成特征模型，进而生成零件等，因此，草图绘制在 SolidWorks 中占有重要地位，是使用该软件的基础。一个完整的草图包括几何形状、几何关系和尺寸标注等的信息，草图绘制是 SolidWorks 进行三维建模的基础。本章将详细草图绘制、草图编辑及其他生成草图的方法。

3.1 草图绘制基本概念

在使用草图绘制命令前，首先要了解草图绘制的基本概念，以更好地掌握草图绘制和草图编辑的方法。本节主要介绍草图的基本操作，认识草图绘制工具栏，熟悉绘制草图时光标的显示状态。

3.1.1 进入草图绘制状态

草图必须绘制在平面上，这个平面既可以是基准面，也可以是三维模型上的平面。初始进入草图绘制状态时，系统默认有三个基准面：前视基准面、右视基准面和上视基准面，如图 3-1 所示。由于没有其他平面，因此零件的初始草图绘制是从系统默认的基准面开始。

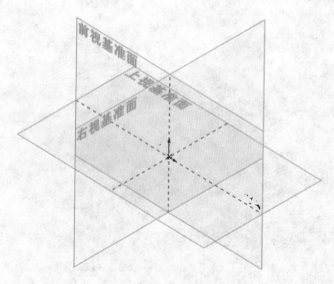

图 3-1　系统默认的基准面

如图 3-2 为常用的【草图】工具栏，工具栏中有绘制草图命令按钮、编辑草图命令按钮及其他草图命令按钮。

图 3-2 【草图】工具栏

绘制草图既可以先指定绘制草图所在的平面，也可以先选择草图绘制实体，具体根据实际情况灵活运用。进入草图绘制状态的操作方法如下。

（1）在 FeatureManager 设计树中选择要绘制草图的基准面，即前视基准面、右视基准面和上视基准面中的一个面。

（2）单击【标准视图】工具栏中的 ↓【正视于】按钮，使基准面旋转到正视于绘图者方向。

（3）单击【草图】工具栏上的 ⊑【草图绘制】按钮，或者单击【草图】工具栏上要绘制的草图实体，进入草图绘制状态。

3.1.2 退出草图绘制状态

零件是由多个特征组成的，有些特征需要由一个草图生成，有些需要多个草图生成，如扫描实体、放样实体等。因此草图绘制后，既可立即建立特征，也可以退出草图绘制状态再绘制其他草图，然后再建立特征。退出草图绘制状态的方法主要有以下几种，下面将分别介绍，在实际使用中要灵活运用。

- 菜单方式

草图绘制后，单击选择【插入】|【退出草图】菜单命令，如图 3-3 所示，退出草图绘制状态。

- 工具栏命令按钮方式

单击选择【草图】工具栏上的 ⊑【退出草图】按钮，或者单击选择【标准】工具栏上的 ⊟【重建模型】按钮，退出草图绘制状态。

- 右键快捷菜单方式

在绘图区域单击鼠标右键，系统弹出如图 3-4 所示的快捷菜单，在其中单击【退出草图】选项，退出草图绘制状态。

图 3-3 菜单方式退出草图绘制状态　　　　图 3-4 快捷菜单方式退出草图绘制状态

● 绘图区域退出图标方式

在进入草图绘制状态的过程中，在绘图区域右上角会出现如图 3-5 所示的草图提示图标。单击左上角的图标，确认绘制的草图并退出草图绘制状态。如果单击右下角的图标，则系统会提示是否丢弃对草图的所有的更改，如图 3-6 所示，然后根据设计需要单击系统提示框中的选项，并退出草图绘制状态。

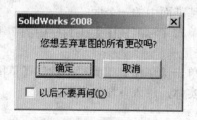

图 3-5 草图提示图标　　　　　　　图 3-6 系统提示框

3.1.3 草图绘制工具

常用的草图绘制工具在【草图】工具栏上显示，没有显示的草图绘制工具按钮可以利用第一章介绍的方法进行设置。草图绘制工具栏主要包括：草图绘制命令按钮、实体绘制工具命令按钮、标注几何关系命令按钮和草图编辑工具命令按钮，下面将分别介绍各自的含义。

1. 草图绘制命令按钮概念

● 【选择】按钮：是一种选取工具，通常可以选择草图实体、模型和特征的边、线和面，可以同时选择多个草图实体。

● 【网格线/捕捉】按钮：设置对激活的草图或工程图选择显示草图网格线，并可设定网格线显示和捕捉功能选项。

● 【草图绘制/退出草图】按钮：选择进入或者退出草图绘制状态。

● 【3D 草图】按钮：在三维空间任意点绘制草图实体。

● 【基准面上的 3D 草图】按钮：在 3D 草图中添加基准面后，添加或修改该基准面的信息，有几何关系信息和参数信息等。

● 【移动实体】按钮：在草图和工程图中，选择一个或多个草图实体并将之移动，该操作不生成几何关系。

● 【旋转实体】按钮：在草图和工程图中，选择一个或多个草图实体并将之旋转，该操作不生成几何关系。

● 【按比例缩放实体】按钮：在草图和工程图中，选择一个或多个草图实体并将之按比例缩放，该操作不生成几何关系。

● 【复制实体】按钮：在草图和工程图中，选择一个或多个草图实体并将之复制，该操作不生成几何关系。

● 【修改草图】按钮：用来移动、旋转或按比例缩放整个草图。

- 　【移动时不求解】按钮：在不解出尺寸或几何关系的情况下，从草图中移动出草图实体。

2. **实体绘制工具命令按钮概念**

- 　【直线】按钮：以起点、终点方式绘制一条直线，绘制的直线可以作为构造线使用。
- 　【边角矩形】按钮：绘制标准矩形草图，通常以对角线的起点和终点方式绘制一个矩形，其一边为水平或竖直。
- 　【中心矩形】按钮：在中心点绘制矩形草图。
- 　【3 点边角矩形】按钮：以所选的角度绘制矩形草图。
- 　【3 点中心矩形】按钮：以所选的角度绘制带有中心点的矩形草图。
- 　【平行四边形】按钮：绘制一标准的平行四边形。
- 　【多边形】按钮：绘制边数在 3 和 40 之间的等边多边形。
- 　【圆】按钮：绘制圆，有中心圆和周边圆两种方式。
- 　【圆心/起/终点画弧】按钮：以顺序指定圆心、起点以及终点的方式绘制一个圆弧。
- 　【切线弧】：绘制一条与草图实体相切的弧线，绘制的圆弧可以根据草图实体自动确认是法向相切还是径向相切。
- 　【三点圆弧】按钮：以顺序指定起点、终点及中点的方式绘制一个圆弧。
- 　【椭圆】按钮：该命令用于绘制一个完整的椭圆，以顺序指定圆心，然后指定长短轴的方式绘制。
- 　【部分椭圆】按钮：该命令用于绘制一部分椭圆，以先指定中心点，然后指定起点及终点的方式绘制。
- 　【抛物线】按钮：该命令用于绘制一条抛物线，先指定焦点，然后拖动鼠标确定焦距，再指定起点和终点的方式绘制。
- 　【样条曲线】按钮：该命令用于绘制一条样条曲线，以不同路径上的两点或者多点绘制，绘制的样条曲线可以在指定端点处相切。
- 　【曲面上样条曲线】按钮：该命令用于在曲面上绘制一条样条曲线，可以沿曲面添加和拖动点生成。
- 　【点】按钮：该命令用于绘制一个点，该点可以绘制在草图或者工程图中。
- 　【中心线】按钮：该命令用于绘制一条中心线，中心线可以在草图或者工程图中绘制。
- 　【文字】按钮：在任何连续曲线或边线组中，包括零件面上由直线、圆弧或样条曲线组成的圆或轮廓之上绘制草图文字，然后拉伸或者切除生成文字实体。

3. **标注几何关系命令按钮概念**

- 　【添加几何关系】按钮：给绘制的实体和草图添加限制条件，使实体或草图保持确定的位置。
- 　【显示/删除几何关系】按钮：显示或者删除草图实体的几何限制条件。

- 【搜寻相等关系】按钮：执行该命令可以自动搜寻长度或者半径等几何量相等的草图实体。
- 【自动标注尺寸】按钮：执行该命令将自动标注草图实体尺寸，有时由于标注位置不合适需要适当进行调整。

4．草图编辑工具命令按钮概念

- 【构造几何线】按钮：将草图或者工程图中的草图实体转换为构造几何线，构造几何线的线型与中心线相同。
- 【绘制圆角】按钮：执行该命令将两个草图实体的交叉处剪裁掉角部，从而生成一个切线弧，即形成圆角，此命令在 2D 和 3D 草图中均可使用。
- 【绘制倒角】按钮：执行该命令将两个草图实体交叉处按照一定角度和距离剪裁，并用直线相连，即形成倒角，此命令在 2D 和 3D 草图中均可使用。
- 【等距实体】按钮：按给定的距离和方向将一个或多个草图实体等距生成相同的草图实体，草图实体可以是线、弧、环等实体。
- 【转换实体引用】按钮：通过将边线、环、面、曲线、外部草图轮廓线、一组边线或一组草图曲线投影到草图基准面上生成草图实体。
- 【交叉曲线】按钮：该命令将在基准面和曲面或模型面、两个曲面、曲面和模型面、基准面和整个零件、曲面和整个零件的交叉处生成草图曲线。
- 【面部曲线】按钮：从面或者曲面提取 ISO 参数曲线，该命令功能的应用包括为输入的曲面提取曲线，然后使用面部曲线进行局部清除。
- 【剪裁实体】按钮：根据所选择的剪裁类型，剪裁或者延伸草图实体，该命令可为 2D 草图以及在 3D 基准面上的 2D 草图所使用。
- 【延伸实体】按钮：执行该命令可以将草图实体包括直线、中心线或者圆弧的长度，延伸至与另一个草图实体相遇。
- 【分割实体】按钮：将一个草图实体以一定的方式分割，以生成两个草图实体。
- 【镜向实体】按钮：将选择的草图实体以一条中心线为对称轴生成对称的草图实体。
- 【线性草图阵列】按钮：将选择的草图实体沿一个轴或者同时沿两个轴生成线性草图排列，选择的草图可以是多个草图实体。
- 【圆周草图阵列】按钮：生成草图实体的圆周排列。
- 【修改草图】按钮：该命令用来移动、旋转或者按比例缩放整个草图实体。
- 【移动时不求解】按钮：在不解出尺寸或者几何关系的情况下，在草图中移动草图实体。

3.1.4　光标

在 SolidWorks 中，绘制草图实体或者编辑草图实体时，光标会根据所选择的命令，在绘图时变为相应的图标。而且 SolidWorks 软件提供了自动判断绘图位置的功能，在执行命令时，自动寻找端点、中心点、圆心、交点、中点以及在其上的任意点，这样提高了鼠标定位的准确性和快速性，提高了绘制图形的效率。

　　执行不同命令时，光标会在不同草图实体及特征实体上显示不同的类型，光标既可以在草图实体上形成，也可以在特征实体上形成。在特征实体上的光标，只能在绘图平面的实体边缘产生。

　　下面为常见的光标类型。

- ↘【点】光标：执行绘制点命令时光标的显示。
- ↘【线】光标：执行绘制直线或者中心线命令时光标的显示。
- ↘【圆弧】光标：执行绘制圆弧命令时光标的显示。
- ↘【圆】光标：执行绘制圆命令时光标的显示。
- ↘【椭圆】光标：执行绘制椭圆命令时光标的显示。
- ↘【抛物线】光标：执行绘制抛物线命令时光标的显示
- ↘【样条曲线】光标：执行绘制样条曲线命令时光标的显示。
- ↘【矩形】光标：执行绘制矩形命令时光标的显示。
- ↘【多边形】光标：执行绘制多边形命令时光标的显示。
- ↘A【草图文字】光标：执行绘制草图文字命令时光标的显示。
- ↘✂【剪裁草图实体】光标：执行剪裁草图实体命令时光标的显示。
- ↘T【延伸草图实体】光标：执行延伸草图实体命令时光标的显示。
- ↘【分割草图实体】光标：执行命令时光标的显示。
- ↘【标注尺寸】光标：执行标注尺寸命令时光标的显示。
- ↘【圆周阵列草图】光标：执行圆周阵列草图命令时光标的显示。
- ↘【线性阵列草图】光标：执行线性阵列命令时光标的显示。

3.2　绘　制　草　图

3.2.1　绘制点

　　点在模型中只起参考作用，不影响三维建模的外形，执行点命令后，在绘图区域中的任何位置都可以绘制点。

　　单击【草图】工具栏上拉伸▣【点】按钮，或选择【工具】|【草图绘制实体】|【点】菜单命令，打开的【点】属性管理器，如图 3-7 所示。下面具体介绍一下各参数的设置。

1. 现有几何关系

- ⊥【几何关系】：显示草图绘制过程中自动推理或使用添加几何关系命令手工生成的几何关系，当在列表中选择一几何关系时，在图形区域中的标注被高亮显示。
- ❶【信息】：显示所选草图实体的状态，通常有欠定义、完全定义等。

2. 添加几何关系

　　列表中显示的是可以添加的几何关系，单击需要的选项即可添加，点常用的几何关系为固定几何关系。

3. 参数

- ⌀x：在后面的框中输入点的 X 坐标。
- ⌀Y：在后面的框中输入点的 Y 坐标。

绘制点命令的操作方法如下。

（1）选择合适的基准面，利用前面介绍的命令进入草图绘制状态。

（2）选择【工具】|【草图绘制实体】|【点】菜单命令，或者单击【草图】工具栏上的 ⁕【点】按钮，光标变为 ⌖【点】光标。

（3）在绘图区域需要绘制点的位置单击鼠标左键，确认绘制点的位置，此时绘制点命令继续处于激活位置，可以继续绘制点。

（4）单击鼠标右键，在弹出如图 3-8 的快捷菜单中单击选择【选择】选项，或者单击选择【草图】工具栏上的 ⎗【退出草图】按钮，退出草图绘制状态。

图 3-7 【点】属性管理器

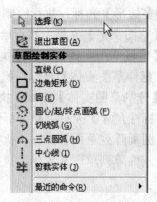

图 3-8 右键快捷菜单

3.2.2 绘制直线

单击【草图】工具栏上单击 ⟍【直线】按钮，或单击【工具】|【草图绘制实体】|【直线】菜单命令，打开的【插入线条】属性管理器，如图 3-9 所示。下面具体介绍一下各参数的设置。

1.【方向】选项组

- 按绘制原样：以鼠标指定的点绘制直线，选择该选项绘制直线时，光标附近出现任意直线图标符号 ╲。
- 水平：以指定的长度在水平方向绘制直线，选择该选项绘制直线时，光标附近出现水平直线图标符号 ▬。
- 竖直：以指定的长度在竖直方向绘制直线，选择该选项绘制直线时，光标附近出现竖直直线图标符号 ▮。
- 角度：以指定角度和长度方式绘制直线，选择该选项绘制直线时，光标附近出现角度直线图标符号 ╲。

2．【选项】选项组

● 作为构造线：绘制为构造线。

● 无限长度：绘制无限长度的直线。

直线通常有两种绘制方式，即拖动式和单击式。拖动式是在绘制直线的起点，按住左键开始拖动鼠标，直到直线终点放开；单击式是在绘制直线的起点单击一下鼠标左键，然后在直线终点单击一下鼠标左键。

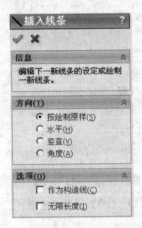　　　　　　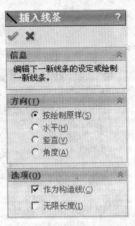

图 3-9　【插入线条】属性管理器　　　　　图 3-10　【插入线条】属性管理器

3.2.3　绘制中心线

单击【草图】工具栏上拉伸 ┋ 【中心线】按钮，或单击【工具】|【草图绘制实体】|【中心线】菜单命令，打开的【插入线条】属性管理器如图 3-10 所示。中心线的各参数的设置与直线相同，只是在【选项】选项组中将勾选构造线作为默认选项。

绘制直线和中心线命令的操作方法如下。

（1）在草图绘制状态下，单击选择【工具】|【草图绘制实体】|【中心线】菜单命令，或者单击【草图】工具栏上的 ┋ 【中心线】按钮，绘制中心线。

（2）在绘图区域单击鼠标左键确定中心线的起点 1，然后移动鼠标到图中合适的位置，图中的中心线为竖直直线，当光标附近出现符号 ┋ 时，即表示绘制竖直中心线，单击鼠标左键，确定中心线的终点 2。

（3）在绘图区域单击鼠标右键，单击快捷菜单中的【选择】选项，退出中心线的绘制。

3.2.4　绘制圆

单击【草图】工具栏上拉伸 ⊙ 【圆】按钮，或选择【工具】|【草图绘制实体】|【圆】菜单命令，打开的【圆】属性管理器，如图 3-11 所示。圆的绘制方式有中心圆和周边圆两种，当以某一种方式绘制圆以后，【圆】属性管理器如图 3-12 所示。下面具体介绍一下各参数的设置。

1.【圆类型】选项组

- ：绘制基于中心的圆。
- ：绘制基于周边的圆。

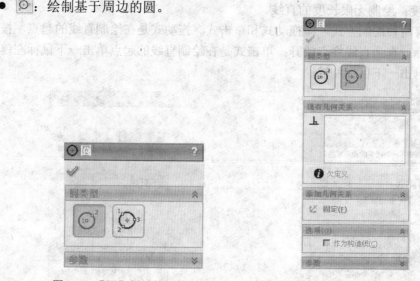

　　　图 3-11　【圆】属性管理器（1）　　　　　　图 3-12　【圆】属性管理器（2）

2. 其他选项组和参数组可以参考直线进行设置

绘制中心圆的操作方法如下。

（1）在草图绘制状态下，单击选择【工具】|【草图绘制实体】|【圆】菜单命令，或者单击【草图】工具栏上的 ◎【圆】按钮，开始绘制圆。

（2）在【圆类型】选项组中，单击选择 ◎【绘制基于周边的圆】按钮，在绘图区域中合适的位置单击左键确定圆的圆心，如图 3-13 所示。

（3）移动鼠标拖出一个圆，然后单击鼠标左键，确定圆的半径，如图 3-14 所示。

（4）单击【圆】属性管理器中的 ✔【确定】按钮，完成圆的绘制，结果如图 3-15 所示。

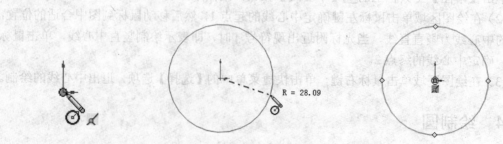

　　图 3-13　绘制圆心　　　　　图 3-14　绘制圆的半径　　　　图 3-15　绘制的圆

绘制周边圆的操作方法如下。

（1）在草图绘制状态下，单击选择【工具】|【草图绘制实体】|【圆】菜单命令，或者单击【草图】工具栏上的 ◎【圆】按钮，开始绘制圆。

（2）在【圆类型】选项组中，单击选择 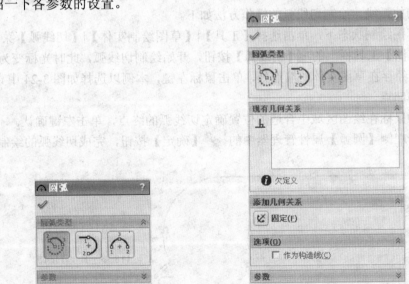 【绘制基于中心的圆】按钮，在绘图区域中合适的位置单击左键确定圆上一点，如图 3-16 所示。

（3）拖动鼠标到绘图区域中合适的位置，单击鼠标左键确定周边上的另一点，如图 3-17 所示。

（4）继续拖动鼠标到绘图区域中合适的位置，单击鼠标左键确定周边上的第三点，如图 3-18 所示

（5）单击【圆】属性管理器中的 【确定】按钮，完成圆的绘制，

图 3-16　绘制周边圆上一点　　　图 3-17　绘制周边圆的第二点　　　图 3-18　绘制周边圆的第三点

3.2.5　绘制圆弧

单击【草图】工具栏上 【圆心/起/终点画弧】按钮或 【切线弧】按钮或 【3 点圆弧】按钮，或单击选择【工具】|【草图绘制实体】|【圆心/起/终点画弧】或【切线弧】或【3 点圆弧】菜单命令，打开的【圆弧】属性管理器，如图 3-19 所示。圆的绘制方式有中心圆和周边圆两种，以某一种方式绘制圆弧后，【圆弧】属性管理器如图 3-20 所示。下面具体介绍一下各参数的设置。

图 3-19　【圆弧】属性管理器（1）　　　图 3-20　【圆弧】属性管理器（2）

1.【圆类型】选项组

● ：基于圆心/起/终点画弧方式绘制圆弧。

- ：基于切线弧方式绘制圆弧。
- ：基于三点圆弧方式绘制圆弧。

2．其他选项组和参数组可以参考前面介绍的方式进行设置

基于圆心/起/终点方式绘制圆弧的方法是先指定圆弧的圆心，然后顺序拖动鼠标指定圆弧的起点和终点，确定圆弧的大小和方向。绘制圆心/起/终点画弧的操作方法如下。

（1）在草图绘制状态下，单击选择【工具】|【草图绘制实体】|【圆心/起/终点画弧】菜单命令，或者单击【草图】工具栏上的 【圆心/起/终点画弧】按钮，开始绘制圆弧。

（2）在绘图区域单击鼠标左键确定圆弧的圆心，如图 3-21 所示。

（3）在绘图区域合适的位置，单击鼠标左键确定圆弧的起点，如图 3-22 所示。

（4）在绘图区域合适的位置，单击鼠标左键确定圆弧的终点，如图 3-23 所示。

（5）单击【圆弧】属性管理器中的 【确定】按钮，完成圆弧的绘制。

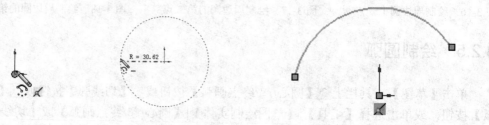

图 3-21　绘制圆弧圆心　　图 3-22　绘制圆弧起点　　　　图 3-23　绘制圆弧终点

切线弧是指基于切线方式绘制圆弧，生成一条与草图实体（直线、圆弧、椭圆和样条曲线等）相切的弧线。绘制切线弧的操作方法如下。

（1）在草图绘制状态下，单击选择【工具】|【草图绘制实体】|【切线弧】菜单命令，或者单击【草图】工具栏上的 【切线弧】按钮，开始绘制切线弧，此时光标变为 形状。

（2）在已经存在草图实体的端点处，单击鼠标左键，本例以选择如图 3-24 中直线的右端为切线弧的起点。

（3）拖动鼠标在绘图区域中合适的位置确定切线弧的终点，单击左键确认。

（4）单击左侧【圆弧】属性管理器中的 【确定】按钮，完成切线弧的绘制。

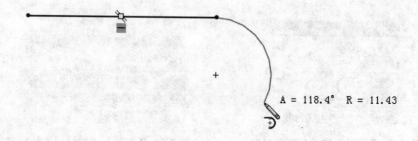

图 3-24　绘制的切线弧

三点圆弧是通过起点、终点与中点的方式绘制圆弧。绘制三点圆弧的操作方法如下。

（1）在草图绘制状态下，单击选择【工具】|【草图绘制实体】|【三点圆弧】菜单命令，

或者单击【草图】工具栏上的【三点圆弧】按钮，开始绘制圆弧，此时鼠标变为 形状。

（2）在绘图区域单击鼠标左键，确定圆弧的起点，如图 3-25 所示。

（3）拖动鼠标到绘图区域中合适的位置，单击左键确认圆弧终点的位置，如图 3-26 所示。

（4）拖动鼠标到绘图区域中合适的位置，单击左键确认圆弧中点的位置，如图 3-27 所示。

（5）单击【圆弧】属性管理器中的 【确定】按钮，完成三点圆弧的绘制。

图 3-25　绘制圆弧的起点　　　　图 3-26　绘制圆弧的终点　　　　图 3-27　绘制圆弧的中点

3.2.6　绘制矩形

单击【草图】工具栏上□【矩形】按钮，或单击选择【工具】|【草图绘制实体】|【矩形】菜单命令，打开的【矩形】属性管理器，如图 3-28 所示。矩形类型有 5 种类型，分别是：边角矩形、中心矩形、3 点边角矩形、3 点中心矩形和平行四边形。

1.【矩形类型】选项组

- □：用于绘制标准矩形草图。
- ▣：绘制一个包括中心点的矩形。
- ◇：以所选的角度绘制一个矩形。
- ◈：以所选的角度绘制带有中心点的矩形。
- ▱：绘制标准平行四边形草图。

2.【参数】设置组

X、Y 坐标成组出现用于设置绘制矩形的 4 个点的坐标。

绘制矩形的操作方法如下。

（1）选择【工具】|【草图绘制实体】|【矩形】菜单命令，或者单击【草图】工具栏上的□【矩形】按钮，此时鼠标变为 形状。

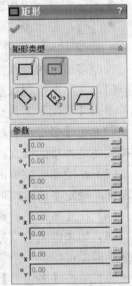

图 3-28　【矩形】属性管理器

（2）在系统弹出的【矩形】属性管理器的【矩形类型】选项组中选择绘制矩形的类型。

（3）在绘图区域中根据选择的矩形类型绘制矩形。

（4）单击【矩形】属性管理器中的 【确定】按钮，完成矩形的绘制。

3.2.7　绘制多边形

多边形命令用于绘制数量为 3 到 40 之间的等边多边形，单击【草图】工具栏上 【多边形】按钮，或单击选择【工具】|【草图绘制实体】|【多边形】菜单命令，打开的【多边形】属性管理器，如图 3-29 所示。

1.【选项】设置组

作为构造线：勾选该选项，生成的多边形将作为构造线，取消勾选将变为实体草图。

2.【参数】设置组

- ⬡：在后面的属性管理器中输入多边形的边数，通常为 3 到 40 个边。
- 内切圆：以内切圆方式生成多边形。
- 外接圆：以外接圆方式生成多边形。
- ⬠x：显示多边形中心的 X 坐标。
- ⬠y：显示多边形中心的 Y 坐标。
- ⬠：显示内切圆或外接圆的直径。
- ⬠：显示多边形的旋转角度。

图 3-29　【多边形】属性管理器

- 新多边形：单击该按钮，可以绘制另外一个多边形。

绘制多边形的操作方法如下。

（1）在草图绘制状态下，单击选择【工具】|【草图绘制实体】|【多边形】菜单命令，或者单击【草图】工具栏上的【多边形】按钮，此时鼠标变为▷形状。

（2）在【多边形】属性管理器中【参数】设置组中，设置多边形的边数，选择是内切圆模式还是外接圆模式。

（3）在绘图区域单击鼠标左键，确定多边形的中心；拖动鼠标，在合适的位置单击鼠标左键，确定多边形的形状。

（4）在【参数】设置组中，设置多边形的圆心、圆直径及选择角度。

（5）如果继续绘制另一个多边形，单击属性管理器中的【新多边形】按钮，然后重复上述步骤即可绘制一个新的多边形。

（6）单击【多边形】属性管理器中的 ✔【确定】按钮，完成多边形的绘制。

3.2.8　绘制椭圆与部分椭圆

椭圆是由中心点、长轴长度与短轴长度确定的，三者缺一不可。单击【草图】工具栏上【椭圆】按钮，或单击选择【工具】|【草图绘制实体】|【椭圆】菜单命令，即可绘制椭圆。【椭圆】属性管理器如图 3-30 所示。

绘制椭圆的操作方法如下。

（1）在草图绘制状态下，单击选择【工具】|【草图绘制实体】|【椭圆】菜单命令，或者单击【草图】工具栏上的 ⊘【椭圆】按钮，此时鼠标变为 ♦ 形状。

（2）在绘图区域合适的位置单击鼠标左键，确定椭圆的中心。

（3）拖动鼠标，在鼠标附近会显示椭圆的长半轴 R 和短半轴 r。在图中合适的位置单击鼠标左键，确定椭圆的长半轴 R。

（4）继续拖动鼠标，在图中合适的位置，单击鼠标左键，确定椭圆的短半轴 r。

（5）在【椭圆】属性管理器中，根据设计需要对其中心坐标，以及长半轴和短半轴的大小进行修改。

（6）单击【椭圆】属性管理器中的 ✔ 【确定】按钮，完成椭圆的绘制。

图 3-30　【椭圆】属性管理器

3.2.9　绘制抛物线

单击【草图】工具栏上 ∪【抛物线】按钮，或单击选择【工具】|【草图绘制实体】|【抛物线】菜单命令，即可绘制抛物线。【抛物线】属性管理器，如图 3-31 所示。

绘制抛物线的操作方法如下。

（1）在草图绘制状态下，单击选择【工具】|【草图绘制实体】|【抛物线】菜单命令，或者单击【草图】工具栏上的 ∪【抛物线】按钮，此时鼠标变为 ♦ 形状。

（2）在绘图区域中合适的位置单击鼠标左键，确定抛物线的焦点。

（3）继续拖动鼠标，在图中合适的位置单击鼠标左键，确定抛物线的焦距。

（4）继续拖动鼠标，在图中合适的位置单击鼠标左键，确定抛物线的起点。

（5）继续拖动鼠标，在图中合适的位置单击鼠标左键，确定抛物线的终点，此时出现【抛物线】属性管理器，根据设计需要修改属性管理器中抛物线的参数。

图 3-31　【抛物线】属性管理器

（6）单击【抛物线】属性管理器中的 ✔ 【确定】按钮，完成抛物线的绘制。

3.2.10　绘制草图文字

草图文字可以添加在任何连续曲线或边线组中，包括由直线、圆弧或样条曲线组成的圆或轮廓，可以执行拉伸或者剪切操作，文字可以插入。单击【草图】工具栏上 Ａ【文字】

按钮，或选择【工具】|【草图绘制实体】|【文字】菜单命令，系统出现如图 3-32 所示的
【草图文字】属性管理器，即可绘制草图文字。下面具体介绍一下各参数的设置。

1.【曲线】选择组

图 3-32 【草图文字】属性管理器

：选择边线、曲线、草图及草图段。所选实体的名称显示在曲线框中，绘制的草图文字将沿实体出现。

2.【文字】参数组

- 文字框：在文字框中输入文字，文字在图形区域中沿所选实体出现。如果没选取实体，文字在原点开始水平出现。
- 样式：有 3 种样式，即 **B** 【加粗】将输入的文字加粗；*I*【斜体】将输入的文字以斜体方式显示；【旋转】将选择的文字以设定的角度旋转。
- 对齐：有 4 种样式，即【左对齐】、【居中】、【右对齐】和【两端对齐】，对齐只可用于沿曲线、边线或草图线段的文字。
- 反转：有 4 种样式，即 **A**【竖直反转】、【返回】、**AB**【水平反转】和 **8A**【返回】，其中竖直反转只可用于沿曲线、边线或草图线段的文字。
- **A**：按指定的百分比均匀加宽每个字符。
- **AB**：按指定的百分比更改每个字符之间的间距。
- 使用文档字体：勾选可以使用文档字体，取消勾选可以使用另一种字体。
- 字体：单击以打开【字体】属性管理器，根据需要可以设置字体样式和大小。
- 【链接到属性】：将文字链接到零件的属性。

绘制草图文字的操作方法如下。

（1）单击选择【工具】|【草图绘制实体】|【文字】菜单命令，或者单击【草图】工具栏上的【文字】按钮，此时鼠标变为形状，系统出现【草图文字】属性管理器。

（2）在绘图区域中选择一条边线、曲线、草图或草图线段，作为绘制文字草图的定位线，此时所选择的边线出现在【草图文字】属性管理器中的【曲线】选择组。

（3）在【草图文字】属性管理器中的参数框中输入要添加的文字。此时，添加的文字出现在绘图区域曲线上。

（4）如果系统默认的字体不满足设计需要，单击去掉属性管理器中的【使用文档字体】复选框，然后单击【字体】按钮，在系统出现的【选择字体】属性管理器中设置字体的属性。

（5）设置好字体属性后，单击【选择字体】属性管理器中的【确定】按钮，然后单击【草图文字】属性管理器中的 【确定】按钮，完成草图文字的绘制。

3.2.11　绘制草图尺寸

在工程图中添加平行尺寸的方法：

（1）单击智能尺寸 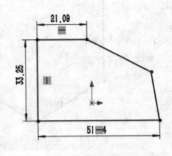 【尺寸/几何关系工具栏】，或单击
【工具】|【标注尺寸】|【智能尺寸】菜单命令。

（2）单击要标注尺寸的几何体。当在模型周围移动指针
时，会显示尺寸的预览。根据指针相对于附加点的位置，将
自动捕捉适当的尺寸类型（水平、竖直、线性、半径等），如
图 3-33 所示。

（3）单击以放置尺寸。

图 3-33　标注平行尺寸

3.3　编　辑　草　图

草图绘制完毕后，需要对草图进一步进行编辑以符合设计的需要，本节介绍常用的草
图编辑工具，如绘制圆角、绘制倒角、草图剪裁、草图延伸、镜向移动、线性阵列草图、
圆周阵列草图、等距实体、转换实体引用等。

3.3.1　绘制圆角

单击选择【工具】|【草图工具】|【圆角】菜单命令，
或者单击【草图】工具栏上的 【绘制圆角】按钮，系统出
现如图 3-34 所示的【绘制圆角】属性管理器，即可绘制圆
角。下面具体介绍一下各参数的设置。

【圆角参数】设置组

● ：指定绘制圆角的半径。

● 【保持拐角处约束条件】：如果顶点具有尺寸或几何
　关系，勾选该选项，将保留虚拟交点。

● 【标注每个圆角的尺寸】：将尺寸添加到每个圆角。
　绘制圆角的操作方法如下。

（1）在草图编辑状态下，单击选择【工具】|【草图绘
制工具】|【圆角】菜单命令，或者单击【草图】工具栏上的 【绘制圆角】按钮，系统出
现【绘制圆角】属性管理器。

图 3-34　【绘制圆角】属性管理器

（2）在【绘制圆角】属性管理器中，设置圆角的半径、拐角处约束条件。

（3）单击左键选择如图 3-35 中的直线。

（4）单击【绘制圆角】属性管理器中的 【确定】按钮，完成圆角的绘制，结果如
图 3-36 所示。

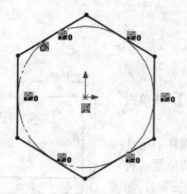

图 3-35　绘制前的草图

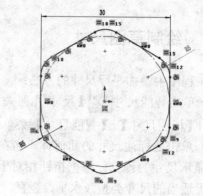

图 3-36　绘制后的草图

3.3.2　绘制倒角

绘制倒角命令是将倒角应用到相邻的草图实体中,此工具在2D和3D草图中均可使用。单击选择【工具】|【草图工具】|【倒角】菜单命令,或者单击【草图】工具栏上的 【绘制倒角】按钮,系统出现如图 3-37 所示的"距离-距离"方式的【绘制倒角】属性管理器。

图 3-37　【绘制倒角】属性管理器

【倒角参数】设置组

(1)角度-距离:以"角度-距离"方式设置绘制的倒角。

(2)距离-距离:以"距离-距离"方式设置绘制的倒角。

(3)相等距离:点选该选项,将设置的 的值应用到两个草图实体中,取消点选将为两个草图实体分别设置数值。

(4) :设置第一个所选草图实体的距离。

绘制倒角的操作方法如下。

(1)在草图编辑状态下,单击选择【工具】|【草图绘制工具】|【倒角】菜单命令,或者单击【草图】工具栏上的 【绘制倒角】按钮,此时系统出现【绘制倒角】属性管理器。

(2)设置绘制倒角的方式,本节采用系统默认的"距离-距离"倒角方式,在 设置框中输入数值 25。

(3)左键单击选择如图 3-38 中的右上角顶点。

(4)单击【绘制倒角】属性管理器中的 【确定】按钮,完成倒角的绘制,结果如图 3-39 所示。

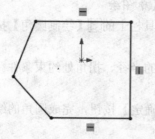

图 3-38　绘制倒角前的图形

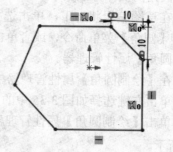

图 3-39　绘制倒角后的图形

3.3.3 转折线

1．命令启动

单击选择【工具】|【草图工具】| ┚ 【转折线】菜单命令

2．选项说明

【转折线】属性管理器如图 3-40 所示。

可在零件、装配体及工程图文件的 2D 或 3D 草图中转折草图线。转折线自动限定于与原始草图直线垂直或平行。

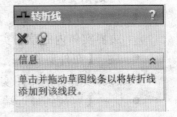

图 3-40 【转折线】属性管理器

3．操作步骤

（1）在草图编辑状态下，单击选择【工具】|【草图工具】|【转折线】菜单命令，系统出现【转折线】属性管理器。

（2）单击一直线开始进行转折，选择如图 3-41 中的长方形的一条边。

（3）移动鼠标来预览转折的宽度和深度。

（4）再次单击即完成转折，结果如图 3-42 所示。

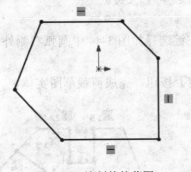

图 3-41 绘制前的草图

图 3-42 绘制后的草图

3.3.4 剪裁草图实体

剪裁草图实体命令是比较常用的草图编辑命令，剪裁类型可以为 2D 草图以及在 3D 基准面上的 2D 草图。单击选择【工具】|【草图工具】|【剪裁】菜单命令，或者单击【草图】工具栏上的 【剪裁实体】按钮，系统弹出如图 3-43 所示的【剪裁】属性管理器，下面具体介绍一下各参数的设置。

1．【信息】

选择一实体剪裁到最近端交叉实体或拖动到实体。剪裁操作的提示信息，用于选择要剪裁的实体。

2.【选项】选项组

- 【强劲剪裁】：通过将鼠标拖过每个草图实体来剪裁多个相邻的草图实体。
- 【边角】：剪裁两个草图实体，直到它们在虚拟边角处相交。
- 【在内剪除】：选择两个边界实体，剪裁位于两个边界实体内的草图实体。
- 【在外剪除】：选择两个边界实体，剪裁位于两个边界实体外的草图实体。
- 【剪裁到最近端】：将一草图实体剪裁到最近交叉实体端。

剪裁草图实体命令的操作方法如下。

（1）在草图编辑状态下，单击选择【工具】|【草图绘制工具】|【剪裁】菜单命令，或者单击【草图】工具栏上的【剪裁实体】图标按钮，此时鼠标变为，系统出现【剪裁】属性管理器。

（2）设置剪裁模式，在【选项】组中，单击选择【剪裁到最近端】模式。

图 3-43　【剪裁】属性管理器

（3）选择需要剪裁的草图实体，单击鼠标左键选择如图 3-44 中圆弧右侧外的直线段，结果如图 3-45 所示。

（4）单击【剪裁】属性管理器中的【确定】按钮，完成剪裁草图实体。

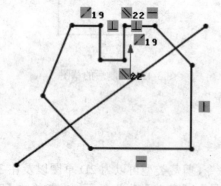

图 3-44　剪裁前的图形

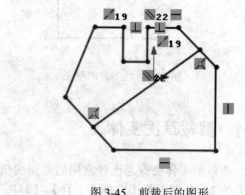

图 3-45　剪裁后的图形

3.3.5　延伸草图实体

延伸草图实体命令可以将一草图实体延伸至另一个草图实体。单击选择【工具】|【草图工具】|【延伸】菜单命令，或者单击【草图】工具栏上的【延伸实体】按钮，执行延伸草图实体命令。

延伸草图实体的操作方法如下。

（1）在草图编辑状态下，单击选择【工具】|【草图绘制工具】|【延伸】菜单命令，或者单击【草图】工具栏上的 📋【延伸实体】按钮，此时鼠标变为 ╦╞。

（2）单击鼠标左键选择如图 3-46 中左侧水平直线，将其延伸，结果如图 3-47 所示。

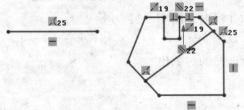

图 3-46　草图延伸前的图形　　　　　　图 3-47　草图延伸后的图形

3.3.6　分割草图实体

分割草图是将一连续的草图实体分割为两个草图实体。反之，也可以删除一个分割点，将两个草图实体合并成一个单一草图实体。单击选择【工具】|【草图工具】|【分割实体】菜单命令，或者单击【草图】工具栏上的 📉【分割实体】按钮，执行分割草图实体命令。

分割草图实体的操作方法如下。

（1）在草图编辑状态下，单击选择【工具】|【草图绘制工具】|【分割实体】菜单命令，或者单击【草图】工具栏上的 📉【分割实体】按钮，此时光标变为 ╳╦，进入分割草图实体命令状态。

（2）确定添加分割点的位置，用鼠标单击如图 3-48 中圆弧的合适位置，添加一个分割点，将圆弧分为两部分，结果如图 3-49 所示。

　　　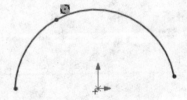

图 3-48　添加分割点前的图形　　　　　　图 3-49　添加分割点后的图形

3.3.7　镜向草图实体

镜向草图命令适用于绘制对称的图形，镜向的对象为 2D 草图或在 3D 草图基准面上所生成的 2D 草图。单击选择【工具】|【草图工具】|【镜向】菜单命令，或者单击【草图】工具栏上的 🔲【镜向实体】按钮，打开【镜向】属性管理器，如图 3-50 所示。

1.【信息】

选择要镜向的实体及一镜向所绕的草图或线性模型边线：提示选择镜向的实体、镜向点以及是否复制原镜向实体。

2.【选项】选项组

图 3-50 【镜向】属性管理器

- 要镜向的实体：选择要镜向的草图实体，所选择的实体出现在 ⚠️【要镜向的实体】框中。
- 复制：勾选该选项可以保留原始草图实体并镜向草图实体，取消勾选则删除原始草图实体再镜向草图实体。
- 镜向点：选择边线或直线作为镜向点，所选择的对象出现在 ⚠️【镜向点】框中。

镜向草图实体命令操作步骤如下。

（1）在草图编辑状态下，单击选择【工具】|【草图绘制工具】|【镜向】菜单命令，或者单击【草图】工具栏上的 ⚠️【镜向实体】按钮，此时鼠标变为 形状，系统弹出【镜向】属性管理器。

（2）用鼠标左键单击属性管理器中【要镜向实体】一栏下面的属性管理器，其变为粉红色，然后在绘图区域中框选如图 3-51 中的竖直直线右侧的图形，作为要镜向的原始草图。

（3）用鼠标左键单击属性管理器中【镜向点】一栏下面的属性管理器，其变为粉红色，然后在绘图区域中选取如图 3-51 中的竖直直线，作为镜向点。

（4）单击【镜向】属性管理器中的 ✓【确定】按钮，草图实体镜向完毕，结果如图 3-52 所示。

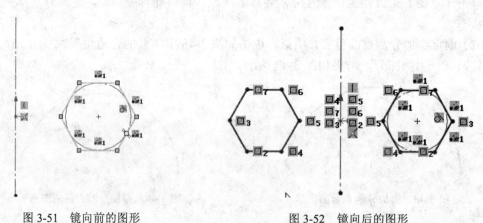

图 3-51　镜向前的图形　　　　　　图 3-52　镜向后的图形

3.3.8　线性阵列草图实体

线性草图阵列就是将草图实体沿一个或者两个轴复制生成多个排列图形。选择【工具】|【草图工具】|【线性阵列】菜单命令，或者单击【草图】工具栏上的 ▦【线性草图阵列】按钮，系统弹出如图 3-53 所示的【线性阵列】属性管理器。下面具体介绍一下各参数的设置。

1.【方向 1】设置组

- ![反向图标]【反向】：可以改变线性阵列的排列方向。
- ![间距图标]【间距】：线性阵列 X、Y 轴相邻两个特征参数之间的距离。
- 【添加间距尺寸】：形成线性阵列后，在草图上自动标注特征尺寸。
- ![数量图标]【数量】：经过线性阵列后草图最后形成的总个数。
- ![角度图标]【角度】：线性阵列的方向与 X、Y 轴之间的夹角。

2.【方向 2】设置组

【方向 2】设置组中各参数与【方向 1】设置组相同，用来设置方向 2 的各个参数，勾选在之间添加角度尺寸，将自动标注方向 1 和方向 2 的尺寸，取消勾选则不标注。

线性阵列草图实体的操作方法如下。

（1）在草图编辑状态下，单击选择【工具】|【草图绘制工具】|【线性阵列】菜单命令，或者单击【草图】工具栏上的![线性阵列图标]【线性阵列草图实体】按钮，系统出现【线性阵列】属性管理器。

图 3-53 【线性阵列】属性管理器

（2）在【线性阵列】属性管理器中的【要阵列的实体】一栏中选取如图 3-54 中的草图，其他设置如图 3-55 所示。此时绘图区域中图形预览如图 3-56 所示。

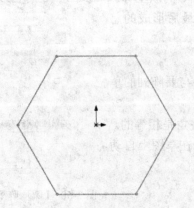

图 3-54 阵列草图实体前的图形　　　图 3-55 【线性阵列】属性管理器

（3）单击【线性阵列】属性管理器中的【确定】按钮。结果如图 3-57 所示。

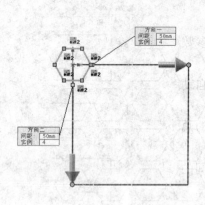

图 3-56　预览的阵列草图实体图形

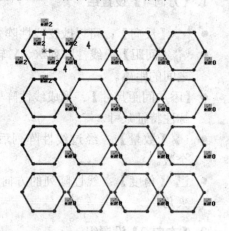

图 3-57　阵列草图实体后的图形

3.3.9　圆周阵列草图实体

圆周草图阵列就是将草图实体沿一个指定大小的圆弧进行环状阵列。单击选择【工具】|【草图绘制工具】|【圆周阵列】菜单命令，或者单击【草图】工具栏上的 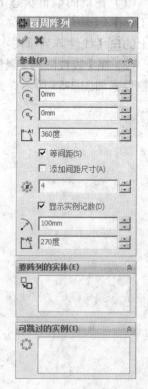【圆周草图阵列】按钮，系统出现如图 3-58 所示的【圆周阵列】属性管理器。下面具体介绍一下各参数的设置。

1.【参数】设置组

- 【反向旋转】：草图圆周阵列围绕原点旋转的方向。
- 【中心 X】：草图圆周阵列旋转中心的横坐标。
- 【中心 Y】：草图圆周阵列旋转中心的纵坐标。
- 【数量】：经过圆周阵列后草图最后形成的总个数。
- 【半径】：圆周阵列的旋转半径。
- 【圆弧角度】：圆周阵列旋转中心与要阵列的草图重心之间的夹角。
- 【等间距】：圆周阵列中草图之间的夹角是相等的。
- 【添加间距尺寸】：形成圆周阵列后，在草图上自动标注出特征尺寸。

2.【要阵列的实体】选择组

图 3-58　【圆周阵列】属性管理器

在图形区域中选择要阵列的实体，所选择的草图实体会出现在 【要阵列的实体】

显示框中。

3.【可跳过的实例】选择组

在图形区域中选择不想包括在阵列图形中的草图实体，所选的草图实体会出现在
【可跳过的实例】显示框中。

圆周阵列草图实体的操作方法如下。

（1）在草图编辑状态下，单击选择【工具】|【草图绘制工具】|【圆周阵列】菜单命令，
或者单击【草图】工具栏上的 ✦【圆周草图阵列】按钮，此时系统出现【圆周阵列】属性
管理器。

（2）在【圆周阵列】属性管理器中的【要阵列的实体】一栏选取如图 3-59 中圆弧外的
齿轮外齿草图，在【参数】一栏的 X、Y 坐标栏中输入原点的坐标值，数量栏中输入值 6，
总角度输入值 360。

（3）单击【圆周阵列】属性管理器中的 ✅【确定】按钮，结果如图 3-60 所示。

图 3-59 圆周阵列前的图形

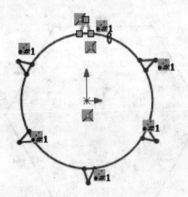

图 3-60 圆周阵列后的图形

3.3.10 等距实体

等距实体命令是按指定的距离等距一个或多个草图实
体、所选模型边线、模型面。例如，样条曲线或圆弧、模型
边线组、环等之类的草图实体。单击选择【工具】|【草图
绘制工具】|【等距实体】菜单命令，或者单击【草图】工
具栏上的 ⟋【等距实体】按钮，系统出现如图 3-61 所示的
【等距实体】属性管理器。下面具体介绍一下各参数的
设置。

【参数】设置组

● ⟋：设定数值以特定距离来等距草图实体。
● 添加尺寸：为等距的草图添加等距距离的尺寸标注。
● 反向：勾选更改单向等距实体的方向，取消勾选则
  按默认的方向进行。

图 3-61 【等距实体】属性管理器

- 选择链：生成所有连续草图实体的等距。
- 双向：在绘图区域中双向生成等距实体。
- 制作基体结构：将原有草图实体转换到构造性直线。
- 顶端加盖：在选择"双向"后此菜单有效，在草图实体的顶部添加一顶盖来封闭原有草图实体。可以使用圆弧或直线为延伸顶盖类型。

等距实体的操作方法如下。

（1）在草图绘制状态下，单击选择【工具】|【草图绘制工具】|【等距实体】菜单命令，或者单击【草图】工具栏上的 【等距实体】按钮，系统出现【等距实体】属性管理器。

（2）在绘图区域中选择如图 3-62 所示的圆，在【等距距离】一栏中输入值 10，勾选【添加尺寸】和【双向】选项，其他按照默认设置。

（3）单击【等距实体】属性管理器中的 【确定】按钮，完成等距实体的绘制。结果如图 3-63 所示。

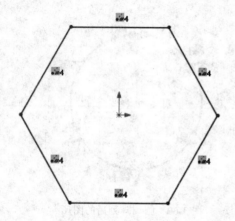
图 3-62　等距实体前的图形

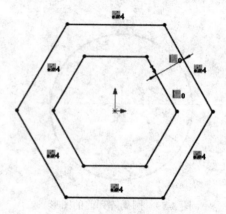
图 3-63　等距实体后的图形

3.3.11　转换实体引用

转换实体引用是通过已有模型或者草图，将其边线、环、面、曲线、外部草图轮廓线、一组边线或一组草图曲线投影到草图基准面上，生成新的草图。使用该命令时，如果引用的实体发生更改，那么转换的草图实体也会相应的改变。

转换实体引用的操作方法如下。

（1）单击选择如图 3-64 中的基准面 1，然后单击【草图】工具栏上的 【草图绘制】按钮，进入草图绘制状态。

（2）鼠标左键单击选择圆柱体左侧的外边缘线。

（3）单击选择【工具】|【草图绘制工具】|【转换实体引用】菜单命令，或者单击【草图】工具栏上的 【转换实体引用】按钮，执行转换实体引用命令，结果如图 3-65 所示。

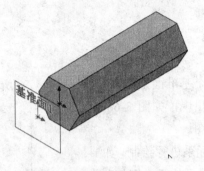

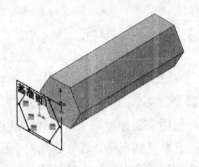

图 3-64　转换实体引用前的图形　　　　图 3-65　转换实体引用后的图形

3.4　3D 草图绘制

3.4.1　使用 3D 草图绘制工具

1．命令启动

可以在 3D 空间的任意点生成 3D 草图实体，方法如下。

（1）单击【插入】|【3D 草图】。

（2）单击草图工具栏中的【3D 草图】。

还可以在工作基准面上生成 3D 草图实体，方法如下。

（1）选择一个基准面，然后单击【插入】|【基准面上的 3D 草图】。

（2）选择一个基准面，然后单击草图工具栏中的【基准面上的 3D 草图】。

2．操作步骤

（1）打开一个三维实体模型，如图 3-66 所示。

（2）单击【插入】|【3D 草图】或者单击草图工具栏中的【3D 草图】。

（3）利用草图工具栏中的【圆】和【直线】，绘制 3D 草图如图 3-67 所示。

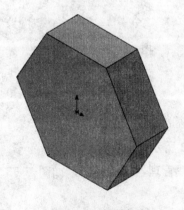

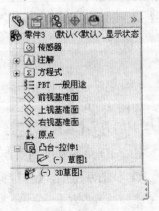

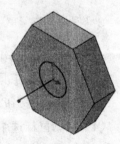

图 3-66　三维实体　　　　　　　　　图 3-67　3D 草图

3.4.2 空间控标

在 3D 草图绘制中，图形空间控标可帮助在数个基准面上绘制时保持方位。在所选基准面上定义草图实体的第一个点时，空间控标就会出现，如图 3-68 所示。使用空间控标，可以选择轴线以便沿该轴线绘图。

在默认情况下，通常是相对于模型中默认的坐标系进行绘制。如要切换到另外两个默认基准面之一，单击草图工具，然后按 Tab 键。当前的草图基准面的原点就会显示出来。

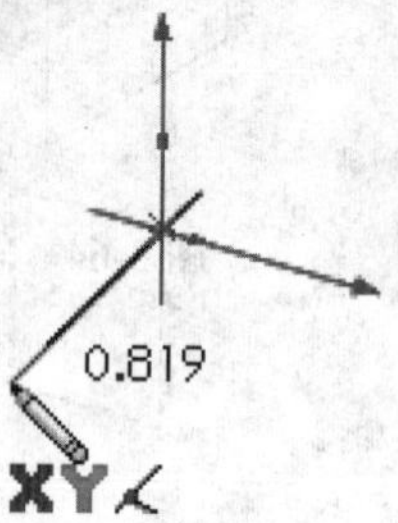

3.4.3 3D 草图基准面

1. 命令启动

在绘图区域中选择 3D 基准面以显示【基准面属性管理器】。

图 3-68　空间标控

2. 选项说明

【基准面属性】属性管理器设置如图 3-69 所示。下面具体介绍一下各参数的设置。

【现有几何关系】：列出基准面的几何关系。

【添加几何关系】：列出可以添加的几何关系。

【参数】选项组

根据角度和坐标在 3D 空间中定位基准面。

● ✧【距离】：显示基准面沿 X、Y 或 Z 方向与草图原点之间的距离。

● ↙【相切径向方向】：控制法线在 X-Y 基准面上的投影与 X 方向之间的角度。

● ∠【相切极坐标方向】：控制法线与其在 X-Y 基准面上的投影之间的角度。

图 3-69　【基准面属性】
属性管理器

3. 操作步骤

（1）绘制 3D 草图，如图 3-70 所示。

（2）单击草图工具栏中的 ▦【基准面】，绘制 3D 草图基准面，如图 3-71 所示。

（3）单击 ✔ 按钮，完成 3D 草图基准面绘制，如图 3-72 所示。

（4）移动鼠标选中 3D 草图基准面，【基准面属性】属性管理器自动弹出，如图 3-73 所示。

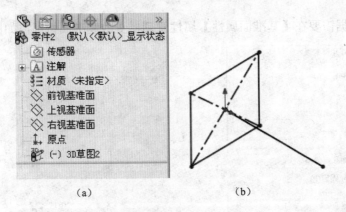

（a） （b）

图 3-70 3D 草图

（a） （b）

图 3-71 3D 草图基准面

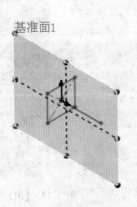

图 3-72 3D 草图基准面

图 3-73 基准面属性管理器

（5）可以根据需要在【基准面属性】属性管理器更改基准面特征，如图 3-74 所示。

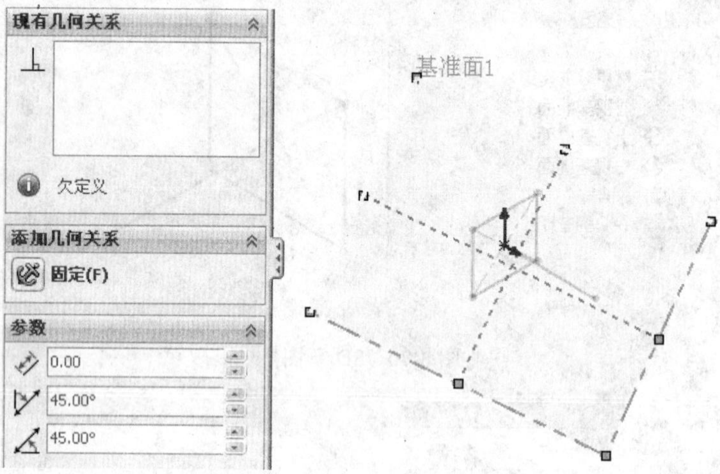

图 3-74　更改基准面属性管理器

3.4.4　3D 直线

1．命令启动

（1）单击【插入】| 【3D 草图】，或者单击草图工具栏中的 【3D 草图】，然后单击草图工具栏上的 【直线】。

（2）单击【插入】| 【3D 草图】，或者单击草图工具栏中的 【3D 草图】，然后单击【工具】|【草图绘制实体】| 【直线】。

2．选项说明

【线条属性】属性管理器如图 3-75 所示。下面具体介绍一下各参数的设置。

【参数】选项组

 【长度】：设定长度。

【额外参数】选项组

- $\diagup_X$：开始点的 X 坐标。
- $\diagup_Y$：开始点的 Y 坐标。
- $\diagup_Z$：开始点的 Z 坐标。
- $\diagup_X$：结束点的 X 坐标。
- $\diagup_Y$：结束点的结束 Y 坐标。
- $\diagup_Z$：结束点的结束 Z 坐标。
- ΔX DeltaX：开始和结束 X 坐标之间的差异。

图 3-75 【3D 直线】属性管理器

- ◢ⱽDeltaY：开始和结束 Y 坐标之间的差异。
- ◢ᶻDeltaZ：开始和结束 Z 坐标之间的差异。

3．操作步骤

（1）单击【插入】|🎨【3D 草图】，或者单击草图工具栏中的🎨【3D 草图】。

（2）单击草图工具栏上的🖊【直线】，或者单击【工具】|【草图绘制实体】|🖊【直线】。

（3）在属性管理器中的选项下，选择【作为构造线】来生成构造线，【无限长度】来生成无限长度的 3D 直线，如图 3-76 所示。

（4）在图形区域中单击以开始绘制直线。3D 直线属性管理器出现，指针变为 ꭓ。每次单击时，空间控标出现以帮助确定草图方位。

（5）如果想改变基准面，按 Tab 键。

（6）拖动到想结束直线段的点处。

（7）如要继续绘制直线，如有必要，选择线段的终点然后按 Tab 键变换到另外一个基准面。

（8）拖动第二段，然后释放指针。生成 3D 直线草图，如图 3-77 所示。

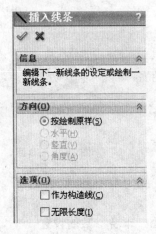

图 3-76　插入线条

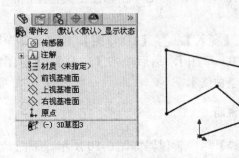

图 3-77　3D 直线

3.4.5　3D 点

1．命令启动

（1）单击【插入】|🎨【3D 草图】，或者单击草图工具栏中的🎨【3D 草图】，然后单击草图工具栏上的✳【点】。

（2）单击【插入】|🎨【3D 草图】，或者单击草图工具栏中的🎨【3D 草图】，然后单击【工具】|【草图绘制实体】|✳【点】。

2．选项说明

【点】属性管理器如图 3-78 所示，下面具体介绍一下各参数的设置。

【参数】选项组

- ₓ X 坐标：点的 X 坐标。
- ᵧ Y 坐标：点的 Y 坐标。
- z Z 坐标：点的 Z 坐标。

3. 操作步骤

（1）单击【插入】| 【3D 草图】，或者单击草图工具栏中的 【3D 草图】。

（2）单击草图工具栏上的 【点】，或者单击【工具】|【草图绘制实体】| 【点】。

（3）在图形区域中单击以放置点，如图 3-79 所示。

（4）欲改变点的属性：在 3D 草图中选择一点，然后在点属性管理器中编辑其属性。

图 3-78 【点】属性管理器

3.4.6 3D 样条曲线

1. 命令启动

（1）单击【插入】| 【3D 草图】，或者单击草图工具栏中的 【3D 草图】，然后单击草图工具栏上的 【样条曲线】。

（2）单击【插入】| 【3D 草图】，或者单击草图工具栏中的 【3D 草图】，然后单击【工具】|【草图绘制实体】| 【样条曲线】。

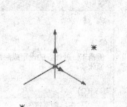

图 3-79 3D 点

2. 选项说明

【样条曲线】属性管理器如图 3-80 所示，下面具体介绍一下各参数的设置。

【选项】选项组

- 【作为构造线】：将实体转换到构造几何线。
- 【显示曲率】：显示曲率梳形图。
- 【保持内部连续性】：保持样条曲线的内部曲率。

【参数】选项组

- ：样条曲线点数。
- 【X 坐标】：样条曲线点的 X 坐标。
- 【Y 坐标】：样条曲线点的 Y 坐标。
- 【Z 坐标】：样条曲线点的 Z 坐标。
- 【相切重量 1】：通过修改样条曲线点处的样条曲线曲率度数来控制左相切向量。
- 【相切重量 2】：通过修改样条曲线点处的样条曲线曲率度数来控制右相切向量。
- 【相切径向方向】：通过修改相对于 X、Y 或 Z 轴的样条曲线倾斜角度来控制相切方向。

- $\vdash \mathcal{Y}$【相切极坐标方向】：控制相对于放置在与样条曲线点垂直的点处基准面之相切向量的提升角度。
- 【相切驱动】：使用相切重量、相切径向方向及相切极坐标方向来激活样条曲线控制。
- 【重设此控标】：将所选样条曲线控标重返到其初始状态。
- 【重设所有控标】：将所有样条曲线控标重返到其初始状态。
- 【弛张样条曲线】：当首先绘制样条曲线并显示控制多边形时，可拖动控制多边形上的任何节点以更改其形状。
- 【成比例】：成比例的样条曲线在拖动端点时会保持形状；整个样条曲线会按比例调整大小。

3. 操作步骤

（1）单击【插入】|📐【3D 草图】，或者单击草图工具栏中的📐【3D 草图】。

（2）单击草图工具栏上的📈【样条曲线】，或者单击【工具】|【草图绘制实体】|📈【样条曲线】。

（3）单击以放置第一个样条曲线点，然后拖动来绘制样条曲线。样条曲线属性管理器出现。在每次放开鼠标左键时，将生成新的 3D 原点。若想更改基准面，按 Tab 键。

（4）如有必要，继续放置样条曲线点并更改基准面。

（5）在样条曲线完成时，双击以停止草图绘制。绘制的样条曲线如图 3-81 所示。

图 3-80 【样条曲线】属性管理器

3.4.7　3D 草图绘制中的坐标系

生成 3D 草图时，在默认情况下，通常是相对于模型中默认的坐标系进行绘制。若要切换到另外两个默认基准面中的一个，请单击所需的草图绘制工具，然后按 Tab 键。当前草图基准面的原点就会显示出来。

若要改变 3D 草图的坐标系，请单击所需的草图绘制工具，按住 Ctrl 键，然后单击一个基准面、一个平面或一个用户定义的坐标系。如果选择一个基准面或平面，3D 草图基准面将旋转以使 X-Y 草图基准面与所选项目对正。如果选择一个坐标系，3D 草图基准面将旋转以使 X-Y 草图基准面与该坐标系的 X-Y 基准面平行。

图 3-81　样条曲线

3.4.8 3D 草图中的草图几何关系

2D 草图中可用的许多几何关系都可用于 3D 草图。3D 草图绘制支持的额外草图几何关系包括。

（1）通过曲面上一点的直线之间的垂直几何关系。

（2）在一个草图基准面上生成的 3D 草图实体与在其他草图基准面上生成的 3D 草图实体之间的几何关系。

（3）绕同一基准面上生成的 3D 草图之间的对称几何关系。

（4）带样条曲线控标的几何关系，如沿轴上或控标之间的几何关系。

（5）中点几何关系。

（6）相等几何关系。

（7）在面和样条曲线之间的相切或相等曲率几何关系。

（8）圆弧和其他草图实体之间的几何关系。

（9）圆弧之间的几何关系，如同轴心、相切或相等。

（10）在直线和基准面之间，或在两个点和基准面之间应用的"正视于"。

（11）圆锥和 3D 草图直线之间的同轴心和垂直几何关系。

3.4.9 在基准面上标注 3D 草图的尺寸

基准面的 3D 草图中有多种尺寸类型：绝对、水平和竖直。来回移动指针便可生成每种尺寸类型。

绝对数值：测量两个点之间的绝对距离，如图 3-82 所示。

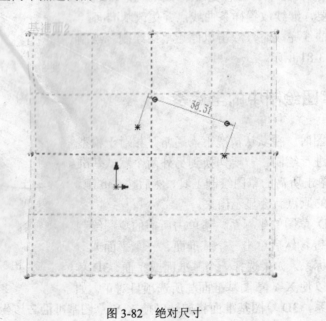

图 3-82 绝对尺寸

水平数值：测量两个点之间的水平距离，如图 3-83 所示。

竖直数值：测量两个点之间的竖直距离，如图 3-84 所示。

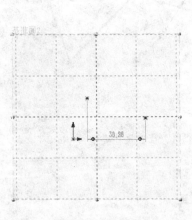

图 3-83　水平尺寸

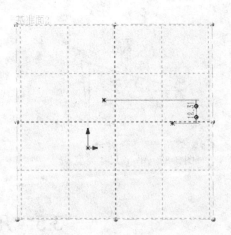

图 3-84　竖直尺寸

3.4.10　3D 草图尺寸类型

3D 草图中有多种尺寸类型：【绝对】、【沿 X】、【沿 Y】和【沿 Z】。

【绝对】：测量两个点之间的绝对距离。如果按 Tab 键沿一条轴线标注尺寸，则按住 Tab 键直到指针变回 以获得绝对量度，如图 3-85 所示。

【沿 X】：沿 X 轴测量两个点之间的距离。按 Tab 键一次可沿 X 轴测量，如图 3-86 所示。

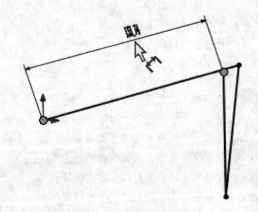

盘图 3-85　绝对尺寸类型

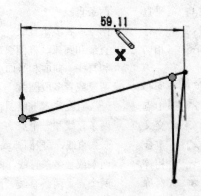

图 3-86　沿 X 尺寸类型

【沿 Y】：沿 Y 轴测量两个点之间的距离。按 Tab 键两次可沿 Y 轴测量，如图 3-87 所示。

【沿 Z】：沿 Z 轴测量两个点之间的距离。按 Tab 键三次可沿 Z 轴测量，如图 3-88 所示。

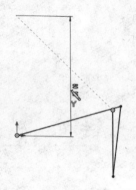

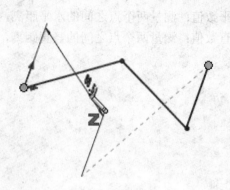

图 3-87　沿 Y 尺寸类型　　　　　　　　图 3-88　沿 Z 尺寸类型

3.5　几　何　关　系

　　绘制草图时使用几何关系可以更容易地控制草图形状，表达设计意图，充分体现人机交互的便利。几何关系与捕捉是相辅相成的，捕捉到的特征就是具有某种几何关系的特征。表 3-1 详细说明了各种几何关系要选择的草图实体及使用后的效果。

表 3-1　几何关系选项与效果

图标	几何关系	要选择的草图实体	使用后的效果
━	水平	一条或者多条直线，两个或者多个点	使直线水平，使点水平对齐
│	竖直	一条或者多条直线，两个或者多个点	使直线竖直，使点竖直对齐
╱	共线	两条或者多条直线	使草图实体位于同一条无限长的直线上
◯	全等	两段或者多段圆弧	使草图实体位于同一个圆周上
⊥	垂直	两条直线	使草图实体相互垂直
╲╲	平行	两条或者多条直线	使草图实体相互平行
∂	相切	直线和圆弧、椭圆弧或者其他曲线，曲面和直线，曲面和平面	使草图实体保持相切
◎	同心	两段或者多段圆弧	使草图实体共用一个圆心
╱	中点	一条直线或者一段圆弧和一个点	使点位于圆弧或者直线的中心
✕	交叉点	两条直线和一个点	使点位于两条直线的交叉点处
╱	重合	一条直线、一段圆弧或者其他曲线和一个点	使点位于直线、圆弧或者曲线上
=	相等	两条或者多条直线，两段或者多段圆弧	使草图实体的所有尺寸参数保持相等
☑	对称	两个点、两条直线、两个圆、椭圆或者其他曲线和一条中心线	使草图实体保持相对于中心线对称
✔	固定	任何草图实体	使草图实体的尺寸和位置保持固定，不可更改
☑	穿透	一个基准轴、一条边线、直线或者样条曲线和一个草图点	草图点与基准轴、边线或者曲线在草图基准面上穿透的位置重合
☑	合并	两个草图点或者端点	使两个点合并为一个点

3.5.1　添加几何关系

⊥【添加几何关系】命令是为已有的实体添加约束，此命令只能在草图绘制状态中使用。

生成草图实体后，单击【尺寸/几何关系】工具栏中的⊥【添加几何关系】按钮或者单击选择【工具】|【几何关系】|【添加】菜单命令，在【属性管理器】中弹出【添加几何关系】的属性设置，可以在草图实体之间或者在草图实体与基准面、轴、边线、顶点之间生成几何关系，如图 3-89 所示。

生成几何关系时，其中至少必须有 1 个项目是草图实体，其他项目可以是草图实体或者边线、面、顶点、原点、基准面、轴，也可以是其他草图的曲线投影到草图基准面上所形成的直线或者圆弧。

图 3-89　【添加几何关系】
的属性设置

3.5.2　显示/删除几何关系

⊥【显示/删除几何关系】命令用来显示已经应用到草图实体中的几何关系，或者删除不再需要的几何关系。

单击【尺寸/几何关系】工具栏中的⊥【显示/删除几何关系】按钮，可以显示手动或者自动应用到草图实体的几何关系，并可以用来删除不再需要的几何关系，还可以通过替换列出的参考引用修正错误的草图实体。

3.6　标　注　尺　寸

绘制完成草图后，可以标注草图的尺寸。

3.6.1　线性尺寸

（1）单击【尺寸/几何关系】工具栏中的 ⌀【智能尺寸】按钮或者单击选择【工具】|【标注尺寸】|【智能尺寸】菜单命令，也可以在图形区域中用鼠标右键单击，然后在弹出的菜单中选择【智能尺寸】命令。默认尺寸类型为平行尺寸。

（2）定位智能尺寸项目。移动鼠标指针时，智能尺寸会自动捕捉到最近的方位。当预览显示想要的位置及类型时，可以单击鼠标右键锁定该尺寸。

智能尺寸项目有下列几种。

● 直线或者边线的长度：选择要标注的直线，拖动到标注的位置。
● 直线之间的距离：选择两条平行直线，或者 1 条直线与 1 条平行的模型边线。
● 点到直线的垂直距离：选择 1 个点以及 1 条直线或者模型上的 1 条边线。
● 点到点距离：选择两个点，然后为每个尺寸选择不同的位置，生成如图 3-90 所示的距离尺寸。

（3）单击鼠标左键确定尺寸数值所要放置的位置。

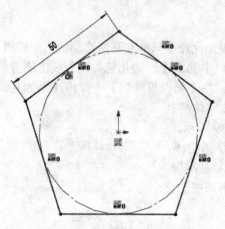

图 3-90　生成点到点的距离尺寸

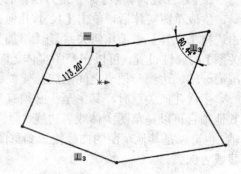

图 3-91　生成角度尺寸

3.6.2　角度尺寸

要生成两条直线之间的角度尺寸，可以先选择两条草图直线，然后为每个尺寸选择不同的位置。要在两条直线或者 1 条直线和模型边线之间放置角度尺寸，可以先选择两个草图实体，然后在其周围拖动鼠标指针，显示智能尺寸的预览。由于鼠标指针位置的改变，要标注的角度尺寸数值也会随之改变。

（1）单击【尺寸/几何关系】工具栏中的 ⌀【智能尺寸】按钮。

（2）单击其中 1 条直线。

（3）单击另一条直线或者模型边线。

（4）拖动鼠标指针显示角度尺寸的预览。

（5）单击鼠标左键确定所需尺寸数值的位置，生成如图 3-91 所示的角度尺寸。

3.6.3　圆弧尺寸

标注圆弧尺寸时，默认尺寸类型为半径。如果要标注圆弧的实际长度，可以选择圆弧及其两个端点。

（1）单击【尺寸/几何关系】工具栏中的 ⌀【智能尺寸】按钮。

（2）单击圆弧。

（3）单击圆弧的两个端点。

（4）拖动鼠标指针显示圆弧长度的预览。

（5）单击鼠标左键确定所需尺寸数值的位置，生成如图 3-92 所示的圆弧尺寸数值。

3.6.4　圆形尺寸

以一定角度放置圆形尺寸，尺寸数值显示为直径尺寸。将尺寸数值竖直或者水平放置，尺寸数值会显示为线性尺寸。如果要修改线性尺寸的角度，则单击该尺寸数值，然后拖动文字上的控标，尺寸以 15°的增量进行捕捉。

（1）单击【尺寸/几何关系】工具栏中的 ◇【智能尺寸】按钮。

（2）选择圆形。

（3）拖动鼠标指针显示圆形直径的预览。

（4）单击鼠标左键确定所需尺寸数值的位置，生成如图 3-93 所示的圆形尺寸。

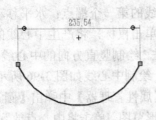

图 3-92　生成圆弧尺寸

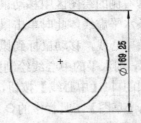

图 3-93　生成圆形尺寸

选择 ◇【智能尺寸】命令并拖动控标，旋转尺寸数值可以重新调整角度。

3.6.5　修改尺寸

要修改尺寸，可以双击草图的尺寸，在弹出的【修改】属性管理器中进行设置，如图 3-94 所示，然后单击 ☑【保存当前的数值并退出此属性管理器】按钮完成操作。

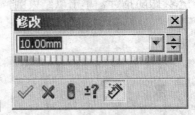

图 3-94　【修改】属性管理器

3.7　实　例　操　作

下面利用 1 个具体范例来讲解草图的绘制方法，最终效果如图 3-95 所示。

主要步骤如下：

1．进入草图绘制状态。

2．绘制草图。

3．标注尺寸。

3.7.1　进入草图绘制状态

（1）启动中文版 SolidWorks 2013，单击【标准】工具栏中的 □【新建】按钮，弹出【新建 SolidWorks 文件】属性管理器，单击【零件】按钮，再单击【确定】按钮，生成新文件。

（2）单击【草图】工具栏中的 ℃【草图绘制】按钮，进入草图绘制状态。在【特征管理器设计

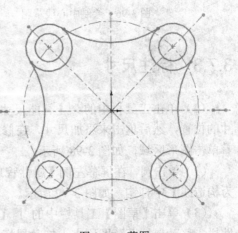

图 3-95　草图

树】中单击【前视基准面】图标，使前视基准面成为草图绘制平面。

3.7.2　绘制草图

（1）单击【草图】工具栏中的 ┊ 【中心线】按钮，在屏幕左侧将弹出【插入线条】属性栏，在屏幕右侧的绘图区中移动鼠标，当鼠标与屏幕中的原点处于同一水平线时，屏幕中将出现一条水平虚线，此时单击鼠标，将产生中心线的第一个端点；水平移动鼠标，屏幕将出现一条中心线，移动鼠标到原点的右侧，再次单击鼠标，将产生中心线的第二个端点，双击鼠标，则水平的中心线绘制完毕。按同样方法，绘制竖直方向的中心线。单击【草图】工具栏中的 ┊ 【中心线】按钮，以关闭中心线。绘制中心线如图 3-96 所示。

（2）单击【草图】工具栏中的 ⊙ 【圆】按钮，在【属性管理器】中弹出【圆】的属性设置。单击【中央创建】单选按钮，在图形区域中绘制圆形草图。单击将中心点放置在原点上，指针形状将变为 ✎，这表示圆心和原点之间的重合几何关系。移动鼠标，注意圆的预览动态会跟随指针，单击以结束圆，并在属性管理器中单击 ✔ 【确定】按钮，如图 3-97 所示。

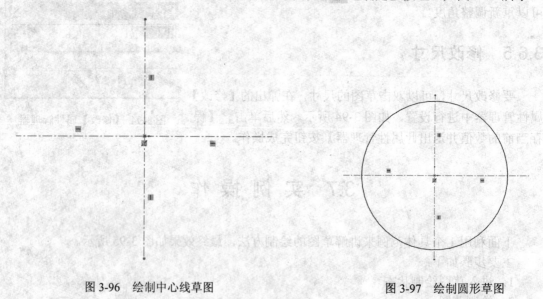

图 3-96　绘制中心线草图　　　　　　　　　　　　　图 3-97　绘制圆形草图

3.7.3　标注尺寸

（1）单击工具栏中的 ✐ 【智能尺寸】按钮，选择要标注尺寸的圆，将指针移到放置尺寸的位置，然后单击来添加尺寸，在修改框中输入 190，然后单击修改框中的 ✔ 按钮，接着单击图形区域，如图 3-98 所示。

（2）单击圆，在屏幕左侧【属性管理器】中弹出【圆】的属性设置。在【选项】处【作为构造线】中打钩，如图 3-99 所示。

（3）单击【草图】工具栏中的 ┊ 【中心线】按钮，在屏幕左侧将弹出【插入线条】属性栏，移动鼠标至草图原点，拖动鼠标，则生成一条中心线，使中心线经过圆的圆点，在

【线条属性】属性栏中单击 ✅【确定】按钮，在【插入线条】属性栏单击 ✅【确定】按钮，单击图形区域，生成两条经过圆的中心线，如图 3-100 所示。

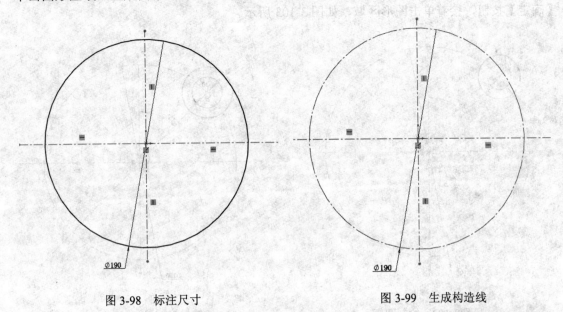

图 3-98　标注尺寸　　　　　　　　　　　　图 3-99　生成构造线

　　（4）单击工具栏中的 ◇【智能尺寸】按钮，选择要标注尺寸的中心线，将指针移到放置尺寸的位置，然后单击来添加角度尺寸，在修改框中输入 45，然后单击修改框中的 ✅【确定】按钮，接着单击图形区域，如图 3-101 所示。

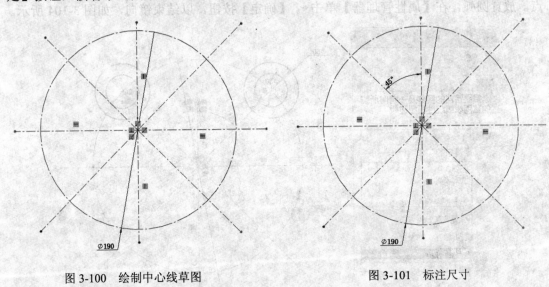

图 3-100　绘制中心线草图　　　　　　　　　图 3-101　标注尺寸

　　（5）单击【草图】工具栏中的 ⊙【圆】按钮，在【属性管理器】中弹出【圆】的属性设置。单击【中央创建】单选按钮，在图形区域中绘制圆，移动鼠标，注意圆的预览动态跟随指针，单击以结束圆并在属性管理器中单击 ✅【确定】按钮。同样方法再绘制一个圆，如图 3-102 所示。

（6）单击草图工具栏中的 ✐【智能尺寸】按钮，选择要标注尺寸的圆，将指针移到放置尺寸的位置，然后单击来添加尺寸，在修改框中输入 50 和 30，然后单击修改框中的 ✔【确定】按钮，接着单击图形区域，如图 3-103 所示。

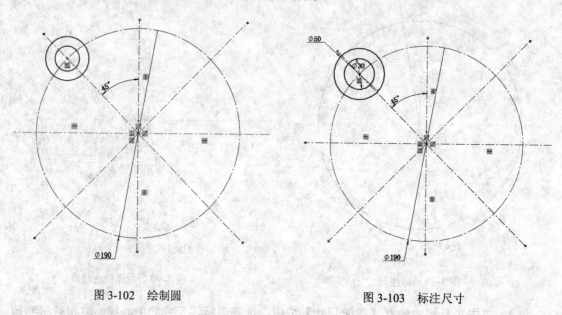

图 3-102　绘制圆　　　　　　　　　图 3-103　标注尺寸

（7）单击【草图】工具栏中的 ⚠【镜向实体】按钮，在屏幕左侧【属性管理器】中弹出【镜向实体】的属性设置。要镜向的实体选择圆弧 2 和圆弧 3，竖直中心线作为镜向点，放置圆弧，在【属性管理器】单击 ✔【确定】按钮，以结束镜向，如图 3-104 所示。

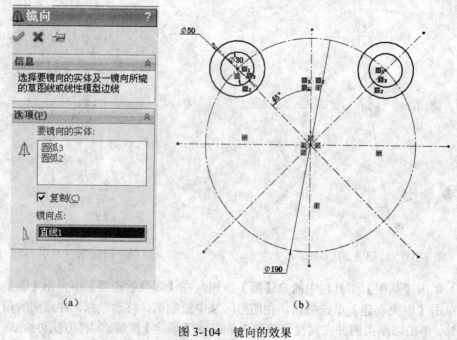

（a）　　　　　　　　　　　　（b）

图 3-104　镜向的效果

（8）单击【草图】工具栏中的 ⚠【镜向实体】按钮，在屏幕左侧【属性管理器】中弹出【镜像实体】的属性设置。要镜像的实体选择圆弧 2、3、4、5,水平中心线作为镜像点,放置圆弧,在【属性管理器】单击 ✓ 【确定】按钮,以结束镜像,如图 3-105 所示。

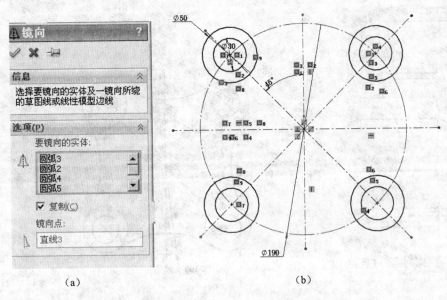

　　　　　　　(a)　　　　　　　　　　　　　　　　　　　　(b)

图 3-105　镜像的效果

　　(9)单击【草图】工具栏中的 ⊙ 【圆心/起/终点画弧】按钮,在水平中心线左侧选一点作为圆心画弧,使弧的起、终点与圆相交,单击图形区域,如图 3-106 所示。

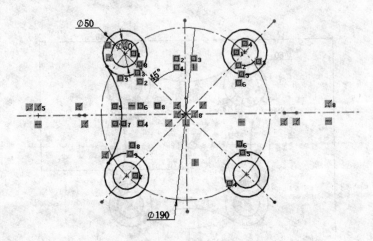

图 3-106　弧的效果

　　(10)单击【草图】工具栏中的 ⊙ 【圆周草图阵列】按钮,在屏幕左侧将弹出【圆周阵列】属性栏,选择要阵列的实体圆弧为 10,选择要阵列的数量为 4,系统自动弹出其他系数,单击属性栏中的 ✓ 【确定】按钮,则生成圆周阵列,如图 3-107 所示。

　　(11)单击【草图】工具栏中的 ⊘ 【智能尺寸】按钮,单击标注水平中心线左侧圆心到圆弧 10 的角度尺寸,将指针移到放置尺寸的位置,然后单击来添加尺寸,在修改框中输入 98,然后单击修改框中的 ✓ 【确定】按钮,接着单击图形区域。同样方法标注竖直中心线到圆点的尺寸，在修改框中输入 170。标注圆点和圆点间的尺寸，在修改框中输入 340，如图 3-108 所示。

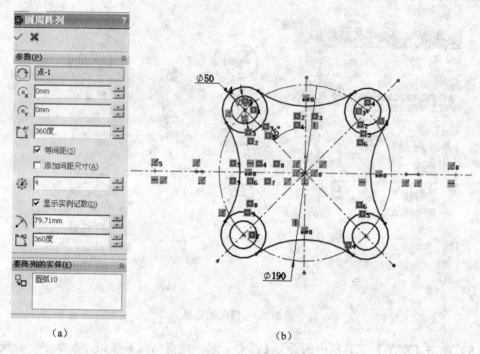

（a）　　　　　　　　　　　　（b）

图 3-107　生成圆周阵列

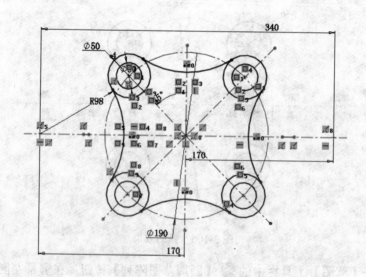

图 3-108　标注尺寸

（12）至此，草图范例全部完成，将其保存。

第 4 章　简单实体特征建模

三维建模是 SolidWorks 软件的主要功能之一，三维建模的命令很多，其中最常用的几种建模命令定义为基本特征建模。在 SolidWorks 建模中，基本特征包括拉伸凸台/基体特征（简称拉伸特征）、拉伸切除特征和旋转凸台/基体特征（简称旋转特征）、扫描特征和放样特征。

4.1　拉伸凸台/基体特征

4.1.1　拉伸凸台/基体特征的属性设置

单击【特征】工具栏中的 【拉伸凸台/基体】按钮或者单击选择【插入】|【凸台/基体】|【拉伸】菜单命令，在【属性管理器】中弹出【拉伸】的属性设置，如图 4-1 所示。

1.【从】选项组

该选项组用来设置特征拉伸的【开始条件】，其选项包括【草图基准面】、【曲面/面/基准面】、【顶点】和【等距】。

- 【草图基准面】：从草图所在的基准面作为基础开始拉伸。
- 【曲面/面/基准面】：从这些实体之一作为基础开始拉伸。
- 【顶点】：从选择的顶点处开始拉伸。
- 【等距】：从与当前草图基准面等距的基准面上开始拉伸，等距距离可以手动输入。

2.【方向 1】选项组

（1）【终止条件】：设置特征拉伸的终止条件，其选项如图 4-2 所示。单击 【反向】按钮，可以沿预览中所示的相反方向拉伸特征。

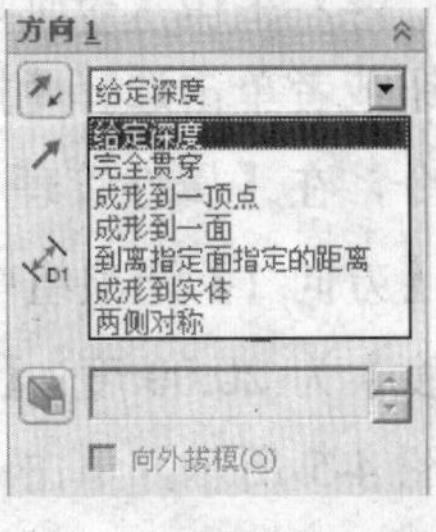

- 【给定深度】：设置给定的 【深度】数值以终止拉伸。
- 【完全贯穿】：将拉伸贯穿到选择的要素上。
- 【成形到一顶点】：拉伸到在图形区域中选择的顶点处。
- 【成形到一面】：拉伸到在图形区域中选择的 1 个面或者基准面处。
- 【到离指定面指定的距离】：拉伸到在图形区域中选择的

图 4-1　【拉伸】的属性设置

图 4-2　【终止条件】选项

1 个面或者基准面处，然后设置 【等距距离】数值。

- 【成形到实体】：拉伸到在图形区域中所选择的实体或者曲面实体处。
- 【两侧对称】：设置 【深度】数值，按照所在平面的两侧对称距离生成拉伸特征。

（2） 【拉伸方向】：在图形区域中选择方向向量，并以垂直于草图轮廓的方向拉伸草图。

（3） 【拔模开/关】：可以设置【拔模角度】数值，如果有必要，选择【向外拔模】选项。

3.【方向 2】选项组

该选项组中的参数用来设置同时从草图基准面向两个方向拉伸的相关参数，用法和【方向 1】选项组基本相同。

4.【薄壁特征】选项组

该选项组中的参数可以控制拉伸的 【厚度】（不是 【深度】）数值。薄壁特征基体是做钣金零件的基础。

定义【薄壁特征】拉伸的类型，如图 4-3 所示。

- 【单向】：以同一 【厚度】数值，沿 1 个方向拉伸草图。
- 【两侧对称】：以同一 【厚度】数值，沿相反方向拉伸草图。

图 4-3 【类型】选项

- 【双向】：以不同 【方向 1 厚度】、 【方向 2 厚度】数值，沿相反方向拉伸草图。

5.【所选轮廓】选项组

 【所选轮廓】：允许使用部分草图生成拉伸特征，在图形区域中可以选择草图轮廓和模型边线。

4.1.2 生成拉伸凸台/基体特征的操作步骤

（1）绘制草图，如图 4-4 所示。

（2）单击【特征】工具栏中的 【拉伸凸台/基体】按钮或者单击选择【插入】|【凸台/基体】|【拉伸】菜单命令，在【属性管理器】中弹出【拉伸】的属性设置。在【方向 1】选项组中，设置【深度】为 10mm，【拔模角度】为 20.00 度；【方向 2】选项组使用相同的设置，如图 4-5 所示，单击 【确定】按钮，生成拉伸特征，如图 4-6 所示。

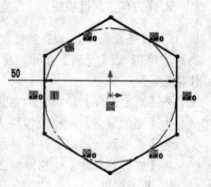

图 4-4 绘制草图

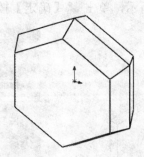

图 4-5 【拉伸】的属性设置   图 4-6 生成拉伸特征

4.2 拉伸切除特征

4.2.1 拉伸切除特征的属性设置

单击【特征】工具栏中的【拉伸切除】按钮或者单击选择【插入】|【切除】|【拉伸】菜单命令，在【属性管理器】中弹出【拉伸切除】的属性设置，如图 4-7 所示。

该属性设置与【拉伸】的属性设置基本一致。不同的地方是，在【方向 1】选项组中多了【反侧切除】选项。

【反侧切除】（仅限于拉伸的切除）：移除轮廓外的所有部分，如图 4-8 所示。在默认情况下，从轮廓内部移除，如图 4-9 所示。

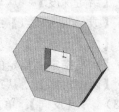

图 4-7 【拉伸切除】的属性设置   图 4-8 反侧切除   图 4-9 默认切除

4.2.2　生成拉伸切除特征的操作步骤

（1）绘制草图，如图 4-10 所示。

（2）单击【特征】工具栏中的  【拉伸切除】按钮或者单击选择【插入】|【切除】|【拉伸】菜单命令，在【属性管理器】中弹出【切除-拉伸】的属性设置，根据需要设置参数，如图 4-11 所示，单击 ✅ 【确定】按钮，如图 4-12 所示。

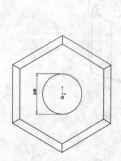
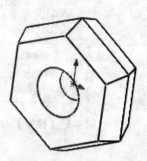

图 4-10　绘制草图　　　　图 4-11　【切除-拉伸】的属性设置　　　　图 4-12　生成拉伸切除特征

4.3　旋转凸台/基体特征

4.3.1　旋转凸台/基体特征的属性设置

单击【特征】工具栏中的 ⊕ 【旋转凸台/基体】按钮或者单击选择【插入】|【凸台/基体】|【旋转】菜单命令，在【属性管理器】中弹出【旋转】的属性设置，如图 4-13 所示。

1.【旋转参数】选项组

（1）＼【旋转轴】：选择旋转所围绕的轴，根据所生成的旋转特征的类型，此轴可以为中心线、直线或者边线。

（2）【旋转类型】：从草图基准面中定义旋转方向，其选项如图 4-14 所示。

● 【给定深度】：从草图以单一方向生成旋转。

● 【成形到一顶点】：从草图基准面生成旋转到指定顶点。

● 【成形到一面】：从草图基准面生成旋转到指定曲面。

● 【到离指定面指定的距离】：从草图基准面生成旋转到指定曲面的指定等距。

● 【两侧对称】：从草图基准面以顺时针和逆时针方向生成旋转相同角度。

（3）🔁【反向】：单击该按钮，反转旋转方向。

（4）📐【角度】：设置旋转角度，默认的角度为 360.00 度，角度以顺时针方向从所选草图开始测量。

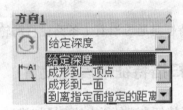

　　图 4-13　【旋转】的属性设置　　　　　　　　图 4-14　【旋转类型】选项

2.【薄壁特征】选项组

- 【单向】：以同一 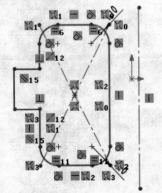【方向 1 厚度】数值，从草图沿单一方向添加薄壁特征的体积。
- 【两侧对称】：以同一 【方向 1 厚度】数值，并以草图为中心，在草图两侧使用均等厚度的体积添加薄壁特征。
- 【双向】：在草图两侧添加不同厚度的薄壁特征的体积。

3.【所选轮廓】选项组

　　单击 ◇【所选轮廓】选择框，拖动鼠标指针 ，在图形区域中选择适当轮廓，此时显示出旋转特征的预览，可以选择任何轮廓生成单一或者多实体零件，单击 【确定】按钮，生成旋转特征。

4.3.2　生成旋转凸台/基体特征的操作步骤

　　（1）绘制草图，包含 1 个或者多个轮廓以及 1 条中心线、直线或者边线以作为特征旋转所围绕的轴，如图 4-15 所示。

　　（2）单击【特征】工具栏中的 【旋转凸台/基体】按钮或者单击选择【插入】|【凸台/基体】|【旋转】菜单命令，在【属性管理器】中弹出【旋转】的属性设置，如图 4-16 所示。根据需要设置参数，单击 【确定】按钮，如图 4-17 所示。

图 4-15　绘制草图

图 4-16 【旋转】的属性设置

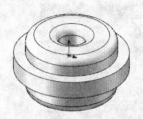
图 4-17 生成旋转特征

4.4 扫 描 特 征

扫描特征是通过沿着 1 条路径移动轮廓以生成基体、凸台、切除或者曲面的 1 种特征。

4.4.1 扫描特征的属性设置

单击【特征】工具栏中的【扫描】按钮或者单击选择【插入】|【凸台/基体】|【扫描】菜单命令，在【属性管理器】中弹出【扫描】的属性设置，如图 4-18 所示。

1.【轮廓和路径】选项组

（1）【轮廓】：设置用来生成扫描的草图轮廓。
（2）【路径】：设置轮廓扫描的路径。

2.【选项】选项组

（1）【方向/扭转控制】：控制轮廓在沿路径扫描时的方向，其选项如图 4-19 所示。

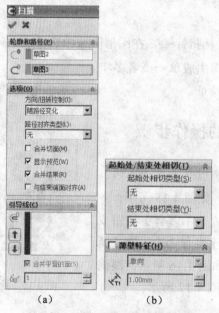
（a） （b）
图 4-18 【扫描】的属性设置

图 4-19 【方向/扭转控制】选项

- 【随路径变化】：轮廓相对于路径时刻保持处于同一角度。
- 【保持法向不变】：使轮廓总是与起始轮廓保持平行。
- 【随路径和第一引导线变化】：中间轮廓的扭转由路径到第 1 条引导线的向量决定，在所有中间轮廓的草图基准面中，该向量与水平方向之间的角度保持不变。
- 【随第一和第二引导线变化】：中间轮廓的扭转由第 1 条引导线到第 2 条引导线的向量决定。
- 【沿路径扭转】：沿路径扭转轮廓。可以按照度数、弧度或者旋转圈数定义扭转。
- 【以法向不变沿路径扭曲】：在沿路径扭曲时，保持与开始轮廓平行而沿路径扭转轮廓。

（2）【定义方式】：定义扭转的形式，可以选择【度数】、【弧度】、【旋转】选项，也可以单击 🔄【反向】按钮，其选项如图 4-20 所示。

- 【扭转角度】：在扭转中设置度数、弧度或者旋转圈数的数值。

（3）【路径对齐类型】：当路径上出现少许波动或者不均匀波动使轮廓不能对齐时，可以将轮廓稳定下来，其选项如图 4-21 所示。

图 4-20　【定义方式】选项

图 4-21　【路径对齐类型】选项

- 【无】：垂直于轮廓而对齐轮廓，不进行纠正，如图 4-22 所示。

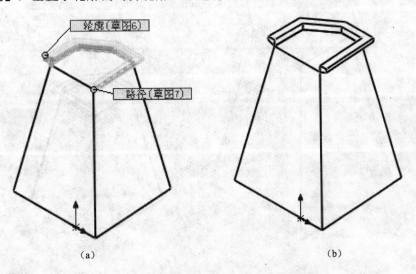

(a)　　　　　　　　　　　　　(b)

图 4-22　设置【路径对齐类型】为【无】时

- 【最小扭转】：阻止轮廓在随路径变化时自我相交。
- 【方向向量】：按照所选择的向量方向对齐轮廓，选择设置方向向量的实体，如图 4-23 所示。
- 【方向向量】：选择基准面、平面、直线、边线、圆柱、轴、特征上的顶点组等以设置方向向量。

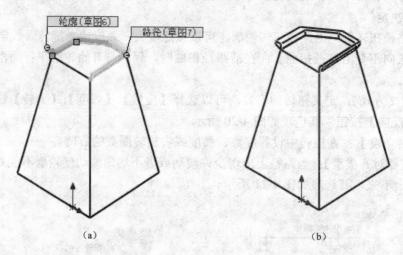

（a）　　　　　　　　　　　　　　　　　　（b）

图 4-23　设置【路径对齐类型】为【方向向量】时

- 【所有面】：当路径包括相邻面时，使扫描轮廓在几何关系可能的情况下与相邻面相切，如图 4-24 所示。

（4）【合并切面】：如果扫描轮廓具有相切线段，可以使所产生的扫描中的相应曲面相切，保持相切的面可以是基准面、圆柱面或者锥面。

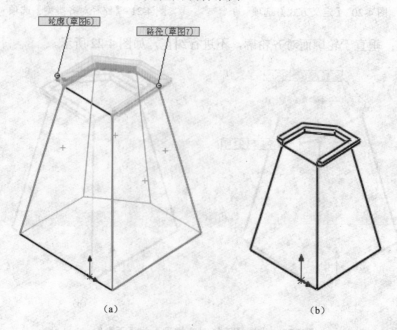

（a）　　　　　　　　　　　　　　　　　　（b）

图 4-24　设置【路径对齐类型】为【所有面】时

（5）【显示预览】：显示扫描的上色预览。取消选择此选项，则只显示轮廓和路径。

（6）【合并结果】：将多个实体合并成 1 个实体。

（7）【与结束端面对齐】：将扫描轮廓延伸到路径所遇到的最后 1 个面。此选项常用于螺旋线，如图 4-25 所示。

  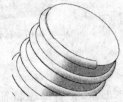

（a）螺旋线结构　　　（b）选择【与结束端面对齐】选项时　　（c）取消选择【与结束端面对齐】选项时

图 4-25　螺旋线端面对齐方式

3.【引导线】选项组

（1）　【引导线】：在轮廓沿路径扫描时加以引导以生成特征。

（2）　【上移】、　【下移】：调整引导线的顺序。

（3）【合并平滑的面】：改进带引导线扫描的性能，并在引导线或者路径不是曲率连续的所有点处分割扫描。

（4）　【显示截面】：显示扫描的截面。

4.【起始处/结束处相切】选项组

（1）【起始处相切类型】：其选项如图 4-26 所示。

● 【无】：不应用相切。

● 【路径相切】：垂直于起始点路径而生成扫描。

（2）【结束处相切类型】：与起始处相切类型的选项相同，如图 4-27 所示，在此不做赘述。

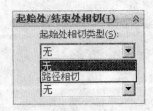 

图 4-26　【起始处相切类型】选项　　　　图 4-27　【结束处相切类型】选项

5.【薄壁特征】选项组

生成薄壁特征扫描，如图 4-28 所示。

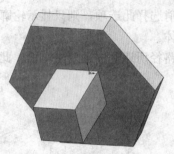
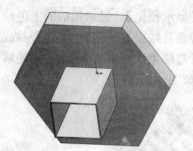

（a）使用实体特征的扫描　　　　　　　（b）使用薄壁特征的扫描

图 4-28　生成薄壁特征扫描

【类型】：设置薄壁特征扫描的类型。

● 【单向】：设置同一 ⚞ 【厚度】数值，以单一方向从轮廓生成薄壁特征。

● 【两侧对称】：设置同一 ⚞ 【厚度】数值，以两个方向从轮廓生成薄壁特征。

● 【双向】：设置不同【厚度 1】、【厚度 2】数值，以相反的两个方向从轮廓生成薄壁特征。

4.4.2　生成扫描特征的操作步骤

（1）单击选择【插入】|【凸台/基体】|【扫描】菜单命令，在【属性管理器】中弹出【扫描】的属性设置。在【轮廓和路径】选项组中，单击【轮廓】选择框，在图形区域中选择草图 1，单击【路径】选择框，在图形区域中选择草图 2，如图 4-29 所示。

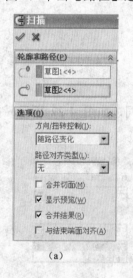
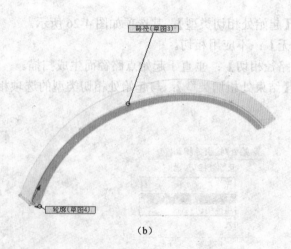

（a）　　　　　　　　　　　　　　（b）

图 4-29　【扫描】的属性设置

（2）在【选项】选项组中，设置【方向/扭转控制】为【随路径变化】，【路径对齐类型】为【无】，单击 ✔ 【确定】按钮，如图 4-30 所示。

（3）在【选项】选项组中，设置【方向/扭转控制】为【保持法向不变】，单击 ✔ 【确定】按钮，如图 4-31 所示。

图 4-30　生成扫描特征　　　　　　　图 4-31　生成扫描特征

4.5　放　样　特　征

放样特征通过在轮廓之间进行过渡以生成特征，放样的对象可以是基体、凸台、切除或者曲面，可以使用两个或者多个轮廓生成放样，但仅第 1 个或者最后 1 个对象的轮廓可以是点。

4.5.1　放样特征的属性设置

单击选择【插入】|【凸台/基体】|【放样】菜单命令，在【属性管理器】中弹出【放样】的属性设置，如图 4-32 所示。

1.【轮廓】选项组

（1） ⊗ 【轮廓】：用来生成放样的轮廓，可以选择要放样的草图轮廓、面或者边线。

（2） ↑ 【上移】、↓ 【下移】：调整轮廓的顺序。

2.【起始/结束约束】选项组

（1）【开始约束】、【结束约束】：应用约束以控制开始和结束轮廓的相切，其选项如图 4-33 所示。

　　（a）　　　　　　　　　（b）

图 4-32　【放样】的属性设置

（a）

（b）

图 4-33　【开始约束】、【结束约束】选项

- 【无】：不应用相切约束（即曲率为零）。
- 【方向向量】：根据所选的方向向量应用相切约束。

- 【垂直于轮廓】：应用在垂直于开始或者结束轮廓处的相
  切约束。

（2）  【方向向量】：按照所选择的方向向量应用相切约束，
放样与所选线性边线或者轴相切，或者与所选面或者基准面的法
线相切，如图 4-34 所示。

（3） 【拔模角度】：为起始或者结束轮廓应用拔模角度。

（4） 【起始/结束处相切长度】：控制对放样的影响量。

（5）【应用到所有】：显示 1 个为整个轮廓控制所有约束的
控标。

图 4-34   设置【开始约束】
为【方向向量】时的参数

在选择不同【开始/结束约束】选项时的效果如图 4-35 所示。

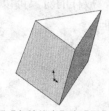

设置【起始约束】为【无】
设置【结束约束】为【无】
（a）

设置【起始约束】为【无】
设置【结束约束】为【垂直于轮廓】
（b）

设置【开始约束】为【垂直于轮廓】
设置【结束约束】为【无】
（c）

设置【开始约束】为【垂直于轮廓】
设置【结束约束】为【垂直于轮廓】
（d）

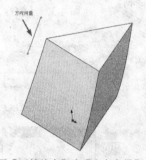

设置【开始约束】为【方向向量】
设置【结束约束】为【无】
（e）

设置【开始约束】为【方向向量】
设置【结束约束】为【垂直于轮廓】
（f）

图 4-35   选择不同【开始/结束约束】选项时的效果

3.【引导线】选项组

（1）【引导线感应类型】：控制引导线对放样的影响力，
其选项如图 4-36 所示。

- 【到下一引线】：只将引导线延伸到下一引导线。
- 【到下一尖角】：只将引导线延伸到下一尖角。
- 【到下一边线】：只将引导线延伸到下一边线。
- 【整体】：将引导线影响力延伸到整个放样。

选择不同【引导线感应类型】选项时的效果如图 4-37
所示。

图 4-36　【引导线感应类型】选项

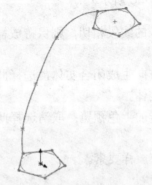

两个轮廓和 1 条引导线

（a）选择不同【引导线感应类型】选项时的效果

（b）设置【引导线感应类型】为【到下一尖角】　　　（c）设置【引导线感应类型】为【整体】

图 4-37　选择不同【引导线感应类型】选项时的效果

（2）　【引导线】：选择引导线来控制放样。

（3）　【上移】、　【下移】：调整引导线的顺序。

（4）【草图<n>-相切】：控制放样与引导线相交处的相切关系（n 为所选引导线标号）。

- 【无】：不应用相切约束。
- 【方向向量】：根据所选的方向向量应用相切约束。
- 【与面相切】：在位于引导线路径上的相邻面之间添加边侧相切，从而在相邻面之
  间生成更平滑的过渡。

（5）　【方向向量】：根据所选的方向向量应用相切约束。

（6）【拔模角度】：只要几何关系成立，将拔模角度沿引导线应用到放样。

4.【中心线参数】选项组

● 【中心线】：使用中心线引导放样形状。

● 【截面数】：在轮廓之间并围绕中心线添加截面。

● 【显示截面】：显示放样截面。

5.【草图工具】选项组

● 【拖动草图】：激活拖动模式，当编辑放样特征时，可以从任何已经为放样定义了轮廓线的 3D 草图中拖动 3D 草图线段、点或者基准面，3D 草图在拖动时自动更新。

● 【撤销草图拖动】：撤销先前的草图拖动并将预览返回到其先前状态。

6.【选项】选项组（如图 4-38 所示）

（1）【合并切面】：如果对应的线段相切，则保持放样中的曲面相切。

（2）【闭合放样】：沿放样方向生成闭合实体，选择此选项会自动连接最后 1 个和第 1 个草图实体。

（3）【显示预览】：显示放样的上色预览；取消选择此选项，则只能查看路径和引导线。

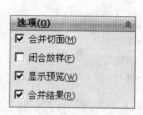

图 4-38 【选项】选项组

（4）【合并结果】：合并所有放样要素。

4.5.2 生成放样特征的操作步骤

（1）打开需要放样的草图。单击选择【插入】|【凸台/基体】|【放样】菜单命令，在【属性管理器】中弹出【放样】的属性设置。在【轮廓】选项组中，单击【轮廓】选择框，在图形区域中分别选择矩形草图的 1 个顶点和五边形草图的 1 个顶点，如图 4-39 所示，单击 【确定】按钮，如图 4-40 所示。

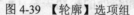

图 4-39 【轮廓】选项组　　　　图 4-40 生成放样特征

（2）在【轮廓】选项组中，单击【轮廓】选择框，在图形区域中分别选择矩形草图的 1 个顶点和五边形草图的另 1 个顶点，单击 【确定】按钮，如图 4-41 所示。

（3）在【起始/结束约束】选项组中，设置【开始约束】为【垂直于轮廓】，如图 4-42 所示，单击 【确定】按钮，如图 4-43 所示。

图 4-41　生成放样特征　　　　图 4-42　【起始/结束约束】选项组　　　　图 4-43　生成放样特征

4.6　范　　例

下面应用本章所讲解的知识完成 1 个三维模型的范例，最终效果如图 4-44 所示。
主要步骤如下：
1. 建立基体部分。
2. 建立中间孔部分。
3. 建立螺纹部分。

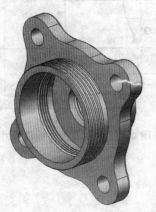

图 4-44　三维模型

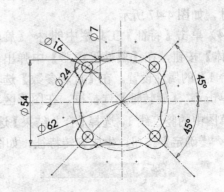

图 4-45　绘制草图并标注尺寸

4.6.1　建立基体部分

（1）单击【特征管理器设计树】中的【上视基准面】图标，使其成为草图绘制平面。
单击【标准视图】工具栏中的 ⊥【正视于】按钮，并单击【草图】工具栏中的 ❷【草图绘
制】按钮，进入草图绘制状态。使用【草图】工具栏中的 ＼【直线】、❀【圆弧】、◇【智
能尺寸】工具，绘制如图 4-45 所示的草图。单击 ❷【退出草图】按钮，退出草图绘制
状态。

（2）单击【特征】工具栏中的 ▦【拉伸凸台/基体】按钮，在【属性管理器】中弹出
【拉伸 1】属性设置。在【方向 1】选项组中，设置【终止条件】为【给定深度】，◇【深

度】为 7.00mm，单击 ✔【确定】按钮，生成拉伸特征，如图 4-46 所示。

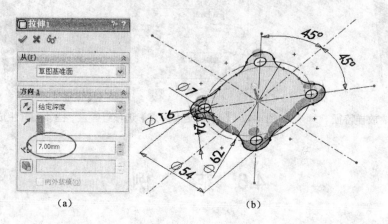

(a)　　　　　　　　　　(b)

图 4-46　拉伸特征

（3）单击【特征管理器设计树】中的【前视基准面】图标，使其成为草图绘制平面。
单击【标准视图】工具栏中的 ↓【正视于】按钮，
并单击【草图】工具栏中的 ┗【草图绘制】按钮，
进入草图绘制状态。单击【草图】工具栏中的 ＼
【直线】和 ◇【智能尺寸】按钮，绘制草图并标
注尺寸，如图 4-47 所示。

（4）单击【特征】工具栏中的 ✛【旋转凸
台/基体】按钮，在【属性管理器】中弹出【旋
转凸台 1】的属性设置。在【旋转参数】选项组
中，单击 ＼【旋转轴】选择框，在图形区域中
选择草图中的竖直线 1，选择【合并结果】选项，
单击 ✔【确定】按钮，生成旋转特征，如图 4-48 所示。

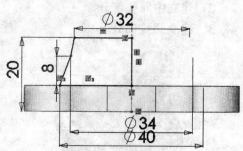

图 4-47　绘制草图并标注尺寸

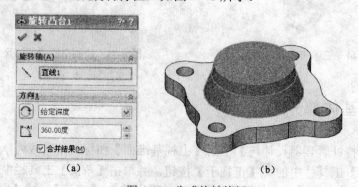

(a)　　　　　　　　　　(b)

图 4-48　生成旋转特征

4.6.2　建立中间孔部分

（1）单击旋转凸台的上表面，使其成为草图绘制平面。单击【标准视图】工具栏中的

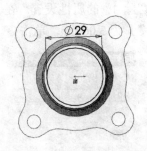

图 4-49　绘制草图并标注尺寸

⊥【正视于】按钮，并单击【草图】工具栏中的 ⊘【草图绘制】
按钮，进入草图绘制状态。使用【草图】工具栏中的 ⬭【圆
弧】、◇【智能尺寸】工具，绘制如图 4-49 所示的草图。单击
⊘【退出草图】按钮，退出草图绘制状态。

（2）单击【特征】工具栏中的 ⬚【拉伸切除】按钮，在【属
性管理器】中弹出【拉伸切除 2】的属性设置。在【方向 1】
选项组中，设置【终止条件】为【给定深度】，⬀【深度】为
1.00mm，单击 ✓【确定】按钮，生成拉伸切除特征，如图 4-50
所示。

（a）

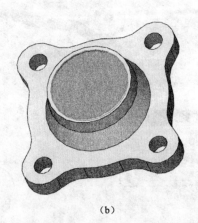

（b）

图 4-50　拉伸切除特征

（3）单击拉伸切除 2 特征的上表面，使其成为草图绘制平
面。单击【标准视图】工具栏中的 ⊥【正视于】按钮，并单击
【草图】工具栏中的 ⊘【草图绘制】按钮，进入草图绘制状态。
使用【草图】工具栏中的 ⬭【圆弧】、◇【智能尺寸】工具，
绘制如图 4-51 所示的草图。单击 ⊘【退出草图】按钮，退出
草图绘制状态。

（4）单击【特征】工具栏中的 ⬚【拉伸切除】按钮，在
【属性管理器】中弹出【拉伸切除 3】的属性设置。在【方向 1】
选项组中，设置【终止条件】为【给定深度】，⬀【深度】为
5.00mm，单击 ✓【确定】按钮，生成拉伸切除特征，如图 4-52
所示。

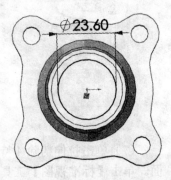

图 4-51　绘制草图并标注尺寸

（5）单击拉伸切除 3 特征的上表面，使其成为草图绘制平面。单击【标准视图】工具
栏中的 ⊥【正视于】按钮，并单击【草图】工具栏中的 ⊘【草图绘制】按钮，进入草图绘
制状态。使用【草图】工具栏中的 ⬭【圆弧】、◇【智能尺寸】工具，绘制如图 4-53 所
示的草图。单击 ⊘【退出草图】按钮，退出草图绘制状态。

（6）单击【特征】工具栏中的 ⬚【拉伸切除】按钮，在【属性管理器】中弹出【拉伸

切除 4】的属性设置。在【方向 1】选项组中，设置【终止条件】为【给定深度】，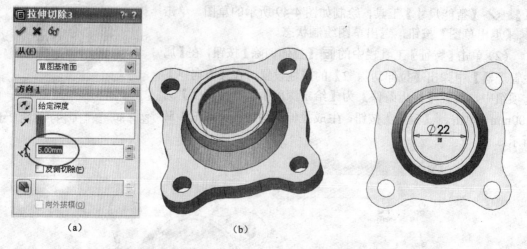【深度】为 3.00mm，单击 ✔【确定】按钮，生成拉伸切除特征，如图 4-54 所示。

（a）	（b）

图 4-52　拉伸切除特征　　　　　　　　　　　图 4-53　绘制草图并标注尺寸

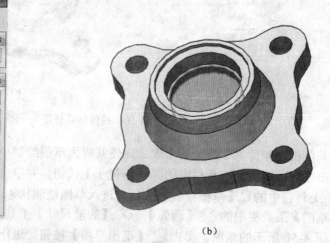

（a）　　　　　　　　　　　　　　　　　　（b）

图 4-54　拉伸切除特征

（7）单击拉伸切除 4 特征的上表面，使其成为草图绘制平面。单击【标准视图】工具栏中的 ♣【正视于】按钮，并单击【草图】工具栏中的 ℮【草图绘制】按钮，进入草图绘制状态。使用【草图】工具栏中的 ☺【圆弧】、◇【智能尺寸】工具，绘制如图 4-55 所示的草图。单击 ℮【退出草图】按钮，退出草图绘制状态。

（8）单击【特征】工具栏中的 圓【拉伸切除】按钮，在【属性管理器】中弹出【拉伸切除 5】的属性设置。在【方向 1】选项组中，设置【终止条件】为【成形到下一面】，单击 ✔【确定】按钮，生成拉伸切除特征，如图 4-56 所示。

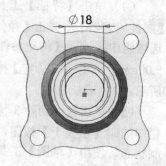

图 4-55　绘制草图并标注尺寸

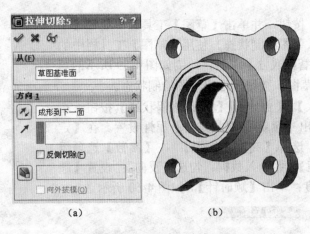

图 4-56　拉伸切除特征

（9）单击【特征管理器设计树】中的【前视基准面】图标，使其成为草图绘制平面。单击【标准视图】工具栏中的↓【正视于】按钮，并单击【草图】工具栏中的〖【草图绘制】按钮，进入草图绘制状态。使用【草图】工具栏中的〵【直线】、◇【智能尺寸】工具，绘制如图 4-57 所示的草图。单击〖【退出草图】按钮，退出草图绘制状态。

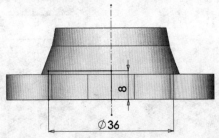

图 4-57　绘制草图并标注尺寸

（10）单击【特征】工具栏中的〖【旋转切除】按钮，在【属性管理器】中弹出【旋转切除 1】的属性设置。在【旋转参数】选项组中，选择直线 1 为旋转轴，单击✔【确定】按钮，生成切除旋转特征，如图 4-58 所示。

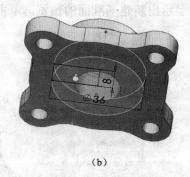

图 4-58　旋转切除特征

4.6.3　建立螺纹部分

（1）单击拉伸切除 2 特征的上表面，使其成为草图绘制平面。单击【标准视图】工具

栏中的 ↧【正视于】按钮，并单击【草图】工具栏中的 ⑫【草图绘制】按钮，进入草图绘制状态。使用【草图】工具栏中的 ⊙【圆弧】、◇【智能尺寸】工具，绘制如图 4-59 所示的草图。单击 ⑫【退出草图】按钮，退出草图绘制状态。

（2）单击【插入】|【曲线】|【螺旋线\涡状线】按钮，在【属性管理器】中弹出【螺旋线/涡状线 1】属性设置。在【定义方式】选项组中，选择【高度和螺距】；在【参数】选项组中，单击【恒定螺距】，并输入数据；勾选【反向】；设置【起始角度】为 225.00 度；单击【顺时针】，如图 4-60 所示。

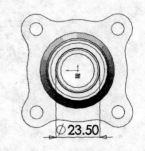

图 4-59　绘制草图并标注尺寸

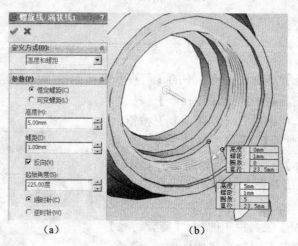

（a）　　　　　　　　　　（b）

图 4-60　建立螺旋线

（3）单击【参考几何体】工具栏中的 ◇【基准面】按钮，在【属性管理器】中弹出【基准面 1】的属性设置。在【第一参考】中，在图形区域中选择边线 1，单击 ⊥【垂直】按钮；在【第二参考】中，在图形区域中选择一点，单击 ✕【重合】按钮，如图 4-61 所示，在图形区域中显示出新建基准面的预览，单击 ✅【确定】按钮，生成基准面。

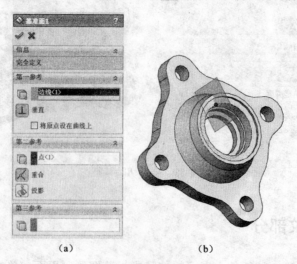

（a）　　　　　　　　　　（b）

图 4-61　生成基准面

（4）选择【插入】|【特征】|【倒角】菜单命令，在【属性管理器】中弹出【倒角1】的属性设置。在【倒角参数】选项组中，单击 📦【边线和面或顶点】选择框，在绘图区域中，选择模型中拉伸切除 3 特征的上缘边线，设置 ✍【距离】为 0.50mm，📐【角度】为 45.00 度，单击 ✔【确定】按钮，生成倒角特征，如图 4-62 所示。

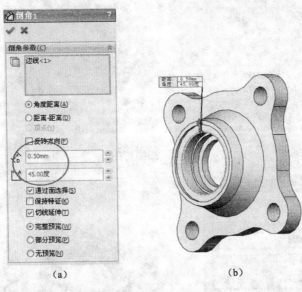

（a）　　　　　　　　　　（b）

图 4-62　生成倒角特征

（5）单击【特征管理器设计树】中的【基准面 1】图标，使其成为草图绘制平面。单击【标准视图】工具栏中的 ⊥【正视于】按钮，并单击【草图】工具栏中的 ✏【草图绘制】按钮，进入草图绘制状态。使用【草图】工具栏中的 ＼【直线】、✧【智能尺寸】工具，绘制如图 4-63 所示的草图。单击 ✏【退出草图】按钮，退出草图绘制状态。

（6）单击选择【插入】|【切除】|【扫描】菜单命令，在【属性管理器】中弹出【扫描切除 1】的属性设置。在【轮廓和路径】选项组中，单击 ◯【轮廓】按钮，在图形区域中选择草图 9，单击 ◯【路径】按钮，在图形区域中选择草图中的螺旋线 1；在【选项】选项组中，设置【方向/扭转控制】为【随路径变化】，单击 ✔【确定】按钮，如图 4-64 所示。

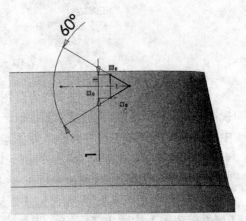

图 4-63　绘制草图并标注尺寸

（7）单击选择【插入】|【特征】|【圆角】菜单命令，在【属性管理器】中弹出【圆角 2】的属性设置。在【圆角参数】选项组中，单击 📦【边线和面或顶点】选择框，在绘图区域中选择模型中拉伸 1 特征的上边线，设置 ⌒【半径】为 1.00mm，单击 ✔【确定】按钮，生成圆角特征，如图 4-65 所示。

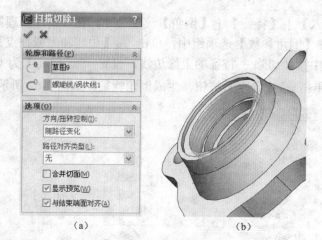

图 4-64　扫描特征

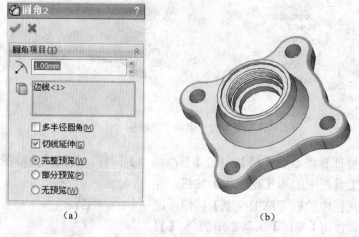

图 4-65　生成圆角特征

（8）单击实体底面，使其成为草图绘制平面。单击【标准视图】工具栏中的 ↕【正视于】按钮，并单击【草图】工具栏中的 ✏【草图绘制】按钮，进入草图绘制状态。使用【草图】工具栏中的 ⌒【圆弧】、◇【智能尺寸】工具，绘制如图 4-66 所示的草图。单击 ✏【退出草图】按钮，退出草图绘制状态。

（9）单击【插入】|【曲线】|【螺旋线\涡状线】按钮，在【属性管理器】中弹出【螺旋线/涡状线 2】属性设置。在【定义方式】选项组中，选择【高度和螺距】；在【参数】选项组中，单击【恒定螺距】，并输入数据；勾选【反向】；设置【起始角度】为 135.00 度；单击【顺时针】，如图 4-67 所示。

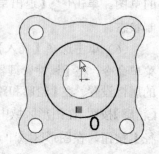

图 4-66　绘制草图并标注尺寸

（10）单击【参考几何体】工具栏中的 ◈【基准面】按钮，在【属性管理器】中弹出【基准面 2】的属性设置。在【第一参考】中，在图形区域中选择底面切除特征边线，单击 ⊥【垂直】按钮；在【第二参考】中，在图形区域中选择螺旋线的起始点，单击 ↗【重合】按钮，如图 4-68 所示，在图形区域中显示出新建基准面的预览，单击 ✓【确定】按钮，生成基准面。

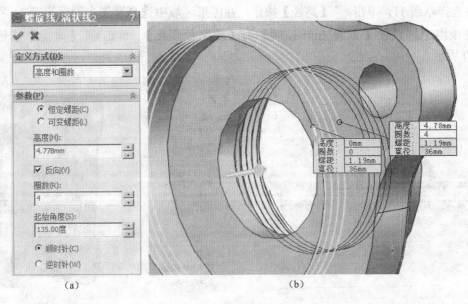

图 4-67　建立螺旋线

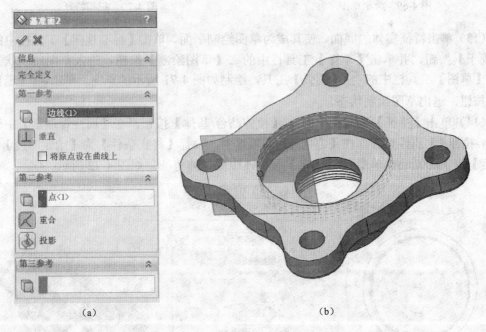

图 4-68　生成基准面

　　（11）单击【特征管理器设计树】中的【基准面 2】图标，使其成为草图绘制平面。单击【标准视图】工具栏中的 ⊥【正视于】按钮，并单击【草图】工具栏中的 ❷【草图绘制】按钮，进入草图绘制状态。使用【草图】工具栏中的 ╲【直线】、❀【圆弧】工具，绘制如图 4-69 所示的草图。单击 ❷【退出草图】按钮，退出草图绘制状态。

　　（12）单击选择【插入】｜【凸台/基体】｜【扫描】菜单命令，在【属性管理器】中弹出【扫描 2】的属性设置。在【轮廓和路径】选项组中，单击 【轮廓】按钮，在图形区域中选择草图 11，单击 【路径】按钮，在图形区域中选择草图中的螺旋线 2；在【选项】选项组中，设置【方向/扭转控制】为【随路径变化】，单击 【确定】按钮，如图 4-70 所示。

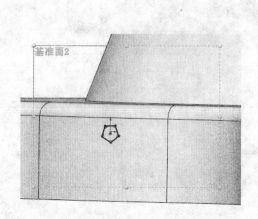

图 4-69　绘制草图

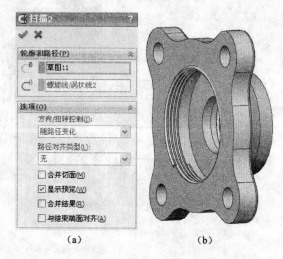

图 4-70　扫描特征

（13）单击特征实体的底面，使其成为草图绘制平面。单击【标准视图】工具栏中的 【正视于】按钮，并单击【草图】工具栏中的 【草图绘制】按钮，进入草图绘制状态。使用【草图】工具栏中的 【圆弧】工具，绘制如图 4-71 所示的草图。单击 【退出草图】按钮，退出草图绘制状态。

（14）单击【特征】工具栏中的 【拉伸凸台/基体】按钮，在【属性管理器】中弹出【凸台-拉伸 1】属性设置。在【方向 1】选项组中，设置【终止条件】为【给定深度】，【深度】为 10.00mm，单击 【确定】按钮，生成拉伸特征，如图 4-72 所示。

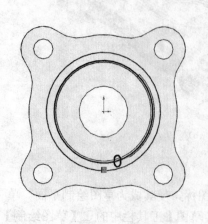

图 4-71　绘制草图

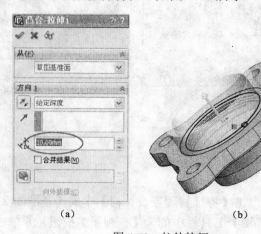

图 4-72　拉伸特征

（15）单击凸台拉伸 1 特征的底边，使其成为草图绘制平面。单击【标准视图】工具栏中的 【正视于】按钮，并单击【草图】工具栏中的 【草图绘制】按钮，进入草图绘制状态。使用【草图】工具栏中的 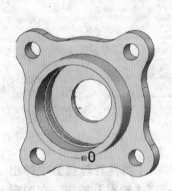 【圆弧】、 【智能尺寸】工具，绘制如图 4-73 所示的草图。单击 【退出草图】按钮，退出草图绘制状态。

（16）单击【插入】|【曲线】|【螺旋线\涡状线】按钮，在【属性管理器】中弹出【螺旋线/涡状线 3】属性设置。在【定义方式】选项组中，选择【高度和螺距】；在【参数】选项组中，单击【恒定螺距】，并输入数据；勾选【反向】；设置【起始角度】为 135.00 度；单击【顺时针】，如图 4-74 所示。

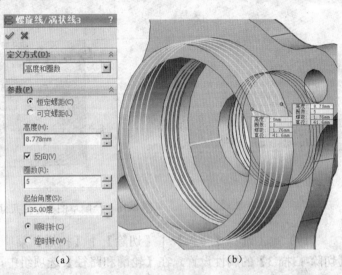

图 4-73　绘制草图并标注尺寸　　　　　　　　　　图 4-74　螺旋线特征

（17）单击【参考几何体】工具栏中的 【基准面】按钮，在【属性管理器】中弹出【基准面 3】的属性设置。在【第一参考】中，在图形区域中选择凸台拉伸 1 特征的边线，单击 【垂直】按钮；在【第二参考】中，在图形区域中选择草图螺旋线 3 的起始点，单击 【重合】按钮，如图 4-75 所示，在图形区域中显示出新建基准面的预览，单击 【确定】按钮，生成基准面。

（a）　　　　　　　　　　　　　　　　　（b）

图 4-75　生成基准面

　　（18）单击【特征管理器设计树】中的【基准面 3】图标，使其成为草图绘制平面。单击【标准视图】工具栏中的 ⊥【正视于】按钮，并单击【草图】工具栏中的 ✑【草图绘制】按钮，进入草图绘制状态。使用【草图】工具栏中的 ＼【直线】、⊙【圆弧】工具，绘制如图 4-76 所示的草图。单击 ✑【退出草图】按钮，退出草图绘制状态。

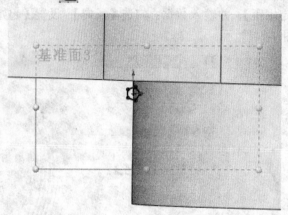

图 4-76　绘制草图并标注尺寸

　　（19）单击选择【插入】|【切除】|【扫描】菜单命令，在【属性管理器】中弹出【切除-扫描 3】的属性设置。在【轮廓和路径】选项组中，单击 ⌒【轮廓】按钮，在图形区域中选择草图 14，单击 ⌒【路径】按钮，在图形区域中选择草图中的螺旋线 3；在【选项】选项组中，设置【方向/扭转控制】为【随路径变化】，单击 ✅【确定】按钮，如图 4-77 所示。

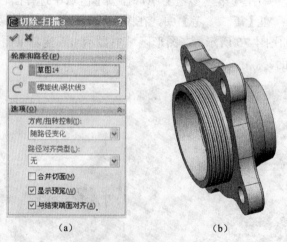

（a）　　　　　　　　　　　（b）

图 4-77　扫描特征

第5章 形变特征建模

形变特征是在现有的特征基础上进行二次改变的特征命令，这类特征不需要绘制草图。在 SolidWorks 建模中，形变特征包括边界特征、弯曲特征、压凹特征、变形特征、拔模特征和圆顶特征。

5.1 筋 特 征

筋特征在轮廓与现有零件之间指定方向和厚度以进行延伸，可以使用单一或者多个草图生成筋特征，也可以使用拔模生成筋特征，或者选择要拔模的参考轮廓。

5.1.1 筋特征的属性设置

单击【特征】工具栏中的 🪛【筋】按钮或者选择【插入】|【特征】|【筋】菜单命令，在【属性管理器】中弹出【筋】的属性设置，如图 5-1 所示。

1.【参数】选项组

（1）【厚度】：在草图边缘添加筋的厚度。
- ▤【第一边】：只延伸草图轮廓到草图的一边。
- ▦【两侧】：均匀延伸草图轮廓到草图的两边。
- ▥【第二边】：只延伸草图轮廓到草图的另一边。

（2）🔧【筋厚度】：设置筋的厚度。

（3）【拉伸方向】：设置筋的拉伸方向。
- ◇【平行于草图】：平行于草图生成筋拉伸。
- ◈【垂直于草图】：垂直于草图生成筋拉伸。

选择不同选项时的效果如图 5-2 所示。

图 5-1 【筋】的属性设置

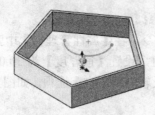

（a）选择面上单一开环草图生成筋特征
（箭头指示筋特征的方向）

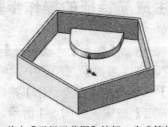

（b）单击【平行于草图】按钮，生成筋特征

图 5-2 选择不同筋拉伸方向的效果

 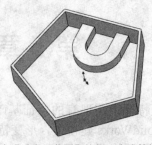

（c）选择平行基准面上的草图生成筋特征，与使用【拉伸 　　（d）单击【垂直于草图】按钮，生成筋特征
凸台/基体】具有相同的功能（箭头指示筋特征的方向）

 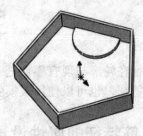

（e）使用基准面上的草图生成筋特征，与使用【拉伸凸 　　（f）单击【平行于草图】按钮，生成筋特征
台/基体】具有相同的功能（箭头指示筋特征的方向）

图 5-2 （续）

（4）【反转材料边】：更改拉伸的方向。

（5）![icon]【拔模开/关】：添加拔模特征到筋，可以设置【拔模角度】。

● 【向外拔模】：生成向外拔模角度。

（6）【类型】：在【拉伸方向】中单击![icon]【垂直于草图】按钮时可用。

● 【线性】：生成与草图方向相垂直的筋。

● 【自然】：生成沿草图轮廓延伸方向的筋。例如，如果草图为圆的圆弧，则自然使用圆形延伸筋，直到与边界汇合。

2.【所选轮廓】选项组

【所选轮廓】参数用来列举生成筋特征的草图轮廓。

5.1.2　生成筋特征的操作步骤

（1）单击选择【插入】|【特征】|【筋】菜单命令，在【属性管理器】中弹出【筋】的属性设置。在【参数】选项组中，单击【两侧】按钮，设置【筋厚度】为 30.00mm，在【拉伸方向】中单击【平行于草图】按钮，取消选择【反转材料方向】选项，如图 5-3 所示，单击![icon]【确定】按钮，如图 5-4 所示。

（2）在【参数】选项组中，选择【反转材料方向】选项，单击![icon]【确定】按钮，如图 5-5 所示。

（3）在【参数】选项组中，在【拉伸方向】中单击【垂直于草图】按钮，取消选择【反

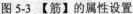

图 5-3 【筋】的属性设置

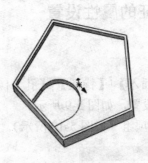

图 5-4 生成筋特征

转材料方向】选项，在【类型】中单击【线性】单选按钮，如图 5-6 所示，单击 ✔【确定】按钮，如图 5-7 所示。

（4）在【参数】选项组中，在【类型】中单击【自然】按钮，单击 ✔【确定】按钮，如图 5-8 所示。

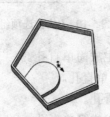

图 5-5 生成筋特征

图 5-6 【筋】的属性设置

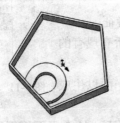

图 5-7 生成筋特征（1）

图 5-8 生成筋特征（2）

5.2 孔 特 征

孔特征是在模型上生成各种类型的孔。在平面上放置孔并设置深度，可以通过标注尺寸的方法定义它的位置。

5.2.1 孔特征的属性设置

1. 简单直孔

单击选择【插入】|【特征】|【孔】|【简单直孔】菜单命令，在【属性管理器】中弹出【孔】的属性设置，如图 5-9 所示。

（1）【从】选项组（如图 5-10 所示）。

图 5-9 【孔】的属性设置

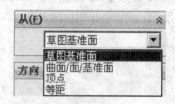

图 5-10 【从】选项组选项

- 【草图基准面】：从草图所在的同一基准面开始生成简单直孔。
- 【曲面/面/基准面】：从这些实体之一开始生成简单直孔。
- 【顶点】：从所选择的顶点位置处开始生成简单直孔。
- 【等距】：从与当前草图基准面等距的基准面上生成简单直孔。

（2）【方向 1】选项组。

- 终止条件：其选项如图 5-11 所示。

【给定深度】：从草图的基准面以指定的距离延伸特征。

【完全贯穿】：从草图的基准面延伸特征直到贯穿所有现有的几何体。

【成形到下一面】：从草图的基准面延伸特征到下一面以生成 　图 5-11 【终止条件】选项
特征。

【成形到一顶点】：从草图基准面延伸特征到某一平面，这个平面平行于草图基准面且穿越指定的顶点。

【成形到一面】：从草图的基准面延伸特征到所选的曲面以生成特征。

【到离指定面指定的距离】：从草图的基准面到某面的特定距离处生成特征。

- ↗【拉伸方向】：用于除了垂直于草图轮廓以外的其他方向拉伸孔。
- ⟨口【深度】或者【等距距离】：设置深度数值。
- ⊘【孔直径】：设置孔的直径。
- ◹【拔模开/关】：设置【拔模角度】。

2. 异型孔

单击【特征】工具栏中的【异型孔向导】按钮或者单击选择【插入】|【特征】|【孔】|【向导】菜单命令，在【属性管理器】中弹出【孔规格】的属性设置，如图 5-12 所示。

（1）【孔规格】的属性设置包括两个选项卡。

● 【类型】：设置孔类型参数。

● 【位置】：在平面或者非平面上找出异型孔向导，使用尺寸和其他草图绘制工具定位孔中心。

（2）【孔规格】选项组。

【孔规格】选项组会根据孔类型而有所不同，孔类型包括【柱孔】、【锥孔】、【孔】、【螺纹孔】、【管螺纹孔】、【旧制孔】。

● 【标准】：选择孔的标准，如 Ansi Metric 或者 JIS 等。

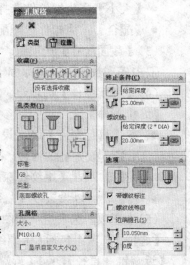

图 5-12　【孔规格】的属性设置

● 【类型】：选择孔的类型，以 Ansi Inch 标准为例，其选项如图 5-13 所示（【旧制孔】为在 SolidWorks 2000 版本之前生成的孔，在此不做赘述）。

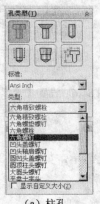

（a）柱孔

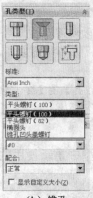

（b）锥孔

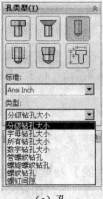

（c）孔

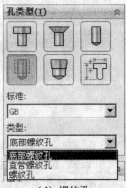

（d）螺纹孔

（e）管螺纹孔

图 5-13　【类型】选项

- 【大小】：为螺纹件选择尺寸大小。
- 【配合】：为扣件选择配合形式。其选项如图 5-14 所示。

（3）【截面尺寸】选项组。

双击任一数值可以进行编辑。

（4）【终止条件】选项组。

【终止条件】选项组中的参数根据孔类型的变化而有所不同。

- ⓥ【盲孔深度】（在设置【终止条件】为【给定深度】时可用）：设定孔的深度。对于【螺纹孔】，可以设置【螺纹线类型】和 ⓥ【螺纹线深度】，如图 5-15 所示；对于【管螺纹孔】，可以设置 ⓥ【螺纹线深度】，如图 5-16 所示。

（5）【选项】选项组（如图 5-17 所示）。

【选项】选项组包括【带螺纹标注】、【螺纹线等级】、【近端锥孔】、
ⓥ【近端锥孔直径】、ⓥ【近端锥孔角度】等选项，可以根据孔类型的不同而发生变化。

图 5-14 【配合】选项

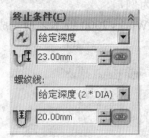

图 5-15 设置【螺纹孔】的【终止条件】
为【给定深度】

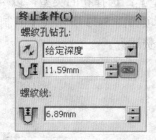

图 5-16 设置【管螺纹孔】的【终止条件】
为【给定深度】

（6）【收藏】选项组。

用于管理可以在模型中重新使用的常用异型孔清单，如图 5-18 所示。

图 5-17 【选项】选项组

图 5-18 【常用类型】选项组

- 【应用默认/无常用类型】：重设到【没有选择最常用的】及默认设置。
- 【添加或更新常用类型】：将所选异型孔添加到常用类型清单中。
- 【删除常用类型】：删除所选的常用类型。
- 【保存常用类型】：保存所选的常用类型。

● 【装入常用类型】：载入常用类型。

（7）【自定义大小】选项组（如图 5-19 所示）。

【自定义大小】选项组会根据孔类型的不同而发生变化。

5.2.2 生成孔特征的操作步骤

图 5-19 【自定义大小】选项组

（1）单击选择【插入】|【特征】|【孔】|【简单直孔】菜单命令，在【属性管理器】中弹出【孔】的属性设置。在【从】选项组中，选择【草图基准面】，如图 5-20 所示；在【方向 1】选项组中，设置【终止条件】为【给定深度】，【深度】为 30.00mm，【孔直径】为 30.00mm，【拔模角度】为 26.00 度，单击 ✔【确定】按钮，如图 5-21 所示。

图 5-20 【孔】的属性设置

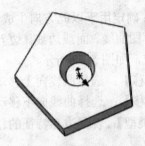

图 5-21 生成简单直孔特征

（2）单击选择【插入】|【特征】|【孔】|【向导】菜单命令，在【属性管理器】中弹出【孔规格】的属性设置。选择【类型】选项卡，在【孔类型】选项组中，单击 🔲【锥孔】按钮，设置【标准】为 GB，【类型】为【内六角花形圆柱头螺钉-4.8 级】，【大小】为 M10，【配合】为【正常】；在【终止条件】选项组中，设置【终止条件】为【完全贯穿】，如图 5-22 所示；选择【位置】选项卡，在图形区域中定义点的位置，单击 ✔【确定】按钮，如图 5-23 所示。

图 5-22 【孔规格】的属性设置

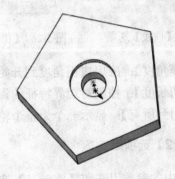

图 5-23 生成异型孔特征

5.3　边界凸台/基体特征

5.3.1　边界凸台/基体特征的属性设置

单击【特征】工具栏中的  【边界凸台/基体】按钮或者单击选择【插入】|【凸台/基体】|【边界】菜单命令，在【属性管理器】中弹出【边界】的属性设置，如图 5-24 所示。

1.【方向 1】选项组

（1）【曲线】：确定用于以此方向生成边界特征的曲线。选择要连接的草图曲线、面或边线。边界特征根据曲线选择的顺序而生成，如图 5-25 所示。

- ↑【上移】：选择曲线向上移动。
- ↓【下移】：选择曲线向下移动。

（2）【相切类型】：设置边界特征的相切类型，其选项如图 5-26 所示。

- 【无】：没应用相切约束（曲率为零）。
- 【方向向量】：根据用户所选的实体应用相切约束。
- 【默认】：近似在第一个和最后一个轮廓之间刻画的抛物线。
- 【垂直于轮廓】：垂直曲线应用相切约束。

（3）【对齐】：控制 iso 参数的对齐，以控制曲面的流动，如图 5-27 所示。

图 5-24　【边界】的属性设置

图 5-25　【曲线】选项　　　图 5-26　【相切类型】选项　　　图 5-27　【对齐】选项

（4）【拔模角度】：应用拔模角度到开始或结束曲线。

（5）【相切长度】：控制对边界特征的影响量。相切长度的效果限制到下一部分。

（6）【应用到所有】：显示一个为整个轮廓控制所有约束的控标。

2.【方向 2】选项组

该选项组中的参数用法和【方向 1】选项组基本相同。两个方向可以相互交换，无论选择曲线为【方向 1】还是【方向 2】，都可以获得相同的结果，如图 5-28 所示。

3.【选项与预览】选项组

该选项组的属性设置如图 5-29 所示。

（1）【合并切面】：如果对应的线段相切，则会使所生成的边界特征中的曲面保持相切。

图 5-28　【方向 2】选项组

（2）【闭合曲面】：沿边界特征方向生成一闭合实体。

（3）【拖动草图】：激活拖动模式。

（4）↶【撤销草图拖动】：撤销先前的草图拖动并将预览返回到其先前状态。

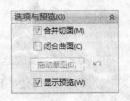

（5）【显示预览】：对边界进行预览。

4.【显示】选项组

图 5-29　【选项与预览】选项组

该选项组的属性设置如图 5-30 所示。

（1）【网格预览】：对边界进行预览。

● 【网格密度】：调整网格的行数。

（2）【斑马条纹】。

斑马条纹可查看曲面中标准显示难以分辨的小变化。斑马条纹模仿在光泽表面上反射的长光线条纹。

（3）【曲率检查梳形图】：按照不同方向显示曲率梳形图。

● 【方向 1】：切换沿方向 1 的曲率检查梳形图显示。

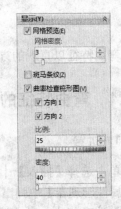

● 【方向 2】：切换沿方向 2 的曲率检查梳形图显示。

● 【比例】：调整曲率，检查梳形图的大小。

● 【密度】：调整曲率，检查梳形图的显示行数。

图 5-30　【显示】选项组

5.3.2　生成边界凸台/基体特征的操作步骤

（1）在三个基准面上分别绘制不同的草图，如图 5-31 所示。

（2）单击【特征】工具栏中的 🗔【边界凸台/基体】按钮或者单击选择【插入】|【凸台/基体】|【边界】菜单命令，在【属性管理器】中弹出【边界】的属性设置。在【方向 1】选项组中，在【曲线】中选择三个草图，【相切类型】选择

图 5-31　绘制草图

【无】，【拔模角度】为 0 度，其他选项组使用默认设置，如图 5-32 所示，单击【确定】按钮，生成边界特征，如图 5-33 所示。

图 5-32　【边界】的属性设置

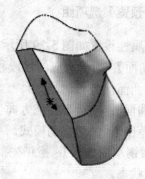

图 5-33　生成边界特征

5.4 弯 曲 特 征

弯曲特征以直观的方式对复杂的模型进行变形。

5.4.1 弯曲特征的属性设置

1. 折弯

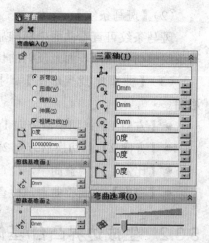

图 5-34　选择【折弯】单选按钮

单击选择【插入】|【特征】|【弯曲】菜单命令，在【属性管理器】中弹出【弯曲】的属性设置。在【弯曲键入】选项组中，单击【折弯】单选按钮，属性设置如图 5-34 所示。

（1）【弯曲键入】选项组

● 【粗硬边线】：生成如圆锥面、圆柱面以及平面等的分析曲面，通常会形成剪裁基准面与实体相交的分割面。

● 【角度】：设置折弯角度，需要配合折弯半径。

● 【半径】：设置折弯半径。

（2）【剪裁基准面 1】选项组

● 【为剪裁基准面 1 选择一参考实体】：将剪裁基准面 1 的原点锁定到模型上的所选的点。

● 【基准面 1 剪裁距离】：沿三重轴的剪裁基准面轴（蓝色 Z 轴），从实体的外部界限移动到剪裁基准面上的距离。

（3）【剪裁基准面 2】选项组

【剪裁基准面 2】选项组的属性设置与【剪裁基准面 1】选项组基本相同，在此不做赘述。

（4）【三重轴】选项组

使用这些参数来设置三重轴的位置和方向。

- 【为枢轴三重轴参考选择一坐标系特征】：将三重轴的位置和方向锁定到坐标系上。
- 【X 旋转原点】、【Y 旋转原点】、【Z 旋转原点】：沿指定轴移动三重轴位置（相对于三重轴的默认位置）。
- 【X 旋转角度】、【Y 旋转角度】、【Z 旋转角度】：围绕指定轴旋转三重轴（相对于三重轴自身），此角度表示围绕零部件坐标系的旋转角度，且按照 Z、Y、X 顺序进行旋转。

（5）【弯曲选项】选项组

- 【弯曲精度】：控制曲面品质，提高品质还将会提高弯曲特征的成功率。

2. 扭曲

单击选择【插入】|【特征】|【弯曲】菜单命令，在【属性管理器】中弹出【弯曲】的属性设置。在【弯曲键入】选项组中，单击【扭曲】单选按钮，如图 5-35 所示。

- 【角度】：设置扭曲的角度。

其他选项组的属性设置不再赘述。

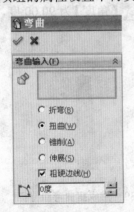

图 5-35　单击【扭曲】单选按钮

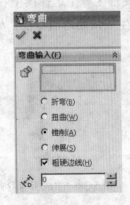

图 5-36　单击【锥削】单选按钮

3. 锥削

单击选择【插入】|【特征】|【弯曲】菜单命令，在【属性管理器】中弹出【弯曲】的属性设置。在【弯曲键入】选项组中，单击【锥削】单选按钮，如图 5-36 所示。

- 【锥剃因子】：设置锥削量。调整 【锥剃因子】时，剪裁基准面不移动。

其他选项组的属性设置不再赘述。

4. 伸展

单击选择【插入】|【特征】|【弯曲】菜单命令，在【属性管理器】中弹出【弯曲】

的属性设置。在【弯曲键入】选项组中，单击【伸展】单选按钮，如图 5-37 所示。

● 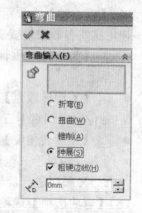【伸展距离】：设置伸展量。

其他选项组的属性设置不再赘述。

5.4.2 生成弯曲特征的操作步骤

1. 折弯

单击选择【插入】|【特征】|【弯曲】菜单命令，在【属性管理器】中弹出【弯曲】的属性设置。在【弯曲键入】选项组中，单击【折弯】单选按钮，单击【弯曲的实体】选择框，在图形区域中选择模型右侧的拉伸特征，设置【角度】为 30.00 度，【半径】为 275.02mm，单击【确定】按钮，生成折弯弯曲特征，如图 5-38 所示。

图 5-37　单击【伸展】单选按钮

2. 扭曲

单击选择【插入】|【特征】|【弯曲】菜单命令，在【属性管理器】中弹出【弯曲】的属性设置。在【弯曲键入】选项组中，单击【扭曲】单选按钮，单击【弯曲的实体】选择框，在图形区域中选择模型右侧的拉伸特征，设置【角度】为 90.00 度，单击【确定】按钮，生成扭曲弯曲特征，如图 5-39 所示。

图 5-38　生成折弯弯曲特征

图 5-39　生成扭曲弯曲特征

3. 锥削

单击选择【插入】|【特征】|【弯曲】菜单命令，在【属性管理器】中弹出【弯曲】的属性设置。在【弯曲键入】选项组中，单击【锥削】单选按钮，单击【弯曲的实体】选择框，在图形区域中选择模型右侧的拉伸特征，设置【锥剃因子】为 1.5，单击【确定】按钮，生成锥削弯曲特征，如图 5-40 所示。

4. 伸展

单击选择【插入】|【特征】|【弯曲】菜单命令，在【属性管理器】中弹出【弯曲】的属性设置。在【弯曲键入】选项组中，单击【伸展】单选按钮，单击【弯曲的实体】选择框，在图形区域中选择模型右侧的拉伸特征，设置【伸展距离】为 30.00mm，单

击 ✔【确定】按钮，生成伸展弯曲特征，如图 5-41 所示。

图 5-40　生成锥削弯曲特征　　　图 5-41　生成伸展弯曲特征

5.5　压　凹　特　征

压凹特征是通过使用厚度和间隙而生成的特征，其应用包括封装、冲印、铸模以及机器的压入配合等。根据所选实体类型，指定目标实体和工具实体之间的间隙数值，并为压凹特征指定厚度数值。

5.5.1　压凹特征的属性设置

单击选择【插入】|【特征】|【压凹】菜单命令，在【属性管理器】中弹出【压凹】的属性设置，如图 5-42 所示。

1.【选择】选项组

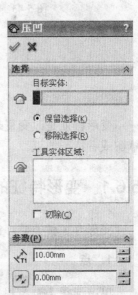

- 🏠【目标实体】：选择要压凹的实体或者曲面实体。
- 🏠【工具实体区域】：选择 1 个或者多个实体。
- 【保留选择】、【移除选择】：选择要保留或者移除的模型边界。
- 【切除】：选择此选项，则移除目标实体的交叉区域。

2.【参数】选项组

图 5-42　【压凹】的属性设置

- 🔧【厚度】（仅限实体）：确定压凹特征的厚度。
- 【间隙】：确定目标实体和工具实体之间的间隙。

5.5.2　生成压凹特征的操作步骤

（1）单击选择【插入】|【特征】|【压凹】菜单命令，在【属性管理器】中弹出【压

凹】的属性设置。

（2）在【选择】选项组中，单击 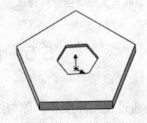【目标实体】选择框，在图形区域中选择模型实体，单击【工具实体区域】选择框，选择模型中拉伸特征的下表面，选择【切除】选项。

（3）在【参数】选项组中，设置 【厚度】为 1.00mm，如图 5-43 所示，在图形区域中显示出预览，单击 【确定】按钮，生成压凹特征，如图 5-44 所示。

图 5-43　【压凹】的属性设置　　　　　图 5-44　生成压凹特征

5.6　变 形 特 征

变形特征是改变复杂曲面和实体模型的局部或者整体形状，无须考虑用于生成模型的草图或者特征约束。

5.6.1　变形特征的属性设置

变形有 3 种类型，包括【点】、【曲线到曲线】和【曲面推进】。

1. 点

单击选择【插入】│【特征】│【变形】菜单命令，在【属性管理器】中弹出【变形】的属性设置。在【变形类型】选项组中，单击【点】单选按钮，其属性设置如图 5-45 所示。

（1）【变形点】选项组

* 【变形点】：设置变形的中心，可以选择平面、边线、顶点上的点或者空间中的点。
* 【变形方向】：选择线性边线、草图直线、平面、基准面或者两个点作为变形方向。
* 【变形距离】：指定变形的距离（即点位移）。
* 【显示预览】：使用线框视图或者上色视图预览结果。

（2）【变形区域】选项组

- 【变形半径】：更改通过变形点的球状半径数值，变形区域的选择不会影响变形半径的数值。

- 【变形区域】：选择此选项，可以激活 【固定曲线/边线/面】和 【要变形的其他面】选项，如图 5-46 所示。

图 5-45　单击【点】单选按钮后的属性设置　　　图 5-46　选择【变形区域】选项

- 【要变形的实体】：在使用空间中的点时，允许选择多个实体或者 1 个实体。

（3）【形状选项】选项组

- 【变形轴】：通过生成平行于 1 条线性边线或者草图直线、垂直于 1 个平面或者基准面、沿着两个点或者顶点的折弯轴以控制变形形状。

- 、 、 【刚度】：控制变形过程中变形形状的刚性。

- 【形状精度】：控制曲面品质。

2. 曲线到曲线

单击选择【插入】|【特征】|【变形】菜单命令，在【属性管理器】中弹出【变形】的属性设置。在【变形类型】选项组中，单击【曲线到曲线】单选按钮，其属性设置如图 5-47 所示。

（1）【变形曲线】选项组

- 【初始曲线】：设置变形特征的初始曲线。

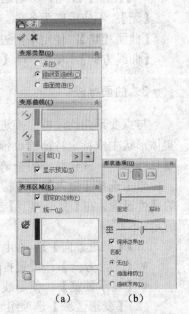

（a）　　　　（b）

图 5-47　选择【曲线到曲线】
单选按钮后的属性设置

- 【目标曲线】：设置变形特征的目标曲线。
- 【组[n]】：允许添加、删除以及循环选择组以进行修改。
- 【显示预览】：使用线框视图或者上色视图预览结果。

（2）【变形区域】选项组

- 【固定的边线】：防止所选曲线、边线或者面被移动。
- 【统一】：在变形操作过程中保持原始形状的特性。
- 【固定曲线/边线/面】：防止所选曲线、边线或者面被变形和移动。

如果 【初始曲线】位于闭合轮廓内，则变形将受此轮廓约束。

如果 【初始曲线】位于闭合轮廓外，则轮廓内的点将不会变形。

- 【要变形的其他面】：允许添加要变形的特定面，如果未选择任何面，则整个实体将会受影响。
- 【要变形的实体】：如果 【初始曲线】不是实体面或者曲面中草图曲线的一部分，或者要变形多个实体，则使用此选项。

（3）【形状选项】选项组

- 、 、 【刚度】：控制变形过程中变形形状的刚性。
- 【形状精度】：控制曲面品质。
- 【重量】：控制下面两个的影响系数。

  对在 【固定曲线/边线/面】中指定的实体衡量变形。

  对在【变形曲线】选项组中指定为 【初始曲线】和 【目标曲线】的边线和曲线衡量变形。

- 【保持边界】：确保所选边界是固定的。
- 【匹配】：允许应用这些条件，将变形曲面或者面匹配到目标曲面或者面边线。

【无】：不应用匹配条件。

【曲面相切】：使用平滑过渡匹配面和曲面的目标边线。

【曲线方向】：使用 【目标曲线】的法线形成变形。

3. 曲面推进

与点变形相比，曲面推进变形可以对变形形状提供更有效的控制，同时还是基于工具实体形状生成特定特征的可预测的方法。使用曲面推进变形，可以设计自由形状的曲面、模具、塑料、软包装、钣金等，这对合并工具实体的特性到现有设计中很有帮助。

单击选择【插入】|【特征】|【变形】菜单命令，在【属性管理器】中弹出【变形】的属性设置。在【变形类型】选项组中，单击【曲面推进】单选按钮，其属性设置如图5-48所示。

（1）【推进方向】选项组

- 【变形方向】：设置推进变形的方向。
- 【显示预览】：使用线框视图或者上色视图预览结果。

（2）【变形区域】选项组

- 【要变形的其他面】：允许添加要变形的特定面，仅变形所选面。
- 【要变形的实体】：即目标实体，决定要被工具实体变形的实体。

- 【要推进的工具实体】：设置对 【要变形的实体】进行变形的工具实体。
- 【变形误差】：为工具实体与目标面或者实体的相交处指定圆角半径数值。

（3）【工具实体位置】选项组

以下选项允许通过输入正确的数值重新定位工具实体。此方法比使用三重轴更精确。

- Delta X、Delta Y、Delta Z：沿 X、Y、Z 轴移动工具实体的距离。
- 【X 旋转角度】、【Y 旋转角度】、【Z 旋转角度】：围绕 X、Y、Z 轴以及旋转原点旋转工具实体的旋转角度。
- 【X 旋转原点】、【Y 旋转原点】、【Z 旋转原点】：定位由图形区域中三重轴表示的旋转中心。

图 5-48　单击【曲面推进】单选按钮后的属性设置

5.6.2　生成变形特征的操作步骤

（1）单击选择【插入】|【特征】|【变形】菜单命令，在【属性管理器】中弹出【变形】的属性设置。在【变形类型】选项组中，单击【点】单选按钮；在【变形点】选项组中，单击 【变形点】选择框，在图形区域中选择模型的右上角端点，设置 【变形距离】为 20.00mm；在【变形区域】选项组中，设置 【变形半径】为 80.00mm，如图 5-49 所示；在【形状选项】选项组中，单击 【刚度-最小】按钮，单击 【确定】按钮，生成最小刚度变形特征，如图 5-50 所示。

图 5-49　【变形】的属性设置

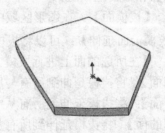

图 5-50　生成最小刚度变形特征

（2）在【形状选项】选项组中，单击 ⌂【刚度-中等】按钮，单击 ✔【确定】按钮，生成中等刚度变形特征，如图 5-51 所示。

（3）在【形状选项】选项组中，单击 ⌂【刚度-最大】按钮，单击 ✔【确定】按钮，生成最大刚度变形特征，如图 5-52 所示。

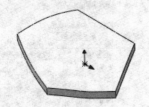
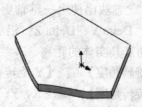

图 5-51　生成中等刚度变形特征　　　　图 5-52　生成最大刚度变形特征

5.7　拔　模　特　征

拔模特征是用指定的角度斜削模型中所选的面，使型腔零件更容易脱出模具，可以在现有的零件中插入拔模，或者在进行拉伸特征时拔模，也可以将拔模应用到实体或者曲面模型中。

5.7.1　拔模特征的属性设置

在【手工】模式中，可以指定拔模类型，包括【中性面】、【分型线】和【阶梯拔模】。

1. 中性面

单击选择【插入】|【特征】|【拔模】菜单命令，在【属性管理器】中弹出【拔模】的属性设置。在【拔模类型】选项组中，单击【中性面】单选按钮，如图 5-53 所示。

（1）【拔模角度】选项组

● ⌂【拔模角度】：垂直于中性面进行测量的角度。

（2）【中性面】选项组

●【中性面】：选择 1 个面或者基准面。

（3）【拔模面】选项组

● ▦【拔模面】：在图形区域中选择要拔模的面。

●【拔模沿面延伸】：可以将拔模延伸到额外的面，其选项如图 5-54 所示。

【无】：只在所选的面上进行拔模。

【沿切面】：将拔模延伸到所有与所选面相切的面。

【所有面】：将拔模延伸到所有从中性面拉伸的面。

【内部的面】：将拔模延伸到所有从中性面拉伸的内部面。

【外部的面】：将拔模延伸到所有在中性面旁边的外部面。

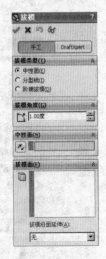

图 5-53　选择【中性面】选项后的属性设置　　　　图 5-54　【拔模沿面延伸】选项

2．分型线

单击【分型线】单选按钮，可以对分型线周围的曲面进行拔模。

单击选择【插入】|【特征】|【拔模】菜单命令，在【属性管理器】中弹出【拔模】的属性设置。在【拔模类型】选项组中，单击【分型线】单选按钮，如图 5-55 所示。

（1）【拔模方向】选项组

● 【拔模方向】：在图形区域中选择 1 条边线或者 1 个面指示拔模的方向。

（2）【分型线】选项组

● ⬡ 【分型线】：在图形区域中选择分型线。

● 【拔模沿面延伸】：可以将拔模延伸到额外的面，其选项如图 5-56 所示。

图 5-55　选择【分型线】选项后的属性设置　　　　图 5-56　【拔模沿面延伸】选项

【无】：只在所选的面上进行拔模。

【沿切面】：将拔模延伸到所有与所选面相切的面。

3．阶梯拔模

阶梯拔模为分型线拔模的变体，阶梯拔模围绕拔模方向的基准面旋转而生成 1 个面。

单击选择【插入】|【特征】|【拔模】菜单命令，在【属性管理器】中弹出【拔模】的属性设置。在【拔模类型】选项组中，单击【阶梯拔模】单选按钮，如图 5-57 所示。

【阶梯拔模】的属性设置与【分型线】基本相同，在此不做赘述。

图 5-57　选择【阶梯拔模】选项后的属性设置

5.7.2　生成拔模特征的操作步骤

（1）单击选择【插入】|【特征】|【拔模】菜单命令，在【属性管理器】中弹出【拔模】的属性设置。

（2）在【拔模类型】选项组中，单击【中性面】单选按钮；在【拔模角度】选项组中，设置 ![icon] 【拔模角度】为 15.00 度；在【中性面】选项组中，单击【中性面】选择框，选择模型小圆柱体的上表面。

（3）在【拔模面】选项组中，单击 ![icon] 【拔模面】选择框，选择模型外表面，如图 5-58 所示，单击 ![icon] 【确定】按钮，生成拔模特征，如图 5-59 所示。

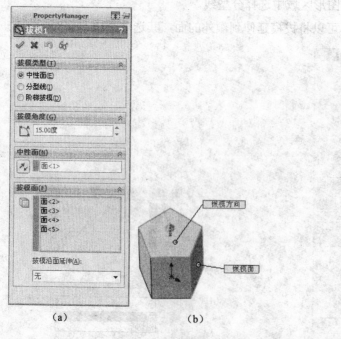

（a）　　　　　　　　（b）

图 5-58　【拔模】的属性设置

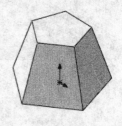

图 5-59　生成拔模特征

5.8　圆 顶 特 征

圆顶特征可以在同一模型上同时生成 1 个或者多个圆顶。

5.8.1　圆顶特征的属性设置

单击选择【插入】|【特征】|【圆顶】菜单命令，在【属性管理器】中弹出【圆顶】的属性设置，如图 5-60 所示。

- 🗔【到圆顶的面】：选择 1 个或者多个平面或者非平面。
- 【距离】：设置圆顶扩展的距离。
- ⚹【反向】：单击该按钮，可以生成凹陷圆顶（默认为凸起）。
- 👥【约束点或草图】：选择 1 个点或者草图，通过对其形状进行约束以控制圆顶。
- ↗【方向】：从图形区域选择方向向量，以垂直于面以外的方向拉伸圆顶，可以使用线性边线或者由两个草图点所生成的向量作为方向向量。

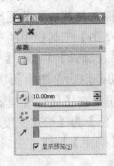

图 5-60　【圆顶】的属性设置

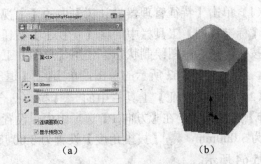

图 5-61　生成圆顶特征

5.8.2　生成圆顶特征的操作步骤

单击选择【插入】|【特征】|【圆顶】菜单命令，在【属性管理器】中弹出【圆顶】的属性设置。在【参数】选项组中，单击 🗔【到圆顶的面】选择框，在图形区域中选择模型的上表面，设置【距离】为 50.00mm，单击 ✔【确定】按钮，生成圆顶特征，如图 5-61 所示。

5.9　范　　例

下面应用本章所讲解的知识完成 1 个三维模型的范例，最终效果如图 5-62 所示。
主要步骤如下：
1. 生成基体部分。

2．生成扫描部分。

3．生成其他部分。

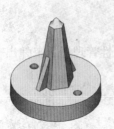

图 5-62　三维模型

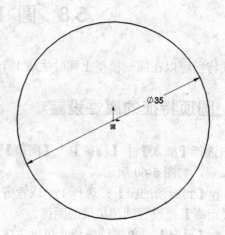

图 5-63　绘制草图并标注尺寸

5.9.1　生成基体部分

（1）单击【特征管理器设计树】中的【上视基准面】图标，使其成为草图绘制平面。单击【标准视图】工具栏中的 ⬆️ 【正视于】按钮，并单击【草图】工具栏中的 ✏️ 【草图绘制】按钮，进入草图绘制状态。使用【草图】工具栏中的 ⟳ 【圆弧】和 ◇ 【智能尺寸】工具，绘制如图 5-63 所示的草图。单击 📄 【退出草图】按钮，退出草图绘制状态。

（2）单击【特征】工具栏中的 📦 【拉伸凸台/基体】按钮，在【属性管理器】中弹出【拉伸】属性设置。在【方向 1】选项组中，设置 ⬈ 【终止条件】为【给定深度】，📐 【深度】为 3.000mm，🔷 【拔模角度】设置为 3.00 度，单击 ✅ 【确定】按钮，生成拉伸特征，如图 5-64 所示。

(a)

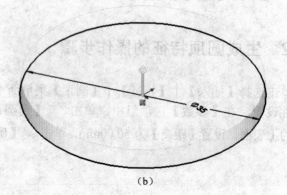

(b)

图 5-64　拉伸特征

（3）单击【参考几何体】工具栏中的 ◇ 【基准面】按钮，在【属性管理器】中弹出【基准面 2】的属性设置。在【第一参考】中，在图形区域中选择模型的上表面，单击 📏 【距离】按钮，在文本栏中输入 13.000mm，如图 5-65 所示，在图形区域中显示出新建基准面的预览，单击 ✅ 【确定】按钮，生成基准面。

 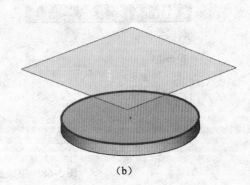

(a)   (b)

图 5-65　生成基准面

（4）单击模型的上表面，使其成为草图绘制平面。单击【标准视图】工具栏中的 ↧【正视于】按钮，并单击【草图】工具栏中的 ✏【草图绘制】按钮，进入草图绘制状态。使用【草图】工具栏中的 ⊕【多边形】和 ◇【智能尺寸】工具，绘制如图 5-66 所示的草图。单击 ✏【退出草图】按钮，退出草图绘制状态。

（5）单击【特征管理器设计树】中的【基准面】图标，使其成为草图绘制平面。单击【标准视图】工具栏中的 ↧【正视于】按钮，并单击【草图】工具栏中的 ✏【草图绘制】按钮，进入草图绘制状态。使用【草图】工具栏中的 ⊕【多边形】和 ◇【智能尺寸】工具，绘制如图 5-67 所示的草图。单击 ✏【退出草图】按钮，退出草图绘制状态。

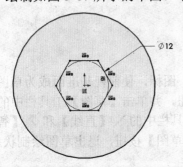 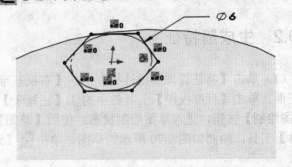

图 5-66　绘制草图并标注尺寸   图 5-67　绘制草图并标注尺寸

（6）单击选择【插入】|【凸台/基体】|【放样】菜单命令，在【属性管理器】中弹出【放样 1】的属性设置。在 ◇【轮廓】选项组中，在图形区域中选择刚刚绘制的 2 个草图，单击 ✔【确定】按钮，如图 5-68 所示，生成放样特征。

（7）单击选择【插入】|【特征】|【抽壳】菜单命令，在【属性管理器】中弹出【抽壳】的属性设置。在【参数】选项组中，设置 ⬚【厚度】为 1.000mm，在 ▣【移除的面】选项中，选择绘图区中模型的底面，单击 ✔【确定】按钮，生成抽壳特征，如图 5-69 所示。

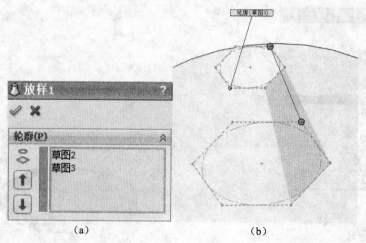

图 5-68   生成放样特征

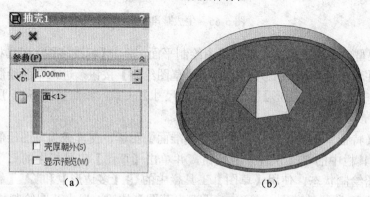

图 5-69   生成抽壳特征

5.9.2   生成筋特征

（1）单击【特征管理器设计树】中的【右视基准面】图标，使前视基准面成为草图绘制平面。单击【标准视图】工具栏中的 $\perp$【正视于】按钮，并单击【草图】工具栏中的 ✐【草图绘制】按钮，进入草图绘制状态。使用【草图】工具栏中的 ✎【直线】和 ◆【智能尺寸】工具，绘制如图 5-70 所示的草图。单击 ✐【退出草图】按钮，退出草图绘制状态。

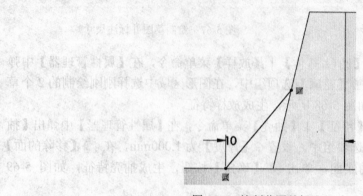

图 5-70   绘制草图并标注尺寸

（2）单击【特征】工具栏中的 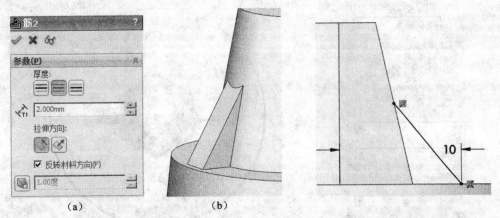 【筋】按钮，在【属性管理器】中弹出【筋 2】的属性设置。在【参数】选项组中，设置 【筋厚度】为 2.000mm，在【拉伸方向】中单击 【平行于草图】按钮，单击 【确定】按钮，生成筋特征，如图 5-71 所示。

（3）单击【特征管理器设计树】中的【右视基准面】图标，使前视基准面成为草图绘制平面。单击【标准视图】工具栏中的 【正视于】按钮，并单击【草图】工具栏中的 【草图绘制】按钮，进入草图绘制状态。使用【草图】工具栏中的 【直线】、 【圆弧】、 【智能尺寸】工具，绘制如图 5-72 所示的草图。单击 【退出草图】按钮，退出草图绘制状态。

（a）　　　　　　　（b）

图 5-71　生成筋特征　　　　　　　　图 5-72　绘制草图并标注尺寸

（4）单击【特征】工具栏中的 【筋】按钮，在【属性管理器】中弹出【筋】的属性设置。在【参数】选项组中，设置 【筋厚度】为 2.00mm，在【拉伸方向】中单击 【垂直于草图】按钮，单击 【确定】按钮，生成筋特征，如图 5-73 所示。

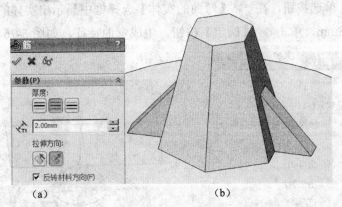

（a）　　　　　　　　　　（b）

图 5-73　生成筋特征

5.9.3　生成其他部分

（1）单击选择【插入】|【特征】|【孔】|【向导】菜单命令，打开属性管理器，在【类型】选项卡中，选择柱孔，在【标准】中选择 Gb，在【类型】中选择螺纹钻孔，在【大小】

中选择 M4，如图 5-74 所示。

（2）单击【位置】选项卡，在绘图区中模型的上表面单击两个点，将产生两个异形孔的预览，利用草图工具栏 【智能尺寸】工具对草图进行尺寸标注，如图 5-75 所示，单击【确定】按钮，完成异形孔的创建。

图 5-74　【孔规格】的属性设置

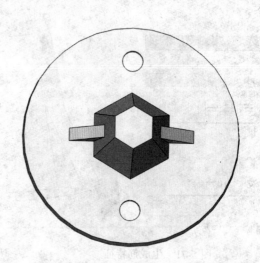

图 5-75　生成异形孔

（3）单击模型中的拉伸特征，使其处于被选择状态。单击选择【插入】|【特征】|【弯曲】菜单命令，在【属性管理器】中弹出【弯曲】的属性设置。在【弯曲键入】选项组中，单击【伸展】单选按钮，在 【弯曲的实体】选择框中显示出实体的名称，设置【伸展距离】为 18mm，单击 【确定】按钮，生成弯曲特征，如图 5-76 所示。

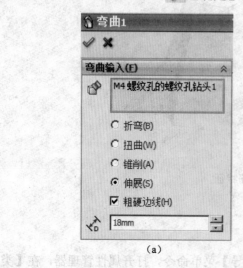

（a）

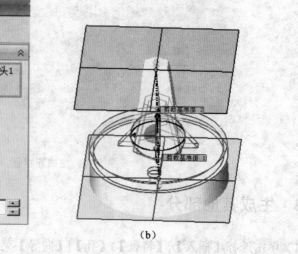

（b）

图 5-76　生成弯曲特征

（4）单击模型的上表面，使其处于被选择状态。单击选择【插入】|【特征】|【圆顶】菜单命令，在【属性管理器】中弹出【圆顶 1】的属性设置。在【参数】选项组中的 ⬜【到圆顶的面】选择框中显示出模型上表面的名称，设置【距离】为 3.000mm，单击 ✔【确定】按钮，生成圆顶特征，如图 5-77 所示。

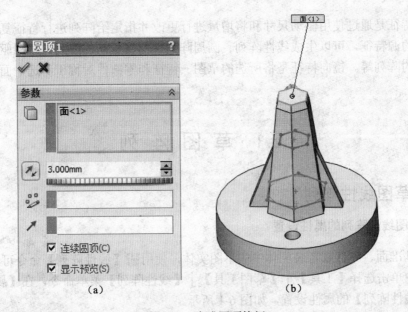

图 5-77　生成圆顶特征

第6章 阵列与镜向特征

阵列特征是通过使用驱动尺寸和将增量进行更改并指定给阵列进行特征复制的过程。对于所选的源特征，可以生成线性阵列、圆周阵列、曲线驱动的阵列、草图驱动的阵列和表格驱动的阵列等。镜向特征是将所选的草图、特征和零部件对称于所选平面或者面的复制过程。

6.1 草图阵列

6.1.1 草图线性阵列

1. 草图线性阵列的属性设置

对于基准面、零件或者装配体中的草图实体，使用 ⚏【线性阵列】命令可以生成草图线性阵列。单击选择【工具】|【草图工具】|【线性阵列】菜单命令，在【属性管理器】中弹出【线性阵列】的属性设置，如图6-1所示。

图6-1 【线性阵列】的属性设置

（1）【方向 1】、【方向 2】选项组

【方向 1】选项组显示了沿 X 轴线性阵列的特征参数；【方向 2】选项组显示了沿 Y 轴线性阵列的特征参数。

- 【反向】：可以改变线性阵列的排列方向。
- 、【间距】：线性阵列 X、Y 轴相邻两个特征参数之间的距离。
- 【添加尺寸】：形成线性阵列后，在草图上自动标注特征尺寸。
- 【数量】：经过线性阵列后草图最后形成的总个数。
- 、【角度】：线性阵列的方向与 X、Y 轴之间的夹角。

（2）【可跳过的实例】选项组

- 【要跳过的部分】：生成线性阵列时跳过在图形区域中选择的阵列实例。

其他属性设置不再赘述。

2. 生成草图线性阵列的操作步骤

（1）选择要进行线性阵列的草图。

（2）单击选择【工具】|【草图工具】|【线性阵列】菜单命令，在【属性管理器】中弹出【线性阵列】的属性设置。根据需要，设置各选项组参数，单击 【确定】按钮，生成草图线性阵列，如图 6-2 所示。

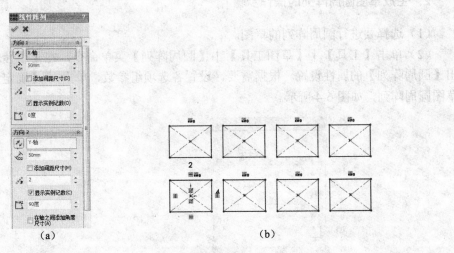

图 6-2　生成草图线性阵列

6.1.2　草图圆周阵列

1. 草图圆周阵列的属性设置

对于基准面、零件或者装配体上的草图实体，使用 【圆周阵列】菜单命令可以生成草图圆周阵列。单击选择【工具】|【草图工具】|【圆周阵列】菜单命令，在【属性管理器】中弹出【圆周阵列】的属性设置，如图 6-3 所示。

（1）【参数】选项组

- 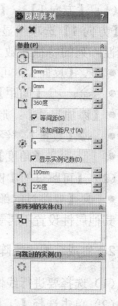 【反向旋转】：草图圆周阵列围绕原点旋转的
  方向。
- 【中心 X】：草图圆周阵列旋转中心的横坐标。
- 【中心 Y】：草图圆周阵列旋转中心的纵坐标。
- 【数量】：经过圆周阵列后草图最后形成的总
  个数。
- 【半径】：圆周阵列的旋转半径。
- 【圆弧角度】：圆周阵列旋转中心与要阵列的草
  图重心之间的夹角。
- 【等间距】：圆周阵列中草图之间的夹角是相等的。
- 【添加间距尺寸】：形成圆周阵列后，在草图上自动
  标注出特征尺寸。

（2）【可跳过的实例】选项组

- 【要跳过的部分】：生成圆周阵列时跳过在图形
  区域中选择的阵列实例。

其他属性设置不再赘述。

图 6-3 【圆周阵列】的属性设置

2. 生成草图圆周阵列的操作步骤

（1）选择要进行圆周阵列的草图。

（2）单击【工具】|【草图工具】|【圆周阵列】菜单命令，在【属性管理器】中弹出【圆周阵列】的属性设置。根据需要，设置各选项组参数，单击 ✔【确定】按钮，生成草图圆周阵列，如图 6-4 所示。

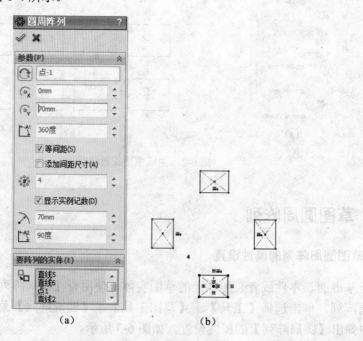

图 6-4　生成草图圆周阵列

6.2　特　征　阵　列

特征阵列与草图阵列相似，都是复制一系列相同的要素。不同之处在于草图阵列复制的是草图，特征阵列复制的是结构特征；草图阵列得到的是 1 个草图，而特征阵列得到的是 1 个复杂的零件。

特征阵列包括线性阵列、圆周阵列、表格驱动的阵列、草图驱动的阵列和曲线驱动的单击阵列等。单击选择【插入】|【阵列/镜向】菜单命令，弹出特征阵列的菜单，如图 6-5 所示。

6.2.1　特征线性阵列

特征线性阵列是在 1 个或者几个方向上生成多个指定的源特征。

图 6-5　特征阵列的菜单

1. 特征线性阵列的属性设置

单击【特征】工具栏中的 ▦ 【线性阵列】按钮或者单击选择【插入】|【阵列/镜向】|【线性阵列】菜单命令，在【属性管理器】中弹出【线性阵列】的属性设置，如图 6-6 所示。

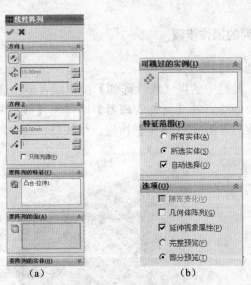

（a）　　　　　　　　　　　（b）

图 6-6　【线性阵列】的属性设置

（1）【方向 1】、【方向 2】选项组
- 【阵列方向】：设置阵列方向，可以选择线性边线、直线、轴或者尺寸。
- ↗ 【反向】：改变阵列方向。

- <img> 、 <img> 【间距】：设置阵列实例之间的间距。
- <img> 【实例数】：设置阵列实例之间的数量。
- 【只阵列源】：只使用源特征而不复制【方向 1】选项组的阵列实例在【方向 2】选项组中生成的线性阵列。

（2）【要阵列的特征】选项组

可以使用所选择的特征作为源特征以生成线性阵列。

（3）【要阵列的面】选项组

可以使用构成源特征的面生成阵列。在图形区域中选择源特征的所有面，这对于只输入构成特征的面而不是特征本身的模型很有用。

（4）【要阵列的实体】选项组

可以使用在多实体零件中选择的实体生成线性阵列。

（5）【可跳过的实例】选项组

可以在生成线性阵列时跳过在图形区域中选择的阵列实例。

（6）【特征范围】选项组

包括所有实体、所选实体，并有自动选择单选框。

（7）【选项】选项组

- 【随形变化】：允许重复时更改阵列。
- 【几何体阵列】：只使用特征的几何体生成线性阵列，而不阵列和求解特征的每个实例。
- 【延伸视象属性】：将 SolidWorks 的颜色、纹理和装饰螺纹数据延伸到所有阵列实例。

2. 生成特征线性阵列的操作步骤

（1）选择要进行阵列的特征。

（2）单击【特征】工具栏中的 <img> 【线性阵列】按钮或者单击选择【插入】|【阵列/镜向】|【线性阵列】菜单命令，在【属性管理器】中弹出【线性阵列】的属性设置。根据需要，设置各选项组参数，单击 <img> 【确定】按钮，生成特征线性阵列，如图 6-7 所示。

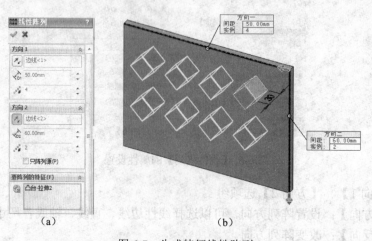

(a)　　　　　　　　　　　　　　　(b)

图 6-7　生成特征线性阵列

6.2.2　特征圆周阵列

特征的圆周阵列是将源特征围绕指定的轴线复制多个特征。

1. 特征圆周阵列的属性设置

单击【特征】工具栏中的 ✿【圆周阵列】按钮，单击选择【插入】|【阵列/镜向】|
【圆周阵列】菜单命令，在【属性管理器】中弹出【圆周阵列】的属性设置，如图 6-8 所示。

- 【阵列轴】：在图形区域中选择轴、模型边线或者角度尺寸，作为生成圆周阵列所围
  绕的轴。
- ↻【反向】：改变圆周阵列的方向。
- ↳【角度】：设置每个实例之间的角度。
- ✿【实例数】：设置源特征的实例数。
- 【等间距】：自动设置总角度为 360 度。

其他属性设置不再赘述。

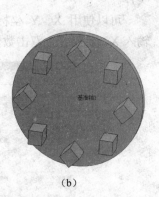

图 6-8　【圆周阵列】的属性设置　　　　　　　　图 6-9　生成特征圆周阵列

2. 生成特征圆周阵列的操作步骤

（1）选择要进行阵列的特征。

（2）单击【特征】工具栏中的 ✿【圆周阵列】按钮或者单击选择【插入】|【阵列/
镜向】|【圆周阵列】菜单命令，弹出【圆周阵列】的属性设置。根据需要，设置各选项
组参数，单击 ✅【确定】按钮，生成特征圆周阵列，如图 6-9 所示。

6.2.3　表格驱动的阵列

【表格驱动的阵列】命令可以使用 X、Y 坐标来对指定的源特征进行阵列。使用 X、Y

坐标的孔阵列是【表格驱动的阵列】的常见应用，但也可以由【表格驱动的阵列】使用其他源特征（如凸台等）。

1．表格驱动的阵列的属性设置

单击选择【插入】|【阵列/镜向】|【表格驱动的阵列】菜单命令，弹出【由表格驱动的阵列】属性管理器，如图 6-10 所示。

（1）【读取文件】：输入含 X、Y 坐标的阵列表或者文字文件。

（2）【参考点】：指定在放置阵列实例时 X、Y 坐标所适用的点。

● 【所选点】：将参考点设置到所选顶点或者草图点。

● 【重心】：将参考点设置到源特征的重心。

（3）【坐标系】：设置用来生成表格阵列的坐标系，包括原点、从【特征管理器设计树】中选择所生成的坐标系。

● 【要复制的实体】：根据多实体零件生成阵列。

● 【要复制的特征】：根据特征生成阵列，可以选择多个特征。

● 【要复制的面】：根据构成特征的面生成阵列，选择图形区域中的所有面。

（4）【几何体阵列】：只使用特征的几何体（如面和边线等）生成阵列。

（5）【延伸视象属性】：将 SolidWorks 的颜色、纹理和装饰螺纹数据延伸到所有阵列实体。

可以使用 X、Y 坐标作为阵列实例生成位置点。如果要为表格驱动的阵列的每个实例输入 X、Y 坐标，双击数值框，输入坐标值即可，如图 6-11 所示。

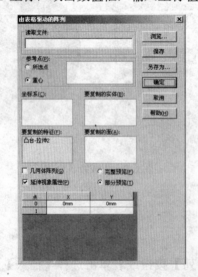
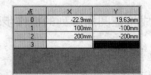

图 6-10 【由表格驱动的阵列】属性管理器　　　图 6-11 键入坐标数值

2．生成表格驱动的阵列的操作步骤

（1）生成坐标系 1。选择要进行阵列的特征。

（2）单击选择【插入】|【阵列/镜向】|【表格驱动的阵列】菜单命令，弹出【由表

格驱动的阵列】属性管理器。根据需要进行设置，单击【确定】按钮，生成表格驱动的阵
列，如图 6-12 所示。

　　　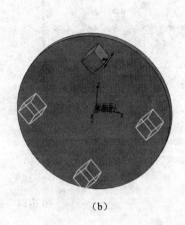

(a)　　　　　　　　　　　　　　　(b)

图 6-12　生成表格驱动的阵列

6.2.4　草图驱动的阵列

草图驱动的阵列是通过草图中的特征点复制源特征的 1 种阵列方式。

1．草图驱动的阵列的属性设置

单击选择【插入】|【阵列/镜向】|【草图驱动的阵列】
菜单命令，在【属性管理器】中弹出【由草图驱动的阵列】
的属性设置，如图 6-13 所示。

（1）　【参考草图】：在【特征管理器设计树】中选择
草图用做阵列。

（2）【参考点】：进行阵列时所需的位置点。

●【重心】：根据源特征的类型决定重心。

●【所选点】：在图形区域中选择 1 个点作为参考点。
其他属性设置不再赘述。

2．生成草图驱动的阵列的操作步骤

（1）绘制平面草图，草图中的点将成为源特征复制的目
标点。

（2）选择要进行阵列的特征。

（3）单击选择【插入】|【阵列/镜向】|【草图驱动的
阵列】菜单命令，在【属性管理器】中弹出【由草图驱动的
阵列】的属性设置。根据需要，设置各选项组参数，单击 ✓【确定】按钮，生成草图驱动

图 6-13　【由草图驱动的阵列】
的属性设置

的阵列，如图 6-14 所示。

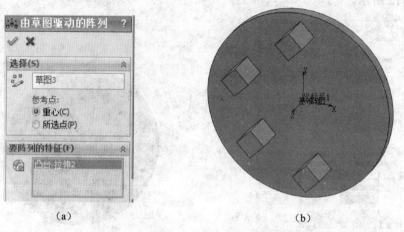

（a）　　　　　　　　　　　　　　（b）

图 6-14　生成草图驱动的阵列

6.2.5　曲线驱动的阵列

曲线驱动的阵列是通过草图中的平面或者 3D 曲线复制源特征的 1 种阵列方式。

1．曲线驱动的阵列的属性设置

单击选择【插入】|【阵列/镜向】|【曲线驱动的阵列】菜单命令，在【属性管理器】中弹出【曲线驱动的阵列】的属性设置，如图 6-15 所示。

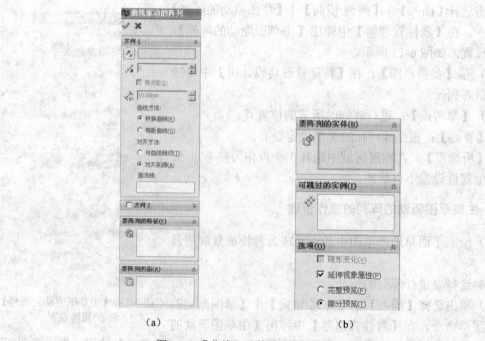

（a）　　　　　　　　　　　　　　（b）

图 6-15　【曲线驱动的阵列】的属性设置

（1）【阵列方向】：选择曲线、边线、草图实体或者在【特征管理器设计树】中选择草图作为阵列的路径。

（2）![icon]【反向】：改变阵列的方向。

（3）![icon]【实例数】：为阵列中源特征的实例数设置数值。

（4）【等间距】：使每个阵列实例之间的距离相等。

（5）![icon]【间距】：沿曲线为阵列实例之间的距离设置数值。

（6）【曲线方法】：使用所选择的曲线定义阵列的方向。

● 【转换曲线】：为每个实例保留从所选曲线原点到源特征的距离。

● 【等距曲线】：为每个实例保留从所选曲线原点到源特征的垂直距离。

（7）【对齐方法】：使用所选择的对齐方法将特征进行对齐。

● 【与曲线相切】：对齐所选择的与曲线相切的每个实例。

● 【对齐到源】：对齐每个实例，以与源特征的原有对齐匹配。

（8）【面法线】：（仅对于 3D 曲线）选择 3D 曲线所处的面以生成曲线驱动的阵列。其他属性设置不再赘述。

2. 生成曲线驱动的阵列的操作步骤

（1）绘制曲线草图。

（2）选择要进行阵列的特征。

（3）单击选择【插入】|【阵列/镜向】|【曲线驱动的阵列】菜单命令，在【属性管理器】中弹出【曲线驱动的阵列】的属性设置，根据需要，设置各选项组参数，单击 ![icon]【确定】按钮，生成曲线驱动的阵列，如图 6-16 所示。

（a）

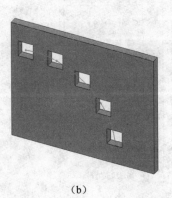

（b）

图 6-16　生成曲线驱动的阵列

6.2.6 填充阵列

填充阵列是在限定的实体平面或者草图区域中进行的阵列复制。

1. 填充阵列的属性设置

单击选择【插入】|【阵列/镜向】|【填充阵列】菜单命令,在【属性管理器】中弹出【填充阵列】的属性设置,如图 6-17 所示。

(1)【填充边界】选项组

● 🖳【选择面或共平面上的草图、平面曲线】:定义要使用阵列填充的区域。

(2)【阵列布局】选项组

定义填充边界内实例的布局阵列,可以自定义形状进行阵列或者对特征进行阵列,阵列实例以源特征为中心呈同轴心分布。

● 🔳【穿孔】:为钣金穿孔式阵列生成网格,其参数如图 6-18 所示。

🔳【实例间距】:设置实例中心之间的距离。

🔳【交错断续角度】:设置各实例行之间的交错断续角度,起始点位于阵列方向所使用的向量处。

🔳【边距】:设置填充边界与最远端实例之间的边距,可以将边距的数值设置为零。

🔳【阵列方向】:设置方向参考。如果未指定方向参考,系统将使用最合适的参考。

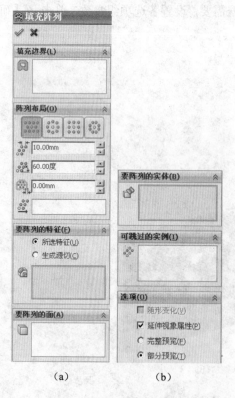

(a)   (b)

图 6-17 【填充阵列】的属性设置

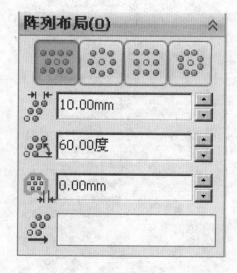

图 6-18 单击【穿孔】按钮

● 🔘 【圆周】：生成圆周形阵列，其参数如图 6-19 所示。

🔘 【环间距】：设置实例环间的距离。

【目标间距】：设置每个环内实例间距离以填充区域。

【每环的实例】：使用实例数（每环）填充区域。

🔘 【实例间距】：设置每个环内实例中心间的距离。

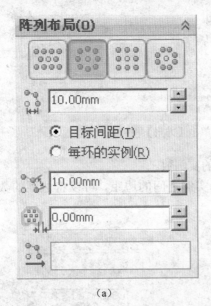

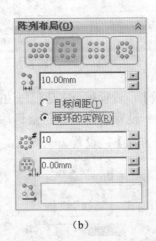

(a)　　　　　　　　　　(b)

图 6-19　单击【圆周】按钮

🔘 【实例数】：设置每环的实例数。

🔘 【边距】：设置填充边界与最远端实例之间的边距，可以将边距的数值设置为零。

🔘 【阵列方向】：设置方向参考。

● 🔘 【方形】：生成方形阵列，其参数如图 6-20 所示。

🔘 【环间距】：设置实例环间的距离。

【目标间距】：设置每个环内实例间距离以填充区域。

【每边的实例】：使用实例数填充区域。

🔘 【实例间距】：设置每个环内实例中心间的距离。

🔘 【实例数】：设置每个方形各边的实例数。

🔘 【边距】：设置填充边界与最远端实例之间的边距，可以将边距的数值设置为零。

🔘 【阵列方向】：设置方向参考。

● 🔘 【多边形】：生成多边形阵列，其参数如图 6-21 所示。

🔘 【环间距】：设置实例环间的距离。

🔘 【多边形边】：设置阵列中的边数。

【目标间距】：设置每个环内实例间距离以填充区域。

【每边的实例】：使用实例数填充区域。

🔘 【实例间距】：设置每个环内实例中心间的距离。

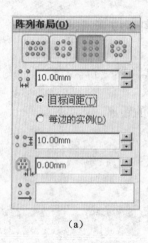 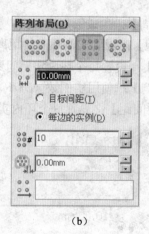

(a)　　　　　　　　　　　　　　(b)

图 6-20　单击【方形】按钮

[实例数]图标【实例数】：设置每个多边形每边的实例数。

[边距]图标【边距】：设置填充边界与最远端实例之间的边距，可以将边距的数值设置为零。

[阵列方向]图标【阵列方向】：设置方向参考。

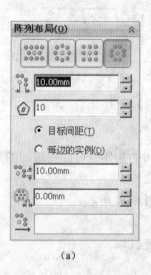 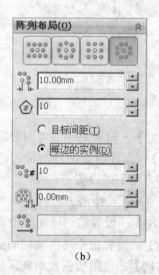

(a)　　　　　　　　　　　　　　(b)

图 6-21　单击【多边形】按钮

（3）【要阵列的特征】选项组

● 【所选特征】：选择要阵列的特征。

● 【生成源切】：为要阵列的源特征自定义切除形状。

● 图标【圆】：生成圆形切割作为源特征，其参数如图 6-22 所示。

[直径]图标【直径】：设置直径。

[顶点或草图点]图标【顶点或草图点】：将源特征的中心定位在所选顶点或者草图点处，并生成以该点为起始点的阵列。

● 图标【方形】：生成方形切割作为源特征，其参数如图 6-23 所示。

图 6-22　单击【圆】按钮

图 6-23　单击【方形】按钮

　　□‡【尺寸】：设置各边的长度。

　　◎【顶点或草图点】：将源特征的中心定位在所选顶点或者草图点处，并生成以该点为起始点的阵列。

　　↰【旋转】：逆时针旋转每个实例。

● ◇【菱形】：生成菱形切割作为源特征，其参数如图 6-24 所示。

　　◇【尺寸】：设置各边的长度。

　　◇【对角】：设置对角线的长度。

　　◇【顶点或草图点】：将源特征的中心定位在所选顶点或者草图点处，并生成以该点为起始点的阵列。

　　↰【旋转】：逆时针旋转每个实例。

● ◎【多边形】：生成多边形切割作为源特征，其参数如图 6-25 所示。

图 6-24　单击【菱形】按钮

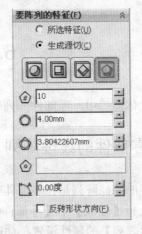

图 6-25　单击【多边形】按钮

　　#【多边形边】：设置边数。

　　○【外径】：根据外径设置阵列大小。

　　◎【内径】：根据内径设置阵列大小。

　　◎【顶点或草图点】：将源特征的中心定位在所选顶点或者草图点处，并生成以该点为起始点的阵列。

　　　　【旋转】：逆时针旋转每个实例。

　　● 【反转形状方向】：围绕在填充边界中所选择的面反转源特征的方向。

　2．生成填充阵列的操作步骤

（1）绘制平面草图。

（2）单击选择【插入】|【阵列/镜向】|【填充阵列】菜单命令，在【属性管理器】
中弹出【填充阵列】的属性设置，根据需要，设置各选项组参数，单击 ✅ 【确定】按钮，
生成填充阵列，如图 6-26 所示。

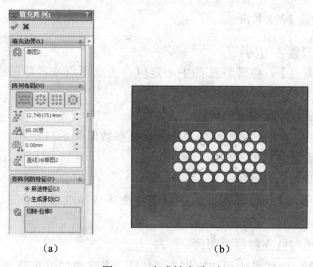

　　　　　（a）　　　　　　　　　　　　　（b）

图 6-26　生成填充阵列

6.3　零部件阵列

在装配体窗口中，零部件阵列包括 3 种形式，即线性阵列、圆周阵列和特征驱动。

6.3.1　零部件的线性阵列

零部件的线性阵列是在装配体中沿 1 个或者 2 个方向复制源零部件而生成的阵列。
单击选择【插入】|【零部件阵列】|【线性阵列】菜单命令，在【属性管理器】中
弹出【线性阵列】的属性设置，如图 6-27 所示。
其属性设置不再赘述（在装配体窗口中才可以进行零部件线性阵列的操作）。

6.3.2　零部件的圆周阵列

零部件的圆周阵列是在装配体中沿 1 个轴复制源零部件而生成的阵列。

单击选择【插入】|【零部件阵列】|【圆周阵列】菜单命令，在【属性管理器】中弹出【圆周阵列】的属性设置，如图 6-28 所示。

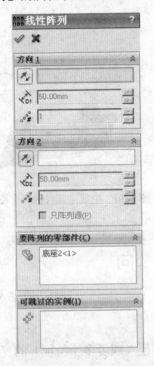

图 6-27　【线性阵列】的属性设置　　　　　图 6-28　【圆周阵列】的属性设置

其属性设置不再赘述（在装配体窗口中才可以进行零部件圆周阵列的操作）。

6.3.3　零部件的特征驱动

零部件的特征驱动是在装配体中根据 1 个现有阵列生成的零部件阵列。

1．特征驱动的属性设置

单击选择【插入】|【零部件阵列】|【特征驱动】菜单命令，在【属性管理器】中弹出【特征驱动】的属性设置，如图 6-29 所示。

（1）【要阵列的零部件】选项组：选择源零部件。

（2）【驱动特征】选项组：在【特征管理器设计树】中选择阵列特征或者在图形区域中选择阵列实例的面。

（3）【可跳过的实例】选项组：在图形区域中选择实例的标志点以设置跳过的实例。

2．生成特征驱动的操作步骤

在装配体窗口中，单击选择【插入】|【零部件阵列】|【特征驱动】菜单命令，在【属性管理器】中弹出【特征驱动】的属性设置。根据需要，设置各选项组参数，单击 ✅【确定】按钮，生成特征驱动，如图 6-30 所示。

图 6-29 【特征驱动】的属性设置

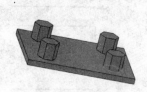

图 6-30　生成零部件的特征驱动阵列

6.4　镜　　向

6.4.1　镜向特征

镜向特征是沿面或者基准面镜向以生成 1 个特征（或者多个特征）的复制操作。

1. 镜向特征的属性设置

单击【特征】工具栏中的 ⚏ 【镜向】按钮或者单击选择【插入】|【阵列/镜向】|【镜向】菜单命令，在【属性管理器】中弹出【镜向】的属性设置，如图 6-31 所示。

（1）【镜向面/基准面】选项组：在图形区域中选择 1 个面或基准面作为镜向面。

（2）【要镜向的特征】选项组：单击模型中 1 个或者多个特征，也可以在【特征管理器设计树】中选择要镜向的特征。

（3）【要镜向的面】选项组：在图形区域中单击构成要镜向的特征的面，此选项组参数对于在输入的过程中仅包括特征的面且不包括特征本身的零件很有用。

2. 生成镜向特征的操作步骤

（1）选择要进行镜向的特征。

（2）单击【特征】工具栏中的 ⚏ 【镜向】按钮或者单击选择【插入】|【阵列/镜向】|【镜向】菜单命令，在【属性管理器】中弹出【镜向 1】的属性设置。根据需要，设置各选项组参数，单击 ✔ 【确定】按钮，生成镜向特征，如图 6-32 所示。

图 6-31 【镜向】的属性设置

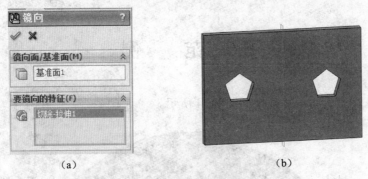

（a）　　　　　　　　　　　（b）

图 6-32　生成镜向特征

6.4.2　镜向零部件

选择 1 个对称基准面以及零部件以进行镜向操作。在装配体窗口中，单击选择【插入】|【镜向零部件】菜单命令，在【属性管理器】中弹出【镜向零部件】的属性设置，如图 6-33 所示。

为每个零部件设置状态，在 ☑ 和 ☐ 之间切换。其中，☑ 表示零部件被复制，复制的零部件几何体同原件保持不变，只是零部件的方向不同；☐ 表示零部件被镜向，镜向的零部件的几何体发生变化，生成 1 个真实的镜向零部件。

用鼠标右键单击要镜向的零部件的名称，在弹出的菜单中进行选择。

- 【镜向所有子关系】：镜向子装配体及其所有子关系。
- 【镜向所有实例】：镜向所选零部件的所有实例。
- 【复制所有子实例】：复制所选零部件的所有实例。
- 【镜向所有零部件】：镜向装配体中所有的零部件。
- 【复制所有零部件】：复制装配体中所有的零部件。

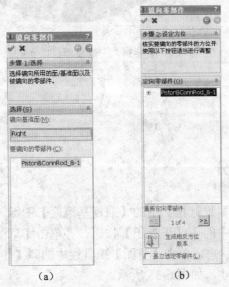

（a）　　　　　　　　　　　（b）

图 6-33　【镜向零部件】的属性设置

6.5 范　　例

下面介绍 1 个范例，最终效果如图 6-34 所示。

图 6-34　三维模型

主要步骤如下：

1．建立轮毂部分。

2．建立辅助部分。

6.5.1　建立轮毂部分

（1）单击【特征管理器设计树】中的【前视基准面】图标，使其成为草图绘制平面。单击【标准视图】工具栏中的 ⊥【正视于】按钮，并单击【草图】工具栏中的 ✍【草图绘制】按钮，进入草图绘制状态。单击【草图】工具栏中的 ▢【矩形】按钮和 ✐【智能尺寸】按钮，绘制草图并标注尺寸，如图 6-35 所示。

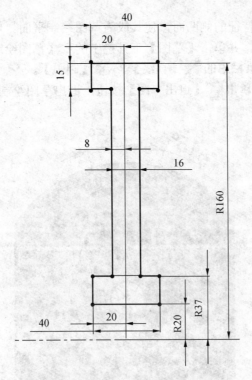

图 6-35 绘制草图并标注尺寸

（2）单击【特征】工具栏中的 ✛【旋转凸台/基体】按钮，在【属性管理器】中弹出【旋转 1】的属性设置。在【旋转参数】选项组中，单击 ╲【旋转轴】选择框，在图形区域中选择草图中的水平中心线，单击 ✅【确定】按钮，生成旋转特征，如图 6-36 所示。

（a）   （b）

图 6-36 生成旋转特征

（3）单击旋转实体特征的侧凹面，使其成为草图绘制平面。单击【标准视图】工具栏中的 ⏚【正视于】按钮，并单击【草图】工具栏中的 ✏️【草图绘制】按钮，进入草图绘制状态。使用【草图】工具栏中的 ╲【直线】、⟳【圆弧】、◇【智能尺寸】工具，绘制如图 6-37 所示的草图。单击 ✏️【退出草图】按钮，退出草图绘制状态。

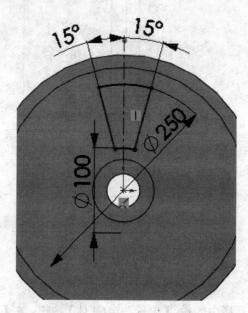

图 6-37　绘制草图并标注尺寸

（4）单击【特征】工具栏中的 🔲【切除-拉伸】按钮，在【属性管理器】中弹出【切除-拉伸 1】的属性设置。在【方向 1】选项组中，设置【终止条件】为【完全贯穿】，单击 ✅【确定】按钮，生成拉伸切除特征，如图 6-38 所示。

（a）

（b）

图 6-38　切除-拉伸特征

·（5）单击【特征】工具栏中的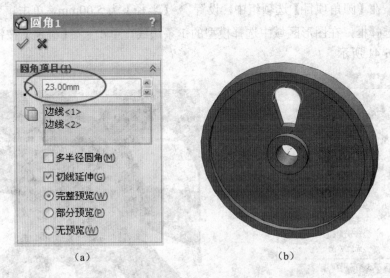【圆角】按钮，在【属性管理器】中弹出【圆角 1】的属性设置。在【圆角项目】选项组中，设置【半径】为 23.00mm，单击【边线、面、特征和环】选择框，在图形区域中选择模型的 2 条边线，单击【确定】按钮，生成圆角特征，如图 6-39 所示。

（a）　　　　　　　　　　（b）

图 6-39　生成圆角特征

（6）单击【特征】工具栏中的【圆周阵列】按钮，在【属性管理器】中弹出【阵列（圆周）1】的属性设置。在【参数】选项组中，单击【阵列轴】选择框，在【特征管理器设计树】中单击【基准轴 1】图标，设置【实例数】为 8，勾选【等间距】选项；在【要阵列的特征】选项组中，单击【要阵列的特征】选择框，在图形区域中选择模型的切除-拉伸 1 特征和圆角 1 特征，单击【确定】按钮，生成特征圆周阵列，如图 6-40 所示。

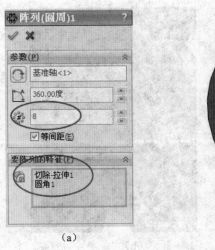

（a）　　　　　　　　　　（b）

图 6-40　生成特征圆周阵列

6.5.2　建立辅助部分

（1）单击【特征】工具栏中的  【圆角】按钮，在【属性管理器】中弹出【圆角 2】的属性设置。在【圆角项目】选项组中，设置 【半径】为 5.00mm，单击 【边线、面、特征和环】选择框，在图形区域中选择模型的 1 条边线，单击 【确定】按钮，生成圆角特征，如图 6-41 所示。

（a）　　　　　　　　　　　（b）

图 6-41　生成圆角特征

（2）单击【特征】工具栏中的 【圆角】按钮，在【属性管理器】中弹出【圆角 3】的属性设置。在【圆角项目】选项组中，设置 【半径】为 5.00mm，单击 【边线、面、特征和环】选择框，在图形区域中选择模型的 1 条边线，单击 【确定】按钮，生成圆角特征，如图 6-42 所示。

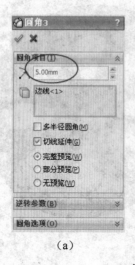
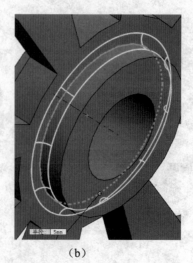

（a）　　　　　　　　　　　（b）

图 6-42　生成圆角特征

（3）单击【特征管理器设计树】中的【右视基准面】图标，使其成为绘制平面。单击【标准视图】工具栏中的 ↧【正视于】按钮，并单击【草图】工具栏中的 ✍【草图绘制】按钮，进入草图绘制状态。单击【草图】工具栏中的 ＼【直线】按钮绘制草图 3，如图 6-43所示。双击鼠标退出草图。

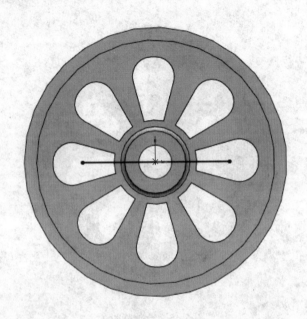

图 6-43　绘制草图 3

（4）单击选择【插入】|【曲线】|【分割线】菜单命令，在 ✍【要投影的草图】中选择【草图 3】，在 ⬜【要分割的面】中选择模型的内控轮廓面，如图 6-44 所示，单击 ✔【确定】按钮。

（a）

（b）

图 6-44　生成分割线特征

（5）单击【特征管理器设计树】中的【上视基准面】图标，使其成为绘制平面。单击【标准视图】工具栏中的↥【正视于】按钮，并单击【草图】工具栏中的➥【草图绘制】按钮，进入草图绘制状态。单击【草图】工具栏中的＼【直线】按钮绘制草图 3，如图 6-45 所示。双击鼠标退出草图。

图 6-45　绘制草图 3

（6）单击选择【插入】|【曲线】|【分割线】菜单命令，在 ➥【要投影的草图】中选择【草图 4】，在 ☐【要分割的面】中选择模型的外轮廓面，如图 6-46 所示，单击 ✅【确定】按钮。

（a）

（b）

图 6-46　生成分割线特征

（7）单击【参考几何体】工具栏中的 ↘【基准轴】按钮，在【属性管理器】中弹出【基准轴 1】的属性设置。单击 ▯【圆柱/圆锥面】按钮，选择模型的曲面，检查 ▭【参考实体】选择框中列出的项目，如图 6-47 所示，单击 ✅【确定】按钮，生成基准轴 1。

（a）　　　　　　　　　　　　　　（b）

图 6-47　生成基准轴特征

（8）生成坐标系。单击【参考几何体】工具栏中的 ↳【坐标系】按钮，在【属性管理器】中弹出【坐标系】的属性设置。在图形区域中单击模型上方的 1 个顶点，则点的名称显示在 ↳【原点】选择框中，如图 6-48 所示。

（a）　　　　　　　　　　　　　　（b）

图 6-48　定义原点

（9）单击【X 轴】、【Y 轴】、【Z 轴】选择框，在图形区域中选择线性边线，指示所选轴的方向与所选的边线平行，如图 6-49 所示，单击 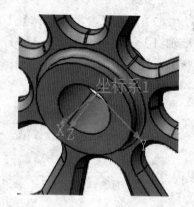 【确定】按钮，生成坐标系 1。

（10）单击【特征】工具栏中的 ⟨⟩【圆角】按钮，在【属性管理器】中弹出【圆角 4】的属性设置。在【圆角项目】选项组中，设置 ⟋【半径】为 15.00mm，单击 □【边线、面、特征和环】选择框，在图形区域中选择模型的 16 条边线，单击 ✓【确定】按钮，生成圆角特征，如图 6-50 所示。

图 6-49　定义各轴

（a）

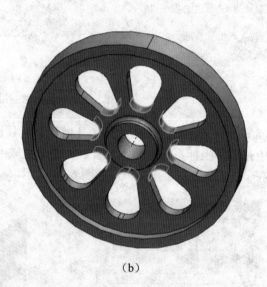

（b）

图 6-50　生成圆角特征

（11）单击选择【插入】│【特征】│【倒角】菜单命令，在【属性管理器】中弹出【倒角 1】的属性设置。在【倒角参数】选项组中，单击 □【边线和面或顶点】选择框，在绘图区域中选择模型中圆周阵列特征左视方向的所有边线，设置 ⟋【距离】为 5.00mm，□【角度】为 45.00 度，单击 ✓【确定】按钮，生成倒角特征，如图 6-51 所示。

（12）单击选择【插入】│【特征】│【倒角】菜单命令，在【属性管理器】中弹出【倒角】的属性设置。在【倒角参数】选项组中，单击 □【边线和面或顶点】选择框，在绘图区域中选择模型中圆周阵列特征右视方向的所有边线，设置 ⟋【距离】为 5.00mm，□【角度】为 45.00 度，单击 ✓【确定】按钮，生成倒角特征，如图 6-52 所示。

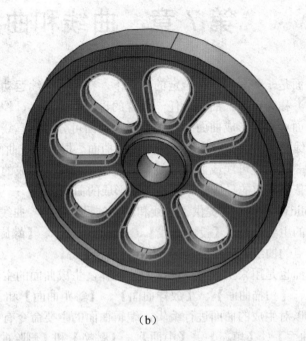

（a）　　　　　　　　　　　（b）

图 6-51　生成倒角特征

（a）　　　　　　　　　　　（b）

图 6-52　生成倒角特征

第7章　曲线和曲面设计

曲面是一条动线，在给定的条件下，在空间连续运动的轨迹。产生曲线的动线（直线或曲线）称为母线；曲面上任一位置的母线称为素线，控制母线运动的线、面分别称为导线、导面。根据形成曲面的母线形状，曲面可分为：直线面——由直母线运动而形成的曲面；曲线面——由曲母线运动而形成的曲面。根据形成曲面的母线运动方式，曲面可分为：回转面——由直母线或曲母线绕一固定轴线回转而形成的曲面；非回转面——由直母线或曲母线依据固定的导线、导面移动而形成的曲面。

SolidWorks 2013 提供了曲线和曲面的设计功能。曲线可以用来生成实体模型特征，生成曲线的主要命令有【投影曲线】、【组合曲线】、【螺旋线/涡状线】、【分割线】、【通过参考点的曲线】和【通过 XYZ 点的曲线】等。

曲面也是用来生成实体模型的几何体，生成曲面的主要命令有【拉伸曲面】、【旋转曲面】、【扫描曲面】、【放样曲面】、【等距曲面】和【延展曲面】等。

可以对生成的曲面进行编辑，编辑曲面的主要命令有【缝合曲面】、【延伸曲面】、【剪裁曲面】、【填充】、【中面】、【替换】和【删除曲面】等。

7.1　生　成　曲　线

曲线是组成不规则实体模型的最基本要素，SolidWorks 提供了绘制曲线的工具栏和菜单命令。

单击选择【插入】|【曲线】菜单命令可以选择绘制相应曲线的类型，如图 7-1 所示；或者单击选择【视图】|【工具栏】|【曲线】菜单命令，调出【曲线】工具栏，如图 7-2 所示，在【曲线】工具栏中进行选择。

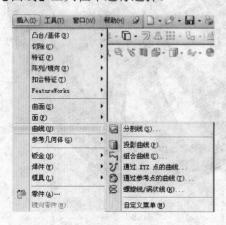

图 7-1　【曲线】菜单命令

图 7-2　【曲线】工具栏

7.1.1　投影曲线

投影曲线可以通过将绘制的曲线投影到模型面上的方式生成 1 条三维曲线，即"草图到面"的投影类型，也可以使用另一种方式生成投影曲线，即"草图到草图"的投影类型。首先在两个相交的基准面上分别绘制草图，此时系统会将每个草图沿所在平面的垂直方向投影以得到相应的曲面，最后这两个曲面在空间中相交而生成 1 条三维曲线。

1．投影曲线的属性设置

单击【曲线】工具栏中的 【投影曲线】按钮或者单击选择【插入】|【曲线】|【投影曲线】菜单命令，在【属性管理器】中弹出【投影曲线】的属性设置，如图 7-3 所示。在【选择】选项组中，可以选择两种投影类型，即【面上草图】和【草图上草图】。

- 【要投影的一些草图】：在图形区域中选择曲线草图。
- 【投影面】：选择想要投影草图的平面。
- 【反转投影】：设置投影曲线的方向。

图 7-3　【投影曲线】的属性设置

2．生成投影曲线的操作步骤

（1）生成投影类型为【草图到草图】的投影曲线。

① 单击【标准】工具栏中的【新建】按钮，新建零件文件。

② 选择前视基准面为草图绘制平面，单击【草图】工具栏中的 【样条曲线】按钮，绘制 1 条样条曲线。

③ 选择上视基准面为草图绘制平面，单击【草图】工具栏中的 【样条曲线】按钮，再次绘制 1 条样条曲线。

④ 单击【标准视图】工具栏中的 【等轴测】按钮，将视图以等轴测方向显示，如图 7-4 所示。

⑤ 单击【曲线】工具栏中的 【投影曲线】按钮（或者选择【插入】|【曲线】|【投影曲线】菜单命令），在【属性管理器】中弹出【投影曲线】的属性设置。在【选择】选项组中，选择【草图到草图】投影类型。

⑥ 单击 【要投影的一些草图】选择框，在图形区域中选择步骤②和步骤③绘制的草图，如图 7-5 所示，此时在图形区域中可以预览生成的投影曲线，单击 【确定】按钮，生成投影曲线，如图 7-6 所示。

（2）生成投影类型为【草图到面】的投影曲线。

① 单击【标准】工具栏中的 【新建】按钮，新建零件文件。

② 选择前视基准面为草图绘制平面，绘制 1 条样条曲线，单击【曲面】工具栏中的 【拉伸曲面】按钮，拉伸出 1 个宽为 25mm 的曲面，如图 7-7 所示。

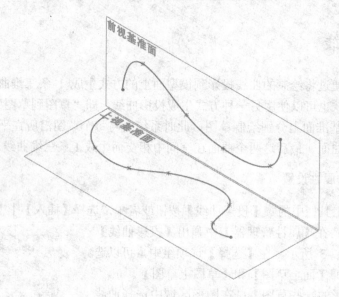

图 7-4　以等轴测方向显示视图

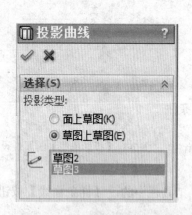

图 7-5　【投影曲线】的属性设置

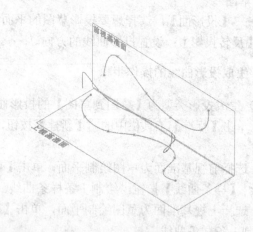

图 7-6　生成投影曲线

③ 单击【参考几何体】工具栏中的【基准面】按钮，在【属性管理器】中弹出【基准面】的属性设置。在【选择】选项组中，单击【参考实体】选择框，在【特征管理器设计树】中单击【上视基准面】图标，设置【距离】为 25.00mm，如图 7-8 所示，在图形区域中上视基准面上方 25mm 处生成基准面 1，如图 7-9 所示。

④ 选择基准面 1 为草图绘制平面，单击【草图】工具栏中的∽【样条曲线】按钮，绘制 1 条样条曲线。

⑤ 单击【标准视图】工具栏中的◎【等轴测】按钮，将视图以等轴测方向显示，如图 7-10 所示。

⑥ 单击【曲线】工具栏中的◍【投影曲线】按钮或者选择【插入】|【曲线】|【投影曲线】菜单命令，在【属性管理器】中弹出【投影曲线】的属性设置。在【选择】选项组中，选择【草图到面】投影类型。单击【要投影的一些草图】选择框，在图形区域中选择步骤④绘制的草图，单击【投影面】选择框，在图形区域中选择步骤②中生成的拉伸曲

面，选择【反转投影】选项，确定曲线的投影方向，如图 7-11 所示，此时在图形区域中可以预览生成的投影曲线，单击 ✅【确定】按钮，生成投影曲线，如图 7-12 所示。

图 7-7　生成拉伸曲面

图 7-8　【基准面】的属性设置

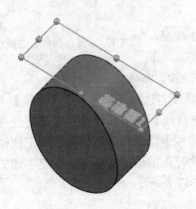

图 7-9　生成基准面 1

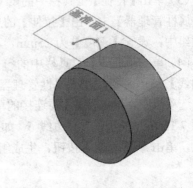

图 7-10　以等轴测方式显示视图

图 7-11　【投影曲线】的属性设置

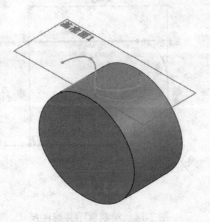

图 7-12　生成投影曲线

7.1.2　组合曲线

组合曲线通过将曲线、草图几何体和模型边线组合为 1 条单一曲线而生成。组合曲线可以作为生成放样特征或者扫描特征的引导线或者轮廓线。

1．组合曲线的属性设置

单击【曲线】工具栏中的 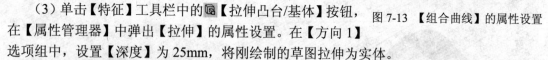【组合曲线】按钮或者选择【插入】|【曲线】|【组合曲线】菜单命令，在【属性管理器】中弹出【组合曲线】的属性设置，如图 7-13 所示。

- 【要连接的草图、边线以及曲线】：选择要组合曲线的草图或者曲线。

2．生成组合曲线的操作步骤

（1）单击【标准】工具栏中的 □【新建】按钮，新建零件文件。

（2）选择前视基准面作为草图绘制平面，绘制如图 7-14 所示的草图并标注尺寸。

（3）单击【特征】工具栏中的 ⬛【拉伸凸台/基体】按钮，

图 7-13　【组合曲线】的属性设置

在【属性管理器】中弹出【拉伸】的属性设置。在【方向 1】选项组中，设置【深度】为 25mm，将刚绘制的草图拉伸为实体。

（4）单击【曲线】工具栏中的 ⌣【组合曲线】按钮或者选择【插入】|【曲线】|【组合曲线】菜单命令，在【属性管理器】中弹出【组合曲线】的属性设置。在【要连接的实体】选项组中，单击 ⌣【要连接的草图、边线以及曲线】选择框，在图形区域中依次选择如图 7-15 所示的边线 1～边线 6，如图 7-16 所示。此时在图形区域中可以预览生成的组合曲线，单击 ✅【确定】按钮，生成组合曲线，如图 7-17 所示。

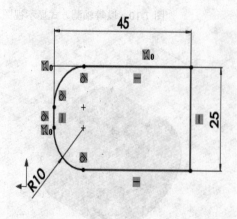

图 7-14　绘制草图并标注尺寸

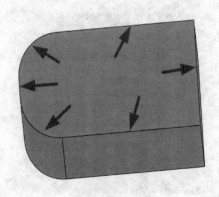

图 7-15　选择边线

7.1.3 螺旋线和涡状线

螺旋线和涡状线可以作为扫描特征的路径或者引导线，也可以作为放样特征的引导线，通常用来生成螺纹、弹簧和发条等零件，也可以在工业设计中作为装饰使用。

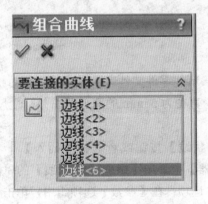

图 7-16 【组合曲线】的属性设置

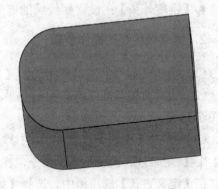

图 7-17 生成组合曲线

1. 螺旋线和涡状线的属性设置

单击【曲线】工具栏中的  【螺旋线/涡状线】按钮或者选择【插入】|【曲线】|【螺旋线/涡状线】菜单命令，在【属性管理器】中弹出【螺旋线/涡状线】的属性设置。

（1）【定义方式】选项组

用来定义生成螺旋线和涡状线的方式，可以根据需要进行选择，如图 7-18 所示。

- 【螺距和圈数】：通过设置螺距和圈数的数值来生成螺旋线。
- 【高度和圈数】：通过设置高度和圈数的数值来生成螺旋线。
- 【高度和螺距】：通过设置高度和螺距的数值来生成螺旋线。
- 【涡状线】：通过设置螺距和圈数的数值来生成涡状线。

图 7-18 【定义方式】选项

（2）【参数】选项组

- 【恒定螺距】：以恒定螺距方式生成螺旋线。
- 【可变螺距】：以可变螺距方式生成螺旋线。
- 【区域参数】：通过指定高度、直径以及螺距率生成可变螺距螺旋线。
- 【螺距】：设置螺距数值。
- 【圈数】：设置螺旋线的旋转圈数。
- 【高度】：设置螺旋线的高度。
- 【反向】：反转螺旋线的旋转方向。

- 【起始角度】：设置螺旋线开始旋转的角度。
- 【顺时针】：设置螺旋线的旋转方向为顺时针。
- 【逆时针】：设置螺旋线的旋转方向为逆时针。

（3）【锥形螺纹线】选项组

- ◻ 【锥形角度】：设置锥形螺纹线的角度。
- 【锥度外张】：设置螺纹线的锥度为外张。

2．生成螺旋线的操作步骤

（1）单击【标准】工具栏中的 ◻ 【新建】按钮，新建零件文件。

（2）选择前视基准面为草图绘制平面，绘制 1 个直径为 55mm 的圆形草图并标注尺寸，如图 7-19 所示。

（3）单击【曲线】工具栏中的 ⧉ 【螺旋线/涡状线】按钮或者选择【插入】｜【曲线】｜【螺旋线/涡状线】菜单命令，在【属性管理器】中弹出【螺旋线/涡状线】的属性设置。在【定义方式】选项组中，选择【螺距和圈数】选项；在【参数】选项组中，单击【恒定螺距】单选按钮，设置【螺距】为 12.00mm，【圈数】为 10，如图 7-20 所示，单击 ✔ 【确定】按钮，生成螺旋线。

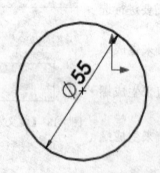

图 7-19　绘制草图

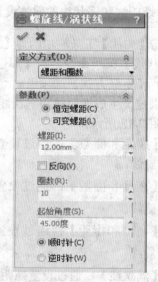

图 7-20　【螺旋线/涡状线】的属性设置

（4）单击【标准视图】工具栏中的 ⬡ 【等轴测】按钮，将视图以等轴测方式显示，如图 7-21 所示。

（5）用鼠标右键单击【特征管理器设计树】中的【螺旋线/涡状线 1】图标，在弹出的菜单中选择【编辑特征】命令，如图 7-22 所示，在【属性管理器】中弹出【螺旋线/涡状线 1】的属性设置，对生成的螺旋线进行编辑。

（6）在【锥形螺纹线】选项组中，设置【锥形角度】为 5.00 度，如图 7-23 所示，单击 ✔ 【确定】按钮，生成锥形螺旋线，如图 7-24 所示。

（7）在【锥形螺纹线】选项组中，设置【锥形角度】为 5.00 度，选择【锥度外张】选项，如图 7-25 所示，单击 ✓【确定】按钮，生成锥形螺旋线，如图 7-26 所示。

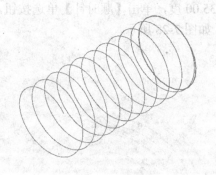

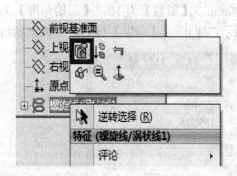

图 7-21　生成螺旋线　　　　　　　　　图 7-22　快捷菜单

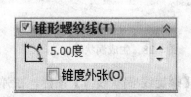

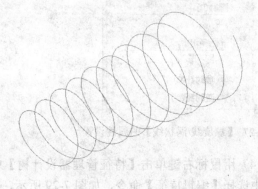

图 7-23　设置【锥形角度】数值　　　　　图 7-24　生成锥形螺旋线

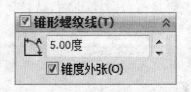

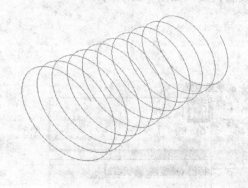

图 7-25　选择【锥度外张】选项　　　　　图 7-26　生成锥形螺旋线

3．生成涡状线的操作步骤

（1）单击【标准】工具栏中的 ▢【新建】按钮，新建零件文件。
（2）选择前视基准面为草图绘制平面，绘制 1 个直径为 60mm 的圆形草图并标注尺寸。
（3）单击【曲线】工具栏中的 ⧂【螺旋线/涡状线】按钮或者选择【插入】|【曲

线】|【螺旋线/涡状线】菜单命令，在【属性管理器】中弹出【螺旋线/涡状线】的属性设置。在【定义方式】选项组中，选择【涡状线】选项；在【参数】选项组中，设置【螺距】为15.00mm，【圈数】为10，【起始角度】为135.00度，单击【顺时针】单选按钮，如图7-27所示，单击✅【确定】按钮，生成涡状线，如图7-28所示。

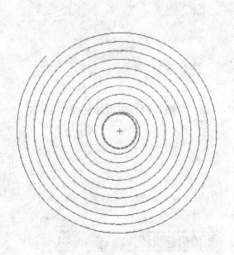

图7-27　【螺旋线/涡状线】的属性设置　　　　　图7-28　生成涡状线

（4）用鼠标右键单击【特征管理器设计树】中的【螺旋线/涡状线 1】图标，在弹出的菜单中选择【编辑特征】命令，如图7-29所示，在【属性管理器】中弹出【螺旋线/涡状线1】的属性设置，对生成的涡状线进行编辑，单击【逆时针】单选按钮，单击✅【确定】按钮，生成涡状线，如图7-30所示。

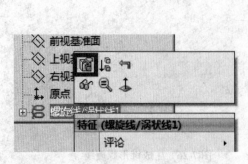

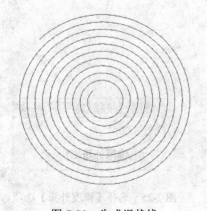

图7-29　快捷菜单　　　　　　　　　　　图7-30　生成涡状线

7.1.4　通过 XYZ 点的曲线

可以通过用户定义的点生成样条曲线，以这种方式生成的曲线被称为通过 XYZ 点的曲

线。在 SolidWorks 中，用户既可以自定义样条曲线通过的点，也可以利用点坐标文件生成
样条曲线。

1．通过 XYZ 点的曲线的属性设置

单击【曲线】工具栏中的 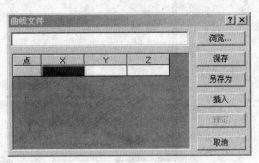 【通过 XYZ 点的曲线】按钮或者单击选择【插入】|【曲
线】|【通过 XYZ 点的曲线】菜单命令，弹出【曲线文件】属性管理器，如图 7-31 所示。

- 【点】、X、Y、Z：【点】的列坐标为
  生成曲线点的顺序；X、Y、Z 的列坐
  标为对应点的坐标值。
- 【浏览】：通过读取已存在于硬盘中的
  曲线文件来生成曲线。
- 【保存】：将坐标点保存为曲线文件。
- 【插入】：插入一个新行。如果要在某
  一行之上插入新行，只要单击该行，
  然后单击【插入】按钮即可。

图 7-31　【曲线文件】属性管理器

2．生成通过 XYZ 点的曲线的操作步骤

（1）输入坐标。

① 单击【标准】工具栏中的 □【新建】按钮，新建零件文件。

② 单击【曲线】工具栏中的 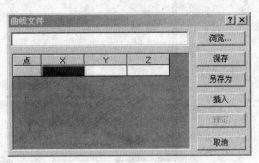 【通过 XYZ 点的曲线】按钮或者单击选择【插入】|
【曲线】|【通过 XYZ 点的曲线】菜单命令，弹出【曲线文件】属性管理器。

③ 在 X、Y、Z 的单元格中输入生成曲线的坐标点的数值，如图 7-32 所示，单击【确
定】按钮，结果如图 7-33 所示。

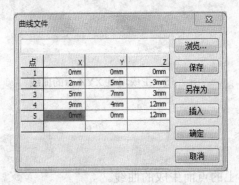

图 7-32　设置【曲线文件】属性管理器

图 7-33　生成通过 XYZ 点的曲线

（2）导入坐标点文件。

① 单击【标准】工具栏中的 □【新建】按钮，新建零件文件。

② 单击【曲线】工具栏中的 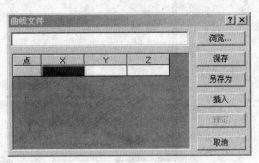 【通过 XYZ 点的曲线】按钮或者选择【插入】|【曲
线】|【通过 XYZ 点的曲线】菜单命令，弹出【曲线文件】属性管理器。

③ 单击【浏览】按钮，弹出如图 7-34 所示的【打开】属性管理器，选择需要的曲线
文件。

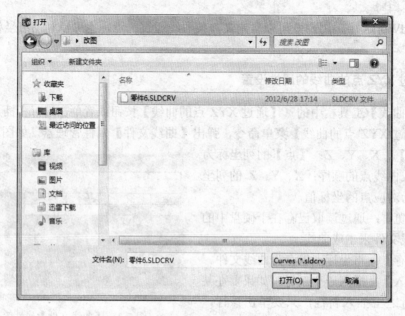

图 7-34 【打开】属性管理器

④ 单击【打开】按钮，此时选择的文件的路径和文件名出现在【曲线文件】属性管理器上方的空白框中，如图 7-35 所示，单击【确定】按钮，结果如图 7-36 所示。

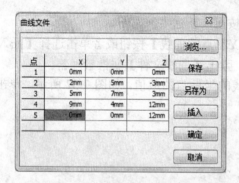

图 7-35 【曲线文件】属性管理器

图 7-36 生成通过 XYZ 点的曲线

7.1.5 通过参考点的曲线

通过参考点的曲线是通过 1 个或者多个平面上的点而生成的曲线。

1. 通过参考点的曲线的属性设置

单击【曲线】工具栏中的 【通过参考点的曲线】按钮或者单击【插入】|【曲线】|【通过参考点的曲线】菜单命令，在【属性管理器】中弹出【通过参考点的曲线】的属性设置，如图 7-37 所示。

● 【通过参考点的曲线】：选择 1 个或者多个平面上的点。

● 【闭环曲线】：确定生成的曲线是否闭合。

2．生成通过参考点的曲线的操作步骤

① 单击【曲线】工具栏中的 🔘 【通过参考点的曲线】按钮或者单击【插入】|【曲线】|【通过参考点的曲线】菜单命令，在【属性管理器】中弹出【通过参考点的曲线】的属性设置。

② 在图形区域中选择如图 7-38 所示的顶点 1～顶点 4，此时在图形区域中可以预览到生成的曲线，单击 ✅ 【确定】按钮，生成通过参考点的曲线，如图 7-39 所示。

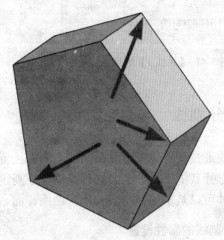

图 7-37　【通过参考点的曲线】的属性设置　　　　图 7-38　选择顶点

③ 用鼠标右键单击【特征管理器设计树】中的【曲线 1】图标（即上一步生成的曲线），在弹出的菜单中选择【编辑特征】命令，如图 7-40 所示；在【属性管理器】中弹出【曲线 1】的属性设置，选择【闭环曲线】选项，如图 7-41 所示；单击 ✅ 【确定】按钮，生成的通过参考点的曲线自动变为闭合曲线，如图 7-42 所示。

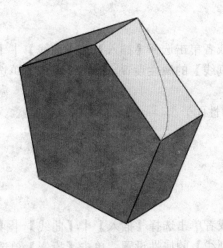

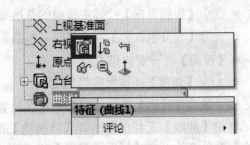

图 7-39　生成通过参考点的曲线　　　　　　　图 7-40　快捷菜单

图 7-41　【曲线 1】的属性设置

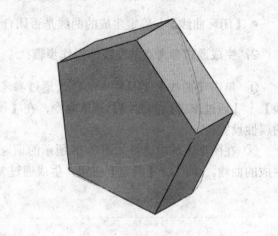

图 7-42　生成闭合曲线

7.1.6　分割线

分割线通过将实体投影到曲面或者平面上而生成。它将所选的面分割为多个分离的面，从而可以选择其中 1 个分离面进行操作。分割线也可以通过将草图投影到曲面实体而生成，投影的实体可以是草图、模型实体、曲面、面、基准面或者曲面样条曲线。

1．分割线的属性设置

单击【曲线】工具栏中的 ⊠【分割线】按钮或者单击选择【插入】|【曲线】|【分割线】菜单命令，在【属性管理器】中弹出【分割线】的属性设置。在【分割类型】选项组中，选择生成的分割线的类型，如图 7-43 所示。

- 【轮廓】：在圆柱形零件上生成分割线。
- 【投影】：将草图投影到平面上生成分割线。
- 【交叉点】：通过交叉的曲面来生成分割线。

（1）单击【轮廓】单选按钮后的属性设置

单击【曲线】工具栏中的 ⊠【分割线】按钮或者单击选择【插入】|【曲线】|【分割线】菜单命令，在【属性管理器】中弹出【分割线】的属性设置。单击【轮廓】单选按钮，其属性设置如图 7-44 所示。

- ⬩ 【拔模方向】：确定拔模的基准面（中性面）。
- ⬩ 【要分割的面】：选择要分割的面。
- 【反向】：设置拔模方向。
- ⬩ 【角度】：设置拔模角度。

（2）单击【投影】单选按钮后的属性设置。

单击【曲线】工具栏中的 ⊠【分割线】按钮或者单击选择【插入】|【曲线】|【分割线】菜单命令，在【属性管理器】中弹出【分割线】的属性设置。单击【投影】单选按钮，其属性设置如图 7-45 所示。

图 7-44　单击【轮廓】单选按钮后的属性设置

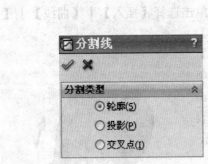

图 7-43　【分割类型】选项组

- 【要投影的草图】：选择要投影的草图。
- 【单向】：以单方向分割来生成分割线。

（3）单击【交叉点】单选按钮后的属性设置。

单击【曲线】工具栏中的 【分割线】按钮或者单击选择【插入】|【曲线】|【分割线】菜单命令，在【属性管理器】中弹出【分割线】的属性设置。单击【交叉点】单选按钮，其属性设置如图 7-46 所示。

图 7-45　单击【投影】单选按钮后的属性设置

图 7-46　单击【交叉点】单选按钮后的属性设置

- 【分割所有】：分割所有可以分割的曲面。
- 【自然】：按照曲面的形状进行分割。
- 【线性】：按照线性方向进行分割。

2．生成分割线的操作步骤

（1）生成【轮廓】类型的分割线。

单击【曲线】工具栏中的 ☑ 【分割线】按钮或者单击选择【插入】｜【曲线】｜【分割线】菜单命令，在【属性管理器】中弹出【分割线】的属性设置。在【分割类型】选项组中，单击【轮廓】单选按钮；在【选择】选项组中，单击【拔模方向】单击选择框，在图形区域中选择如图 7-47 中的面 1，单击【要分割的面】选择框，在图形区域中选择面 2，其他设置如图 7-48 所示，单击 ✅ 【确定】按钮，生成分割线，如图 7-49 所示（图中的曲线 1 为生成的分割线）。

（2）生成【投影】类型的分割线。

单击【曲线】工具栏中的 ☑ 【分割线】按钮或者单击选择【插入】｜【曲线】｜【分割线】菜单命令，在【属性管理器】中弹出【分割线】的属性设置。在【分割类型】选项组中，单击【投影】单选按钮；在【选择】选项组中，单击【要投影的草图】选择框，在图形区域中选择如图 7-50 所示的草图 3，单击【要分割的面】选择框，在图形区域中选择面 1，其他设置如图 7-51 所示，单击 ✅ 【确定】按钮，生成分割线，如图 7-52 所示（图中的曲线 1 为生成的分割线）。

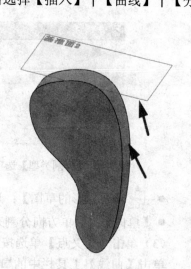

图 7-47　选择面

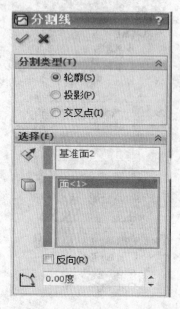

图 7-48　【分割线】的属性设置

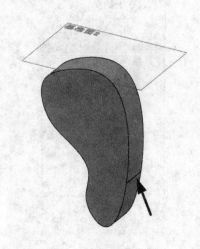

图 7-49　生成分割线

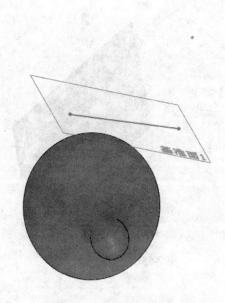

图 7-50　选择草图和面　　　　　　　　图 7-51　【分割线】的属性设置

（3）生成【交叉点】类型的分割线。

单击【曲线】工具栏中的 ☑【分割线】按钮或者单击选择【插入】｜【曲线】｜【分割线】菜单命令，在【属性管理器】中弹出【分割线】的属性设置。在【分割类型】选项组中，单击【交叉点】单选按钮；在【选择】选项组中，单击【分割实体/面/基准面】选择框，在图形区域中选择如图 7-53 所示的水平面，单击【要分割的面/实体】选择框，选择图形区域中的竖直面，其他设置如图 7-54 所示，单击 ✅【确定】按钮，生成分割线，如图 7-55 所示（分割线位于分割面和目标面的交叉处）。

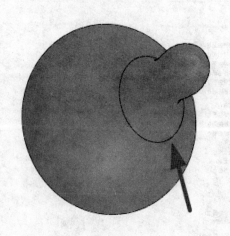

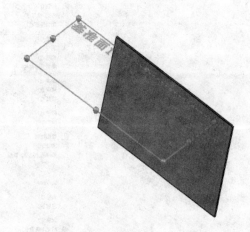

图 7-52　生成分割线　　　　　　　　　　图 7-53　选择面

图 7-54 【分割线】的属性设置

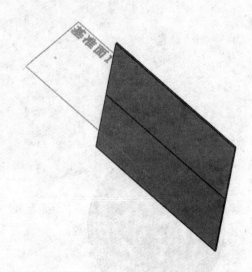

图 7-55　生成分割线

7.2　生　成　曲　面

　　曲面是 1 种可以用来生成实体特征的几何体（如圆角曲面等）。1 个零件中可以有多个曲面实体。

　　SolidWorks 提供了生成曲面的工具栏和菜单命令。单击选择【插入】|【曲面】菜单命令可以选择生成相应曲面的类型，如图 7-56 所示，或者单击选择【视图】|【工具栏】|【曲面】菜单命令，调出【曲面】工具栏，如图 7-57 所示。

图 7-56　【曲面】菜单命令

图 7-57　【曲面】工具栏

7.2.1　拉伸曲面

拉伸曲面是将 1 条曲线拉伸为曲面。

1．拉伸曲面的属性设置

单击【曲面】工具栏中的 【拉伸曲面】按钮或者单击选择【插入】|【曲面】|【拉伸曲面】菜单命令，在【属性管理器】中弹出【曲面-拉伸】的属性设置，如图 7-58 所示。在【从】选项组中，选择不同的【开始条件】，如图 7-59 所示。

图 7-58　【曲面-拉伸】的属性设置　　　　图 7-59　【开始条件】选项

（1）【从】选项组

不同的开始条件对应不同的属性设置。

- 【草图基准面】（如图 7-60 所示）：拉伸的开始面为选中的草图基准面。
- 【曲面/面/基准面】（如图 7-61 所示）选择 1 个面作为拉伸曲面的开始曲面。

图 7-60　设置【开始条件】为【草图基准面】　　　图 7-61　设置【开始条件】为【曲面/面/基准面】

- 【顶点】（如图 7-62 所示）选择 1 个顶点作为拉伸曲面的开始条件。
- 【等距】（如图 7-63 所示）从与当前草图基准面等距的基准面上开始拉伸曲面。

图 7-62　设置【开始条件】为【顶点】

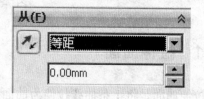

图 7-63　设置【开始条件】为【等距】

（2）【方向 1】、【方向 2】选项组

- 【终止条件】：决定拉伸曲面的终止方式。
- 【反向】：改变曲面拉伸的方向。
- 【拉伸方向】：选择拉伸方向。
- 【深度】：设置曲面拉伸的距离。
- 【拔模开/关】：设置拔模角度。
- 【向外拔模】：设置向外拔模或是向内拔模。

其他属性设置不再赘述。

2．生成拉伸曲面的操作步骤

（1）生成【开始条件】为【草图基准面】的拉伸曲面。

① 选择前视基准面为草图绘制平面，绘制如图 7-64 所示的样条曲线。

② 单击【曲面】工具栏中的 【拉伸曲面】按钮或者单击选择【插入】|【曲面】|【拉伸曲面】菜单命令，在【属性管理器】中弹出【曲面-拉伸】的属性设置。在【从】选项组中，设置【开始条件】为【草图基准面】；在【方向 1】选项组中，设置【终止条件】为【给定深度】，设置【深度】为 20.00mm，其他设置如图 7-65 所示，单击 【确定】按钮，生成拉伸曲面，如图 7-66 所示。

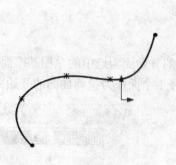

图 7-64　绘制样条曲线

图 7-65　【曲面-拉伸】的属性设置

图 7-66　生成拉伸曲面

（2）生成【开始条件】为【曲面/面/基准面】的拉伸曲面。

① 单击【曲面】工具栏中的  【拉伸曲面】按钮或者单击选择【插入】|【曲面】|
【拉伸曲面】菜单命令，弹出【拉伸】属性设置的信息框，如图 7-67 所示。

② 在图形区域中选择如图 7-68 所示的草图 1（即选择 1 个现有草图），在【属性管理
器】中弹出【曲面-拉伸】的属性设置。在【从】选项组中，设置【开始条件】为【曲面/
面/基准面】，单击【选择一曲面/面/基准面】选择框，在图形区域中选择曲面；在【方
向 1】选项组中，设置【终止条件】为【给定深度】，设置【深度】为 20.00mm，其他设
置如图 7-69 所示，单击  【确定】按钮，生成拉伸曲面，如图 7-70 所示。

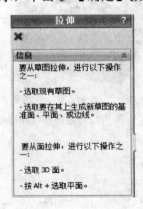

图 7-67　【拉伸】属性设置的信息框　　　　　图 7-68　选择草图和曲面

图 7-69　【曲面-拉伸】的属性设置　　　　　图 7-70　生成拉伸曲面

（3）生成【开始条件】为【顶点】的拉伸曲面。

① 单击【曲面】工具栏中的 【拉伸曲面】按钮或者单击选择【插入】|【曲面】|【拉伸曲面】菜单命令，弹出【拉伸】属性设置的信息框，如图 7-71 所示。

② 在图形区域中选择如图 7-72 所示的曲线（即选择 1 个现有草图），在【属性管理器】中弹出【曲面-拉伸】的属性设置。在【从】选项组中，设置【开始条件】为【顶点】，单击【选择一顶点】选择框，在图形区域中选择图示的顶点 1；在【方向 1】选项组中，设置【终止条件】为【成形到一顶点】，单击【顶点】选择框，在图形区域中选择顶点 2，其他设置如图 7-73 所示，单击 ✓【确定】按钮，生成拉伸曲面，如图 7-74 所示。

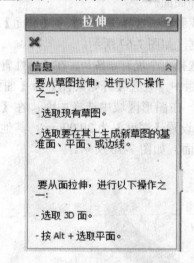

图 7-71　【拉伸】属性设置的信息框

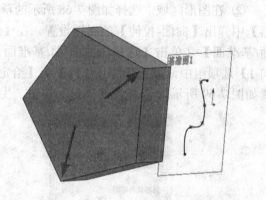

图 7-72　选择曲线和顶点

图 7-73　【曲面-拉伸】的属性设置

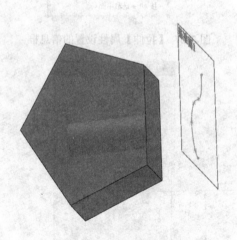

图 7-74　生成拉伸曲面

（4）生成【开始条件】为【等距】的拉伸曲面。

① 单击【曲面】工具栏中的 【拉伸曲面】按钮或者单击选择【插入】|【曲面】|

【拉伸曲面】菜单命令，弹出【拉伸】属性设置的信息框，如图 7-75 所示。

② 在图形区域中选择如图 7-76 所示的草图（即选择 1 个现有草图），在【属性管理器】中弹出【曲面-拉伸】的属性设置。在【从】选项组中，设置【开始条件】为【等距】，【键入等距值】为 25.00mm；在【方向 1】选项组中，设置【终止条件】为【给定深度】，【深度】为 30.00mm，其他设置如图 7-77 所示，单击 ✅【确定】按钮，生成拉伸曲面，如图 7-78 所示。

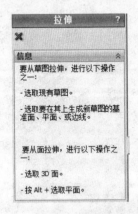

图 7-75　【拉伸】属性设置的信息框

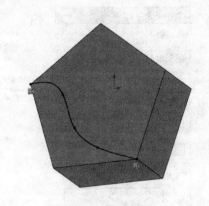

图 7-76　选择草图

图 7-77　【曲面-拉伸】的属性设置

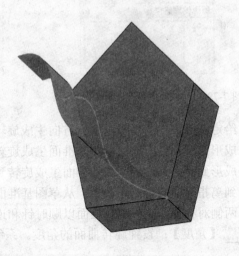

图 7-78　生成拉伸曲面

7.2.2　旋转曲面

从交叉或者非交叉的草图中选择不同的草图并用所选轮廓生成的旋转的曲面，即为旋转曲面。

1. 旋转曲面的属性设置

单击【曲面】工具栏中的 【旋转曲面】按钮或者单击选择【插入】|【曲面】|

【旋转曲面】菜单命令，在【属性管理器】中弹出【曲面-旋转】的属性设置，如图 7-79
所示。

- 【旋转轴】：设置曲面旋转所围绕的轴，所选择的轴可以是中心线、直线，也可以是
  1 条边线。
- 【反向】：改变旋转曲面的方向。
- 【旋转类型】：设置生成旋转曲面的类型，如图 7-80 所示。

图 7-79　【曲面-旋转】的属性设置

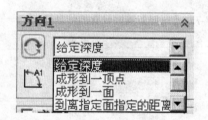

图 7-80　【旋转类型】选项

- 【给定深度】：从草图以单一方向生成旋转。
- 【成形到一顶点】：从草图基准面生成旋转到指定顶点。
- 【成形到一面】：从草图基准面生成旋转到指定曲面。
- 【到离指定面指定的距离】：从草图基准面生成旋转到指定曲面的指定等距。
- 【两侧对称】：从草图基准面以顺时针和逆时针方向生成旋转。
- 【角度】：设置旋转曲面的角度。系统默认的角度为 360.00 度。

2. 生成旋转曲面的操作步骤

（1）单击【曲面】工具栏中的【旋转曲面】按钮或者单击选择【插入】|【曲
面】|【旋转曲面】菜单命令，在【属性管理器】中弹出【曲面-旋转】的属性设置。在【旋
转参数】选项组中，单击【旋转轴】选择框，在图形区域中选择如图 7-81 所示的中心线，
其他设置如图 7-82 所示，单击【确定】按钮，生成旋转曲面，如图 7-83 所示。

（2）改变旋转类型，可以生成不同的旋转曲面。在【旋转参数】选项组中，设置【旋
转类型】为【两侧对称】，如图 7-84 所示，单击【确定】按钮，生成旋转曲面，如图 7-85
所示。

图 7-81　选择中心线

图 7-82　设置【旋转类型】为【单向】

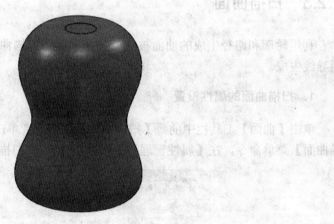

图 7-83　生成旋转曲面

图 7-84　设置【旋转类型】为【两侧对称】

图 7-85　生成旋转曲面

（3）在【旋转参数】选项组中，设置【方向 2】选项组下的相关参数，如图 7-86 所示，单击 ✅ 【确定】按钮，生成旋转曲面，如图 7-87 所示。

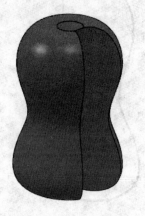

图 7-86　设置【旋转类型】为【双向】　　图 7-87　生成旋转曲面

7.2.3　扫描曲面

利用轮廓和路径生成的曲面被称为扫描曲面。扫描曲面和扫描特征类似，也可以通过引导线生成。

1. 扫描曲面的属性设置

单击【曲面】工具栏中的 ☝【扫描曲面】按钮或者单击选择【插入】|【曲面】|【扫描曲面】菜单命令，在【属性管理器】中弹出【曲面-扫描】的属性设置，如图 7-88 所示。

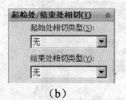

（a）　　　　　　（b）

图 7-88　【曲面-扫描】的属性设置

（1）【轮廓和路径】选项组

-  【轮廓】：设置扫描曲面的草图轮廓，扫描曲面的轮廓可以是开环的，也可以是闭环的。
- 【路径】：设置扫描曲面的路径。

（2）【选项】选项组

- 【切线延伸】：按照切线的方向进行延伸。
- 【方向/扭转控制】：控制轮廓沿路径扫描的方向，其选项如图 7-89 所示。
- 【随路径变化】：轮廓相对于路径时刻处于同一角度。
- 【保持法向不变】：轮廓始终与开始轮廓平行。
- 【随路径和第一引导线变化】：中间轮廓的扭转由路径到第 1 条引导线的向量决定。
- 【随第一和第二引导线变化】：中间轮廓的扭转由第 1 条引导线到第 2 条引导线的向量决定。
- 【沿路径扭转】：沿路径扭转轮廓。
- 【以法向不变沿路径扭曲】：通过将轮廓在沿路径扭曲时保持与开始轮廓平行而沿路径扭转轮廓。
- 【路径对齐类型】：当路径上出现少许波动和不均匀波动、使轮廓不能对齐时，可以将轮廓稳定下来。
- 【合并切面】：在扫描曲面时，如果扫描轮廓具有相切线段，可以使所产生的扫描中的相应曲面相切。
- 【显示预览】：以上色方式显示扫描结果的预览。
- 【与结束端面对齐】：将扫描轮廓延续到路径所遇到的最后面。

图 7-89　【方向/扭转控制】选项

（3）【引导线】选项组

- 【引导线】：在轮廓沿路径扫描时加以引导。
- 【上移】：调整引导线的顺序，使指定的引导线上移。
- 【下移】：调整引导线的顺序，使指定的引导线下移。
- 【合并平滑的面】：改进通过引导线扫描的性能，并在引导线或者路径不是曲率连续的所有点处进行分割扫描。
- 【显示截面】：显示扫描的截面，单击 箭头可以进行滚动预览。

（4）【起始处/结束处相切】选项组

- 【起始处相切类型】（如图 7-90 所示）。
- 【无】：不应用相切。
- 【路径相切】：路径垂直于开始点处而生成扫描。

2. 生成扫描曲面的操作步骤

单击【曲面】工具栏中的 【扫描曲面】按钮或者单击选择【插入】|【曲面】|【扫描曲面】菜单命令，在【属性管理器】中弹出【曲面-扫描】的属性设置。在【轮廓和路径】选项组中，单击 【轮廓】选择框，在图形区域中选择如图 7-91 所示的草图 5，单击 【路

径】选择框，在图形区域中选择如图所示的草图 4，其他设置如图 7-92 所示，单击 ✅【确定】按钮，生成扫描曲面，如图 7-93 所示。

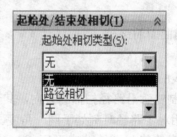

图 7-90 【起始处相切类型】选项

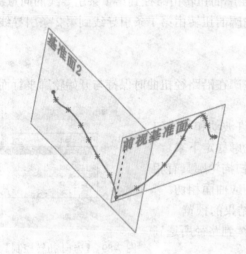

图 7-91 选择草图

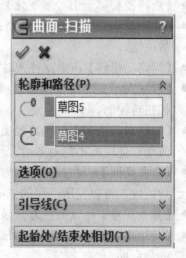

图 7-92 【曲面-扫描】的属性设置

图 7-93 生成扫描曲面

7.2.4 放样曲面

通过曲线之间的平滑过渡生成的曲面被称为放样曲面。放样曲面由放样的轮廓曲线组成，也可以根据需要使用引导线。

1. 放样曲面的属性设置

单击【曲面】工具栏中的 ⬚【放样曲面】按钮或者单击选择【插入】|【曲面】|【放样曲面】菜单命令，在【属性管理器】中弹出【曲面-放样】的属性设置，如图 7-94 所示。

（1）【轮廓】选项组

- ◇【轮廓】：设置放样曲面的草图轮廓。
- ↑【上移】：调整轮廓草图的顺序，选择轮廓草图，使其上移。
- ↓【下移】：调整轮廓草图的顺序，选择轮廓草图，使其下移。

（2）【起始/结束约束】选项组

【开始约束】和【结束约束】有相同的选项，如图 7-95 所示。

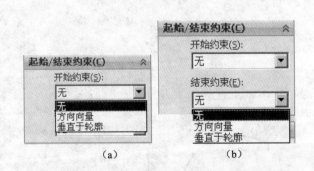

（a）　　　　　　　（b）

图 7-94　【曲面-放样】的属性设置　　　　图 7-95　【开始约束】和【结束约束】选项

- 【无】：不应用相切约束，即曲率为零。
- 【方向向量】：根据方向向量所选实体而应用相切约束。
- 【垂直于轮廓】：应用垂直于开始或者结束轮廓的相切约束。

（3）【引导线】选项组

- ⬚【引导线】：选择引导线以控制放样曲面。
- ↑【上移】：调整引导线的顺序，选择引导线，使其上移。

- ↓【下移】：调整引导线的顺序，选择引导线，使其下移。
- 【引导线相切类型】：控制放样与引导线相遇处的相切。

（4）【中心线参数】选项组

- ⚓【中心线】：使用中心线引导放样形状，中心线可以和引导线是同一条线。
- 【截面数】：在轮廓之间围绕中心线添加截面，截面数可以通过移动滑杆进行调整。
- ᴍ【显示截面】：显示放样截面，单击 ↕ 箭头显示截面数。

（5）【草图工具】选项组

用于从同一草图（特别是 3D 草图）的轮廓中定义放样截面和引导线。

- 【拖动草图】：激活草图拖动模式。
- ↶【撤销草图拖动】：撤销先前的草图拖动操作并将预览返回到其先前状态。

（6）【选项】选项组

- 【合并切面】：在生成放样曲面时，如果对应的线段相切，则使所生成的放样中的曲面保持相切。
- 【闭合放样】：沿放样方向生成闭合实体。
- 【显示预览】：显示放样的上色预览；若取消选择此选项，则只显示路径和引导线。

2．生成放样曲面的操作步骤

（1）选择前视基准面为草图绘制平面，绘制 1 条样条曲线，如图 7-96 所示。

（2）单击【参考几何体】工具栏中的◈【基准面】按钮，在【属性管理器】中弹出【基准面】的属性设置，根据需要进行设置，如图 7-97 所示，在前视基准面左侧生成基准面 1。

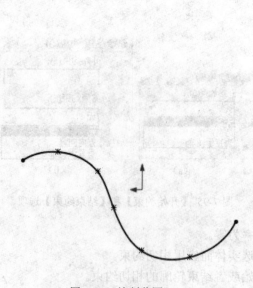

图 7-96　绘制草图

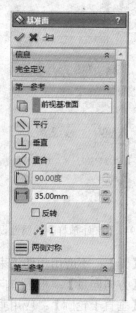

图 7-97　【基准面】的属性设置

（3）单击【标准视图】工具栏中的◈【等轴测】按钮，将视图以等轴测方式显示，如图 7-98 所示。

（4）选择基准面 1 为草图绘制平面，绘制 1 条样条曲线，如图 7-99 所示。

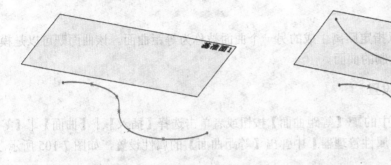

图 7-98 以等轴测方式显示视图 　　　　　 图 7-99 绘制草图

（5）重复步骤（2）的操作，在基准面 1 左侧 35mm 处生成基准面 2，如图 7-100 所示。

（6）选择基准面 2 为草图绘制平面，绘制 1 条样条曲线，如图 7-101 所示。

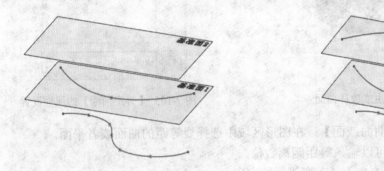
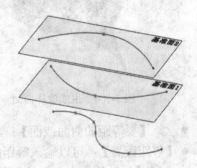

图 7-100 生成基准面 2 　　　　　　　 图 7-101 绘制草图

（7）选择【视图】｜【基准面】菜单命令，取消视图中基准面的显示。

（8）单击【曲面】工具栏中的 【放样曲面】按钮（或者单击选择【插入】｜【曲面】｜【放样曲面】菜单命令），在【属性管理器】中弹出【曲面-放样】的属性设置。在【轮廓】选项组中，单击【轮廓】选择框，在图形区域中依次选择如图 7-102 所示的草图 1～草图 3，其他设置如图 7-103 所示，单击 【确定】按钮，生成放样曲面，如图 7-104 所示。

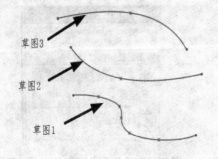

图 7-102 选择草图 　　　　 图 7-103 【曲面-放样】的属性设置

7.2.5　等距曲面

将已经存在的曲面以指定距离生成的另一个曲面被称为等距曲面。该曲面既可以是模型的轮廓面，也可以是绘制的曲面。

1．等距曲面的属性设置

单击【曲面】工具栏中的 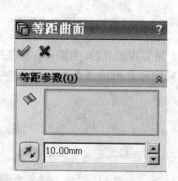 【等距曲面】按钮或者单击选择【插入】|【曲面】|【等距曲面】菜单命令，在【属性管理器】中弹出【等距曲面】的属性设置，如图 7-105 所示。

图 7-104　生成放样曲面

图 7-105　【等距曲面】的属性设置

- 【要等距的曲面或面】：在图形区域中选择要等距的曲面或者平面。
- 【等距距离】：可以输入等距距离数值。
- 【反转等距方向】：改变等距的方向。

2．生成等距曲面的操作步骤

单击【曲面】工具栏中的 【等距曲面】按钮或者单击选择【插入】|【曲面】|【等距曲面】菜单命令，在【属性管理器】中弹出【等距曲面】的属性设置。在【等距参数】选项组中，单击 【要等距的曲面或面】选择框，在图形区域中选择如图 7-106 所示的面 1，设置【等距距离】为 15.00mm，其他设置如图 7-107 所示，单击 【确定】按钮，生成等距曲面，如图 7-108 所示。

图 7-106　选择面

图 7-107　【等距曲面】的属性设置

7.2.6 延展曲面

通过沿所选平面方向延展实体或者曲面的边线而生成的曲面被称为延展曲面。

1. 延展曲面的属性设置

单击选择【插入】|【曲面】|【延展曲面】菜单命令，在【属性管理器】中弹出【延展曲面】的属性设置，如图 7-109 所示。

图 7-108 生成等距曲面

图 7-109 【延展曲面】的属性设置

- 【延展方向参考】：在图形区域中选择 1 个面或者基准面。
- ↗【反转延展方向】：改变曲面延展的方向。
- 🔵【要延展的边线】：在图形区域中选择 1 条边线或者 1 组连续边线。
- 【沿切面延伸】：使曲面沿模型中的相切面继续延展。
- ↗【延展距离】：设置延展曲面的宽度。

2. 生成延展曲面的操作步骤

单击选择【插入】|【曲面】|【延展曲面】菜单命令，在【属性管理器】中弹出【延展曲面】的属性设置。在【延展参数】选项组中，单击【延展方向参考】选择框，在图形区域中选择如图 7-110 所示的面 1，单击 🔵【要延展的边线】选择框，在图形区域中选择如图所示的边线 1，设置 ↗【延展距离】为 15.00mm，其他设置如图 7-111 所示，单击 ✓【确定】按钮，生成延展曲面，如图 7-112 所示。

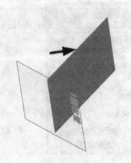

图 7-110 选择面和边线

图 7-111 【延展曲面】的属性设置

图 7-112　生成延展曲面

7.3　曲　面　修　改

在 SolidWorks 中，既可以生成曲面，也可以对生成的曲面进行编辑。编辑曲面的命令可以通过菜单命令进行选择，也可以通过工具栏进行调用。

7.3.1　圆角曲面

使用圆角将曲面实体中以一定角度相交的两个相邻面之间的边线进行平滑过渡，则生成的圆角被称为圆角曲面。

1. 圆角曲面的属性设置

单击【曲面】工具栏中的 ⊘【圆角】按钮或者单击选择【插入】|【曲面】|【圆角】菜单命令，在【属性管理器】中弹出【圆角】的属性设置，如图 7-113 所示。

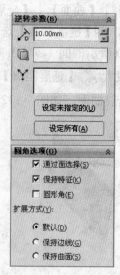

图 7-113　【圆角】的属性设置

圆角曲面命令与圆角特征命令基本相同，在此不再赘述。

2. 生成圆角曲面的操作步骤

（1）单击【曲面】工具栏中的 🗂【圆角】按钮或者单击选择【插入】｜【曲面】｜【圆角】菜单命令，在【属性管理器】中弹出【圆角】的属性设置。在【圆角类型】选项组中，单击【面圆角】单选按钮；在【圆角项目】选项组中，单击【面组 1】选择框，在图形区域中选择如图 7-114 所示的面 1，单击【面组 2】选择框，在图形区域中选择如图所示的面 2，其他设置如图 7-115 所示。

（2）此时在图形区域中会显示圆角曲面的预览，注意箭头指示的方向，如果方向不正确，系统会提示错误或者生成不同效果的面圆角，单击 ✅【确定】按钮，生成圆角曲面。

（3）如图 7-116 所示为面圆角箭头指示的方向，如图 7-117 所示为其生成面圆角曲面后的图形，如图 7-118 所示为面圆角箭头指示的另一方向，如图 7-119 所示为其生成面圆角曲面后的图形。

图 7-114　选择曲面

图 7-115　【圆角】的属性设置

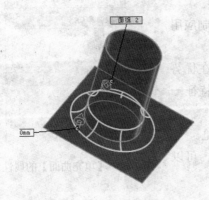

图 7-116　面圆角指示的方向

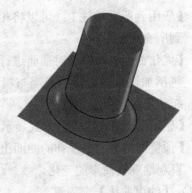

图 7-117　生成面圆角曲面

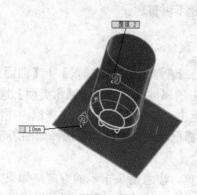

图 7-118　面圆角指示的方向

图 7-119　生成面圆角曲面

7.3.2　填充曲面

在现有模型边线、草图或者曲线定义的边界内生成带任何边数的曲面修补，被称为填充曲面。填充曲面可以用来构造填充模型中缝隙的曲面。

1. 填充曲面的属性设置

单击【曲面】工具栏中的 ◈【填充曲面】按钮或者单击选择【插入】|【曲面】|【填充】菜单命令，在【属性管理器】中弹出【填充曲面】的属性设置，如图 7-120所示。

（1）【修补边界】选项组

- ◈【修补边界】：定义所应用的修补边线。
- 【交替面】：只在实体模型上生成修补时使用，用于控制修补曲率的反转边界面。
- 【曲率控制】：在生成的修补上进行控制，可以在同一修补中应用不同的曲率控制。
- 【应用到所有边线】：可以将相同的曲率控制应用到所有边线中。
- 【优化曲面】：用于对曲面进行优化，其潜在优势包括加快重建时间以及当与模型中的其他特征一起使用时增强稳定性。
- 【显示预览】：以上色方式显示曲面填充预览。
- 【预览网格】：在修补的曲面上显示网格线，可以直观地观察曲率的变化。

（2）【约束曲线】选项组

- ◈【约束曲线】：在填充曲面时添加斜面控制。

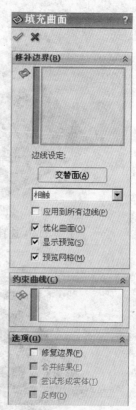

图 7-120　【填充曲面】的属性设置

（3）【选项】选项组

● 【修复边界】：可以自动修复填充曲面的边界。

● 【合并结果】：如果边界至少有 1 个边线是开环薄边，选择此选项，则可以用边线所属的曲面进行缝合。

● 【尝试形成实体】：如果边界实体都是开环边线，可以选择此选项生成实体。

● 【反向】：此选项用于纠正填充曲面时不符合填充需要的方向。

2. 生成填充曲面的操作步骤

（1）单击【曲面】工具栏中的 ◈ 【填充曲面】按钮或者单击选择【插入】│【曲面】│【填充】菜单命令，在【属性管理器】中弹出【填充曲面】的属性设置。在【修补边界】选项组中，单击 ◈ 【修补边界】选择框，在图形区域中选择如图 7-121 所示的边线 1，其他设置如图 7-122 所示，单击 ✔ 【确定】按钮，生成填充曲面，如图 7-123 所示。

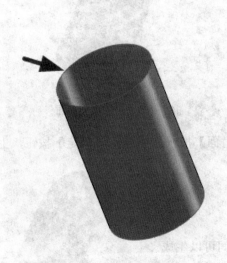

图 7-121　选择边线

图 7-122　【填充曲面】的属性设置

图 7-123　生成填充曲面

（2）在填充曲面时，可以选择不同的曲率控制类型，使填充曲面更加平滑。在【修补边界】选项组中，设置【曲率控制】类型为【曲率】，如图 7-124 所示，单击 ✅【确定】按钮，生成填充曲面，如图 7-125 所示。

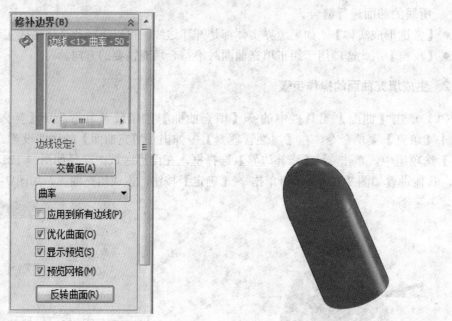

图 7-124　设置【曲率控制】类型为【曲率】　　　图 7-125　生成填充曲面

（3）在【修补边界】选项组中，单击【交替面】按钮，单击 ✅【确定】按钮，生成填充曲面，如图 7-126 所示。

7.3.3　中面

在实体上选择合适的双对面，在双对面之间可以生成中面。合适的双对面必须处处等距，且属于同一实体。在 SolidWorks 中可以生成以下中面。

- 单个：在图形区域中选择单个等距面生成中面。
- 多个：在图形区域中选择多个等距面生成中面。
- 所有：单击【中面】属性设置中的【查找双对面】按钮，系统会自动选择模型上所有合适的等距面以生成所有等距面的中面。

图 7-126　生成填充曲面

1. 中面的属性设置

单击选择【插入】|【曲面】|【中面】菜单命令，在【属性管理器】中弹出【中面 1】的属性设置，如图 7-127 所示。

（1）【选择】选项组

- 【面 1】：选择生成中间面的其中 1 个面。

- 【面 2】：选择生成中间面的另一个面。
- 【查找双对面】：单击此按钮，系统会自动查找模型中合适的双对面，并自动过滤不合适的双对面。
- 【识别阈值】：由【阈值运算符】和【阈值厚度】两部分组成，如图 7-128 所示。【阈值运算符】为数学操作符，【阈值厚度】为壁厚度数值。

图 7-127 【中面】的属性设置

图 7-128 【识别阈值】参数

- 【定位】：设置生成中面的位置。系统默认的位置为从【面 1】开始的 50%位置处。

（2）【选项】选项组

- 【缝合曲面】：将中面和临近面缝合；若取消选择此选项，则保留单个曲面。

2．生成中面的操作步骤

选择【插入】|【曲面】|【中面】菜单命令，在【属性管理器】中弹出【中面】的属性设置。在【选择】选项组中，单击【面 1】选择框，在图形区域中选择如图 7-129 所示的面 1，单击【面 2】选择框，在图形区域中选择如图所示的面 2，设置【定位】为 50.000000%，单击 ✅ 【确定】按钮，生成中面，如图 7-130 所示。

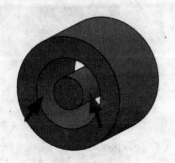

图 7-129 选择面

图 7-130 生成中面

7.3.4　延伸曲面

将现有曲面的边缘沿着切线方向进行延伸所形成的曲面被称为延伸曲面。

1．延伸曲面的属性设置

单击【曲面】工具栏中的 ◇【延伸曲面】按钮（或者单击选择【插入】|【曲面】|【延伸曲面】菜单命令），在【属性管理器】中弹出【延伸曲面】的属性设置，如图 7-131 所示。

（1）【拉伸的边线/面】选项组

- ◇【所选面/边线】：在图形区域中选择延伸的边线或者面。

（2）【终止条件】选项组

- 【距离】：按照设置的 ◢D1【距离】数值确定延伸曲面的距离。
- 【成形到某一面】：在图形区域中选择某一面，将曲面延伸到指定的面。
- 【成形到某一点】：在图形区域中选择某一顶点，将曲面延伸到指定的点。

（3）【延伸类型】选项组

- 【同一曲面】：以原有曲面的曲率沿曲面的几何体进行延伸。
- 【线性】：沿指定的边线相切于原有曲面进行延伸。

图 7-131　【延伸曲面】的属性设置

2．生成延伸曲面的操作步骤

（1）单击【曲面】工具栏中的 ◇【延伸曲面】按钮或者单击选择【插入】|【曲面】|【延伸曲面】菜单命令，在【属性管理器】中弹出【延伸曲面】的属性设置。在【拉伸的边线/面】选项组中，单击【所选面/边线】选择框，在图形区域中选择如图 7-132 所示的边线 1；在【终止条件】选项组中，单击【距离】单选按钮，设置【距离】为 30.00mm；在【延伸类型】选项组中，单击【同一曲面】单选按钮，其他设置如图 7-133 所示，单击 ✓【确定】按钮，生成延伸曲面，如图 7-134 所示。

图 7-132　选择边线

图 7-133　【延伸曲面】的属性设置

（2）在【延伸类型】选项组中，单击【线性】单选按钮，生成延伸曲面，如图 7-135 所示。

图 7-134　生成延伸曲面　　　　　　　图 7-135　生成延伸曲面

7.3.5　剪裁曲面

可以使用曲面、基准面或者草图作为剪裁工具剪裁相交曲面，也可以将曲面和其他曲面配合使用，相互作为剪裁工具。

1. 剪裁曲面的属性设置

单击【曲面】工具栏中的  【剪裁曲面】按钮（或者单击选择【插入】|【曲面】|【剪裁曲面】菜单命令），在【属性管理器】中弹出【剪裁曲面】的属性设置，如图 7-136 所示。

（1）【剪裁类型】选项组

- 【标准】：使用曲面、草图实体、曲线或者基准面等剪裁曲面。
- 【相互】：使用曲面本身剪裁多个曲面。

（2）【选择】选项组

- 【剪裁工具】：在图形区域中选择曲面、草图实体、曲线或者基准面作为剪裁其他曲面的工具。
- 【保留选择】：设置剪裁曲面中选择的部分为要保留的部分。
- 【移除选择】：设置剪裁曲面中选择的部分为要移除的部分。

（3）【曲面分割选项】选项组

- 【分割所有】：显示曲面中的所有分割。
- 【自然】：强迫边界边线随曲面形状变化。
- 【线性】：强迫边界边线随剪裁点的线性方向变化。

图 7-136　【剪裁曲面】的属性设置

2．生成剪裁曲面的操作步骤

（1）单击【曲面】工具栏中的 ◈【剪裁曲面】按钮或者单击选择【插入】|【曲面】|【剪裁曲面】菜单命令，在【属性管理器】中弹出【剪裁曲面】的属性设置。

（2）在【剪裁类型】选项组中，单击【标准】单选按钮；在【选择】选项组中，单击 ◈【剪裁工具】选择框，在图形区域中选择如图 7-137 所示的曲面 2（图中显示为曲面-拉伸 1）。

（3）单击【保留选择】单选按钮，再单击 ◈【保留的部分】选择框，在图形区域中选择如图所示的曲面 1（图中显示为曲面-拉伸 2-剪裁 0），其他设置如图 7-138 所示，单击 ◈【确定】按钮，生成剪裁曲面，如图 7-139 所示。

图 7-137　选择曲面

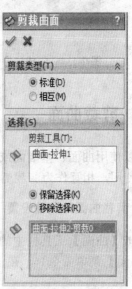

图 7-138　【剪裁曲面】的属性设置

7.3.6　替换面

利用新曲面实体替换曲面或者实体中的面，这种方式被称为替换面。替换曲面实体不必与旧的面具有相同的边界。在替换面时，原来实体中的相邻面自动延伸并剪裁到替换曲面实体。

1．替换面的属性设置

单击【曲面】工具栏中的 ◈【替换面】按钮或者单击选择【插入】|【面】|【替换】菜单命令，在【属性管理器】中弹出【替换面】的属性设置，如图 7-140 所示。

- ◈【替换的目标面】：在图形区域中选择曲面、草图实体、曲线或者基准面作为要替换的面。
- ◈【替换曲面】：选择替换曲面实体。

图 7-139　生成剪裁曲面　　　　　　　图 7-140　【替换面】的属性设置

2. 生成替换面的操作步骤

（1）单击【曲面】工具栏中的 🔘【替换面】按钮或者单击选择【插入】|【面】|【替换】菜单命令，在【属性管理器】中弹出【替换面】的属性设置。在【替换参数】选项组中，单击【替换的目标面】选择框，在图形区域中选择如图 7-141 所示的面 1，单击【替换曲面】选择框，在图形区域中选择如图所示的曲面-拉伸 1，其他设置如图 7-142 所示，单击 ✔【确定】按钮，生成替换面，如图 7-143 所示。

（2）用鼠标右键单击替换面，在弹出的菜单中选择【隐藏】命令，如图 7-144 所示。替换的目标面被隐藏，如图 7-145 所示。

图 7-141　选择面　　　　　　　　图 7-142　【替换面】的属性设置

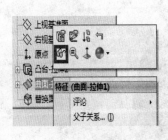

图 7-143　生成替换面　　　　图 7-144　快捷菜单　　　　图 7-145　隐藏面

7.3.7　删除面

删除面是将存在的面删除并进行编辑。

1. 删除面的属性设置

使用【曲面】工具栏中的 ⊗ 【删除面】按钮或者单击选择【插入】|【面】|【删除】菜单命令，在【属性管理器】中弹出【删除面】的属性设置，如图 7-146 所示。

（1）【选择】选择组

● 📄【要删除的面】：在图形区域中选择要删除的面。

（2）【选项】选项组

● 【删除】：从曲面实体删除面或者从实体中删除 1 个或者多个面以生成曲面。

● 【删除和修补】：从曲面实体或者实体中删除 1 个面，并自动对实体进行修补和剪裁。

● 【删除和填充】：删除存在的面并生成单一面，可以填补任何缝隙。

图 7-146　【删除面】的属性设置

2. 删除面的操作步骤

（1）单击【曲面】工具栏中的 ⊗ 【删除面】按钮或者单击选择【插入】|【面】|【删除】菜单命令，在【属性管理器】中弹出【删除面】的属性设置。在【选择】选项组中，单击【要删除的面】选择框，在图形区域中选择如图 7-147 所示的面 1；在【选项】选项组中，单击【删除】单选按钮，如图 7-148 所示，单击 ✓ 【确定】按钮，将选择的面删除，如图 7-149 所示。

（2）在【特征管理器设计树】中用鼠标右键单击【删除面 1】图标，在弹出的菜单中选择【编辑特征】命令，如图 7-150 所示。

（3）在【属性管理器】中弹出【删除面 3】的属性设置，其他设置保持不变，在【选项】选项组中，单击【删除并修补】单选按钮，如图 7-151 所示，单击 ✓ 【确定】按钮，删除并修补选择的面，如图 7-152 所示。

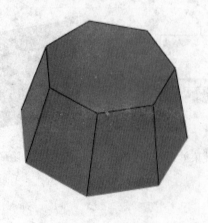

图 7-147　选择面

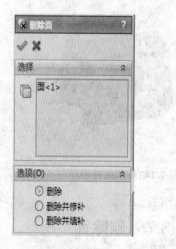

图 7-148　【删除面】的属性设置

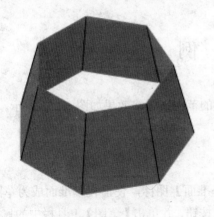

图 7-149　删除面

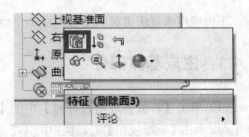

图 7-150　快捷菜单

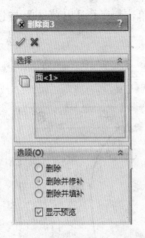

图 7-151　【删除面 3】的属性设置

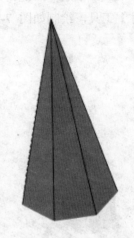

图 7-152　删除并修补面

（4）重复步骤 2 的操作，在【属性管理器】中弹出【删除面 3】的属性设置，其他设置保持不变，在【选项】选项组中，单击【删除并填充】单选按钮，如图 7-153 所示，单击 ✔【确定】按钮，删除并填充选择的面，如图 7-154 所示。

图 7-153　【删除面 3】的属性设置

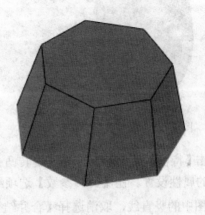

图 7-154　删除并填充面

7.4　范　　例

下面应用本章所讲解的知识完成 1 个曲面模型的范例，最终效果如图 7-155 所示。

7.4.1　生成基体部分

（1）单击【特征管理器设计树】中的【前视基准面】图标，使前视基准面成为草图绘制平面。单击【标准视图】工具栏中的 ⊥【正视于】按钮，并单击【草图】工具栏中的 ╚【草图绘制】按钮，进入草图绘制状态。使用【草图】工具栏中的 ╲【直线】、👌【圆弧】、◇【智能尺寸】工具，绘制如图 7-156 所示的草图。单击 ╚【退出草图】按钮，退出草图绘制状态。

图 7-155　曲面模型

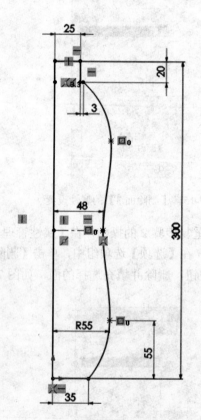

图 7-156　绘制草图并标注尺寸

（2）单击【特征】工具栏中的 ⊕【旋转凸台/基体】按钮，在【属性管理器】中弹出【旋转凸台 1】的属性设置。在【旋转参数】选项组中，单击 ╲【旋转轴】选择框，在图形区域中选择草图中的竖直线，取消选择【合并结果】选项，单击 ✓【确定】按钮，生成旋转特征，如图 7-157 所示。

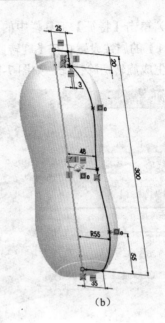

（a）　　　　　　　　　　　　（b）

图 7-157　生成旋转特征

（3）单击【特征管理器设计树】中的【前视基准面】图标，使其成为草图绘制平面。单击【标准视图】工具栏中的 ↥【正视于】按钮，并单击【草图】工具栏中的 ↵【草图绘制】按钮，进入草图绘制状态。使用【草图】工具栏中的 ＼【直线】、⚙【圆弧】、◇【智能尺寸】工具，绘制如图 7-158 所示的草图。单击 ↵【退出草图】按钮，退出草图绘制状态。

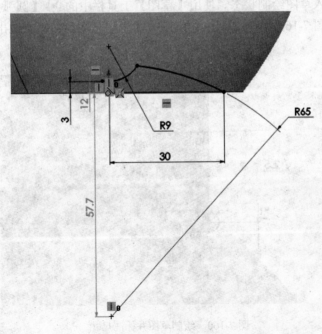

图 7-158　绘制草图并标注尺寸

（4）单击【特征】工具栏中的 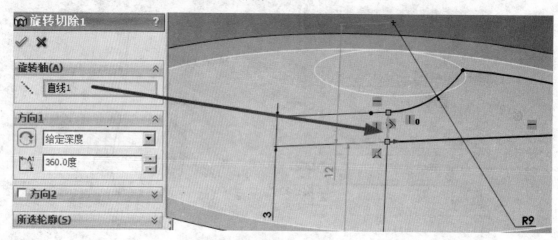【切除-旋转】按钮，在【属性管理器】中弹出【旋转切除1】的属性设置。在【旋转参数】选项组中，选择直线1为旋转轴，单击 ✔【确定】按钮，生成旋转切除特征，如图 7-159 所示。

图 7-159   生成旋转切除特征

7.4.2   生成瓶盖部分

（1）单击【特征管理器设计树】中的【前视基准面】图标，使前视基准面成为草图绘制平面。单击【标准视图】工具栏中的 ⬆【正视于】按钮，并单击【草图】工具栏中的 ⬿【草图绘制】按钮，进入草图绘制状态。使用【草图】工具栏中的 ⬡【圆弧】和 ⬧【智能尺寸】工具，绘制如图 7-160 所示的草图。单击 ⬿【退出草图】按钮，退出草图绘制状态。

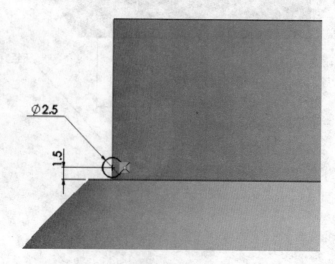

图 7-160   绘制草图并标注尺寸

（2）单击【特征管理器设计树】中的【前视基准面】图标，使前视基准面成为草图绘制平面。单击【标准视图】工具栏中的 ⊥【正视于】按钮，并单击【草图】工具栏中的 ⊘【草图绘制】按钮，进入草图绘制状态。使用【草图】工具栏中的 ＼【直线】和 ◇【智能尺寸】工具，绘制如图 7-161 所示的草图。单击 ⊙【退出草图】按钮，退出草图绘制状态。

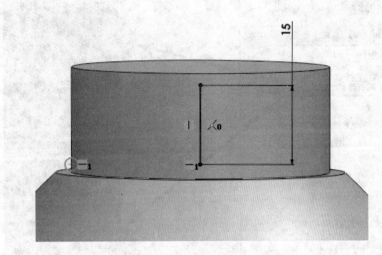

图 7-161　绘制草图并标注尺寸

（3）选择【插入】|【凸台/基体】|【扫描】菜单命令，在【属性管理器】中弹出【扫描 1】的属性设置。在【轮廓和路径】选项组中，单击 ⊙【轮廓】按钮，在图形区域中选择草图中的圆曲线，单击 ⊙【路径】按钮，在图形区域中选择草图中的螺旋线；在【选项】选项组中，设置【方向/扭转控制】为【随路径扭转】，单击 ✔【确定】按钮，如图 7-162 所示。

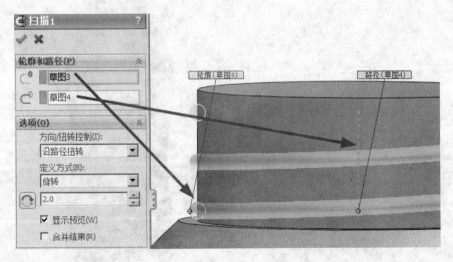

图 7-162　扫描特征

（4）单击【特征】工具栏中的 ◎【圆角】按钮，在【属性管理器】中弹出【圆角 1】的属性设置。在【圆角项目】选项组中，设置 ⌒【半径】为 0.75mm，单击 ▣【边线、面、特征和环】选择框，在图形区域中选择模型的 2 条边线，单击 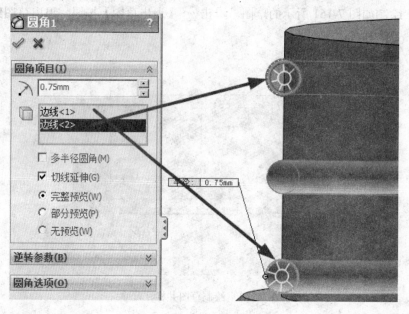【确定】按钮，生成圆角特征，如图 7-163 所示。

图 7-163　生成圆角特征

（5）单击选择【插入】|【特征】|【组合】菜单命令，在【属性管理器】中弹出【组合1】的属性设置。在【操作类型】选项组中，单击【添加】，在【要组合的实体】中选择刚建立的实体，如图 7-164 所示，单击 【确定】按钮，生成组合特征。

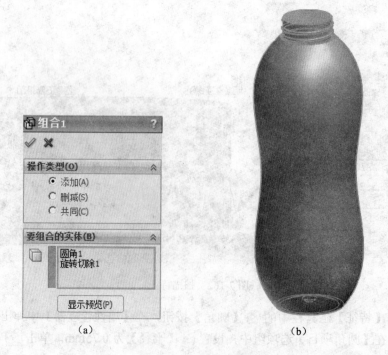

（a）　　　　　　　　　　（b）

图 7-164　生成组合特征

（6）鼠标单击【曲面】工具栏中的 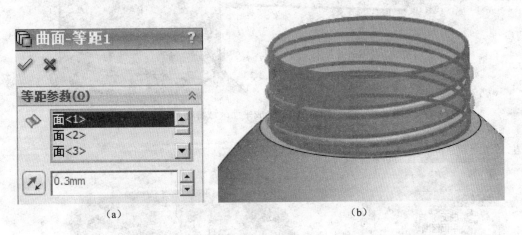【等距曲面】按钮，在 ◈【要等距的面】中选择上步分割线内部的曲面，在 ↗【等距距离】中输入 0.3mm，单击 ✓【确定】按钮，如图 7-165 所示。

图 7-165　等距曲面

（7）单击【曲面】工具栏中的 ✍【延伸曲面】按钮，在【拉伸的边线/面】选项组中选择绘图区中的边线 1，在【终止条件】选项组中，单击【距离】按钮，并设置 ↗【距离】为 4.0mm；在【延伸类型】选项组中单击【线性】按钮，单击 ✓【确定】按钮，如图 7-166 所示。

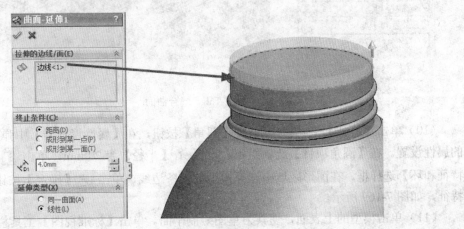

图 7-166　延伸曲面

（8）单击【曲面】工具栏中的 ▭【平面区域】按钮，在【属性管理器】中弹出【平面区域 1】的属性设置。单击 ◯【边界实体】选择框，在图形区域中选择 1 条边线，如图 7-167 所示，单击 ✓【确定】按钮，生成平面区域特征。

（9）单击【曲面】工具栏中的 ▥【缝合曲面】按钮，在【属性管理器】中弹出【曲面-缝合 1】的属性设置。单击 ◈【选择】选择框，在图形区域中选择 2 个曲面，如图 7-168

所示，单击 ✓【确定】按钮，生成缝合曲面特征。

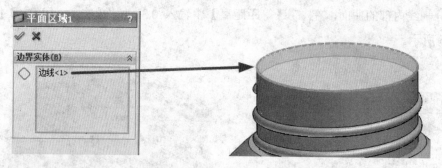

图 7-167　生成平面区域特征

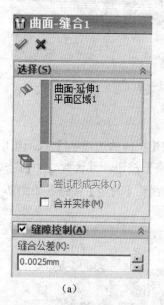

（a）

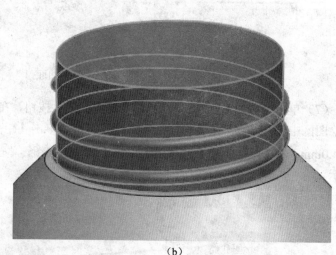

（b）

图 7-168　缝合曲面

（10）单击【特征】工具栏中的 ◎【圆角】按钮，在【属性管理器】中弹出【圆角 2】的属性设置。在【圆角项目】选项组中，设置 ⟋【半径】为 2.0mm，单击 ▤【边线、面、特征和环】选择框，在图形区域中选择模型的 1 条边线，单击 ✓【确定】按钮，生成圆角特征，如图 7-169 所示。

（11）单击模型的上表面，使其为草图绘制平面。单击【标准视图】工具栏中的 ⊥【正视于】按钮，并单击【草图】工具栏中的 ✎【草图绘制】按钮，进入草图绘制状态。使用【草图】工具栏中的 ◌【圆弧】、◇【智能尺寸】工具，绘制如图 7-170 所示的草图。单击 ✎【退出草图】按钮，退出草图绘制状态。

（12）单击【特征】工具栏中的 ▤【拉伸凸台/基体】按钮，在【属性管理器】中弹出【拉伸凸台 1】的属性设置。在【方向 1】选项组中，设置 ↗【终止条件】为【给定深度】，⟋【深度】为 30.00mm，单击 ✓【确定】按钮，生成拉伸特征，如图 7-171 所示。

（13）单击【插入】|【切除】|【使用曲面】菜单命令，在【属性管理器】中弹出【使

用曲面切除 1】的属性设置。设置【进行切除的所选曲面】为圆角 2，单击【所选实体】，单击 ✅【确定】按钮，生成曲面切除特征，如图 7-172 所示。

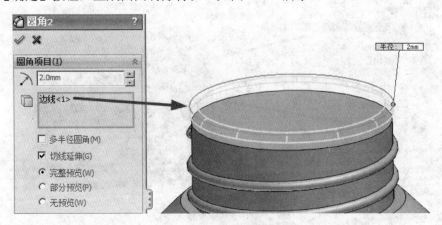

图 7-169 生成圆角特征

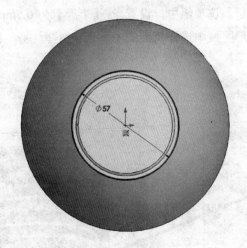

图 7-170 绘制草图并标注尺寸

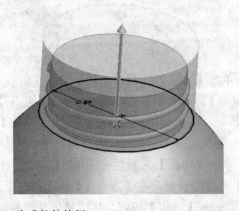

图 7-171 生成拉伸特征

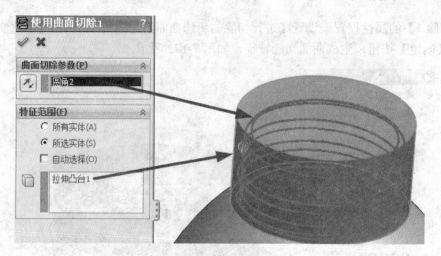

图 7-172　拉伸切除特征

（14）单击【特征】工具栏中的 【圆角】按钮，在【属性管理器】中弹出【圆角 3】的属性设置。在【圆角项目】选项组中，设置 【半径】为 0.5mm，单击 【边线、面、特征和环】选择框，在图形区域中选择模型的 1 条边线，单击 【确定】按钮，生成圆角特征，如图 7-173 所示。

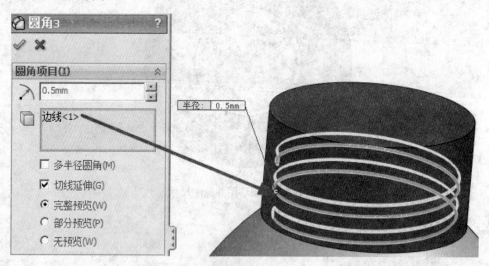

图 7-173　生成圆角特征

（15）单击【特征管理器设计树】中的【前视基准面】图标，使前视基准面成为草图绘制平面。单击【标准视图】工具栏中的 【正视于】按钮，并单击【草图】工具栏中的 【草图绘制】按钮，进入草图绘制状态。使用【草图】工具栏中的 【直线】、 【智能尺寸】工具，绘制如图 7-174 所示的草图。单击 【退出草图】按钮，退出草图绘制状态。

（16）单击【特征】工具栏中的 【切除-拉伸】按钮，在【属性管理器】中弹出【拉伸切除 1】的属性设置。在【方向 1】和【方向 2】选项组中，设置【终止条件】为【完全贯穿】，单击 【确定】按钮，生成拉伸切除特征，如图 7-175 所示。

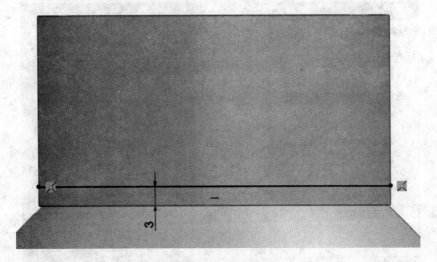

图 7-174　绘制草图并标注尺寸

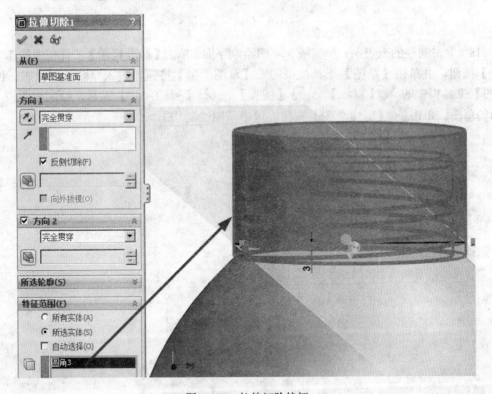

图 7-175　拉伸切除特征

（17）单击【特征】工具栏中的【圆角】按钮，在【属性管理器】中弹出【圆角4】的属性设置。在【圆角项目】选项组中，设置【半径】为 1.0mm，单击【边线、面、特征和环】选择框，在图形区域中选择模型的 2 条边线，单击【确定】按钮，生成圆角特征，如图 7-176 所示。

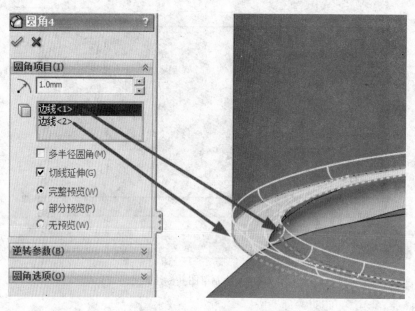

图 7-176　生成圆角特征

　　（18）单击圆柱的上表面，使其成为草图绘制平面。单击【标准视图】工具栏中的↥【正视于】按钮，并单击【草图】工具栏中的 ᐯ【草图绘制】按钮，进入草图绘制状态。使用【草图】工具栏中的 ＼【直线】、 ⊙【圆弧】、 ◇【智能尺寸】工具，绘制如图 7-177 所示的草图。单击 ᐯ【退出草图】按钮，退出草图绘制状态。

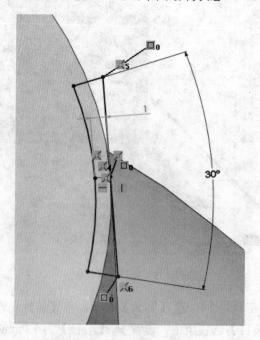

图 7-177　绘制草图并标注尺寸

　　（19）单击【特征】工具栏中的 ▣【切除-拉伸】按钮，在【属性管理器】中弹出【拉伸切除 2】的属性设置。在【方向 1】选项组中，设置【终止条件】为【给定深度】，↥【深度】为 22.0mm，单击 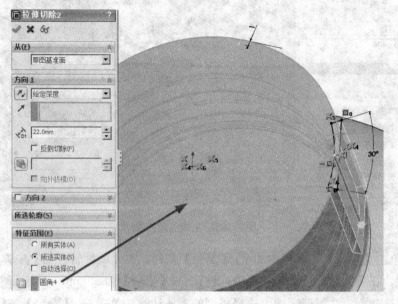 【确定】按钮，生成拉伸切除特征，如图 7-178 所示。

图 7-178　生成拉伸切除特征

（20）单击【特征】工具栏中的 【圆角】按钮，在【属性管理器】中弹出【圆角 5】的属性设置。在【圆角项目】选项组中，设置 【半径】为 6.0mm，单击 【边线、面、特征和环】选择框，在图形区域中选择模型的 2 条边线，单击 【确定】按钮，生成圆角特征，如图 7-179 所示。

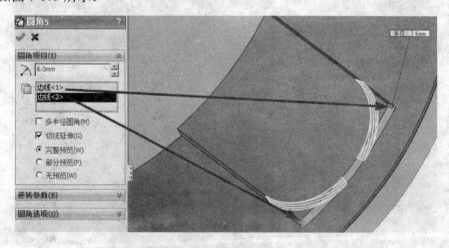

图 7-179　生成圆角特征

（21）单击【特征】工具栏中的 【圆角】按钮，在【属性管理器】中弹出【圆角 6】的属性设置。在【圆角项目】选项组中，设置 【半径】为 4.0mm，单击 【边线、面、特征和环】选择框，在图形区域中选择模型的 1 条边线，单击 【确定】按钮，生成圆角特征，如图 7-180 所示。

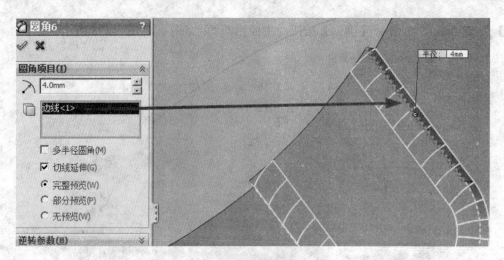

图 7-180　生成圆角特征

（22）单击【特征】工具栏中的 ◯【圆角】按钮，在【属性管理器】中弹出【圆角 7】的属性设置。在【圆角项目】选项组中，设置 ➚【半径】为 3.0mm，单击 ▢【边线、面、特征和环】选择框，在图形区域中选择模型的 1 条边线，单击 ✓【确定】按钮，生成圆角特征，如图 7-181 所示。

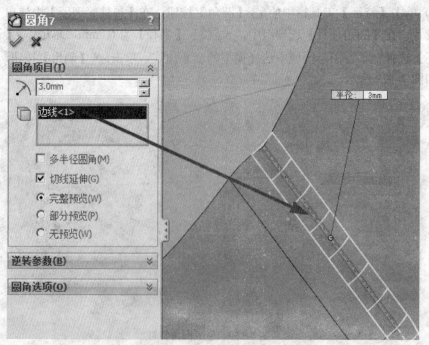

图 7-181　生成圆角特征

（23）单击【特征】工具栏中的 ❀【圆周阵列】按钮，在【属性管理器】中弹出【圆周阵列 1】的属性设置。在【参数】选项组中，单击 ◔【阵列轴】选择框，在【特征管理器设计树】中单击【面 1】图标，设置 ❀【实例数】为 3，选择【等间距】选项；在【要阵列的特征】选项组中，单击 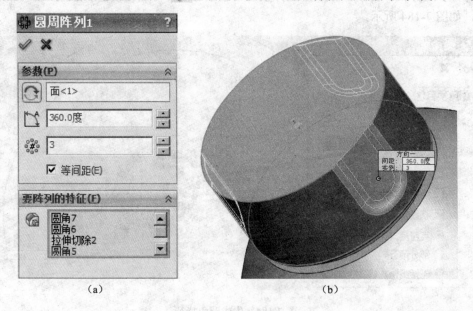【要阵列的特征】选择框，在图形区域中选择模型的几个圆角特征和拉伸切除 2 特征，单击 【确定】按钮，生成特征圆周阵列，如图 7-182 所示。

图 7-182　生成圆周阵列特征

（24）单击【特征】工具栏中的 【圆角】按钮，在【属性管理器】中弹出【圆角 8】的属性设置。在【圆角项目】选项组中，设置 【半径】为 4.0mm，单击 【边线、面、特征和环】选择框，在图形区域中选择模型的 1 条边线，单击 【确定】按钮，生成圆角特征，如图 7-183 所示。

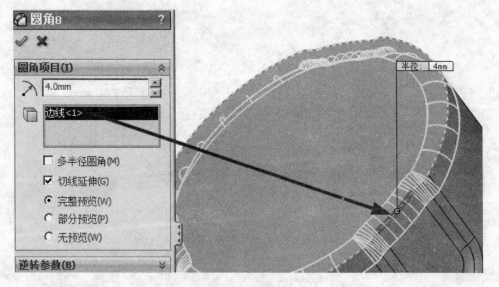

图 7-183　生成圆角特征

（25）单击【特征】工具栏中的 【圆角】按钮，在【属性管理器】中弹出【圆角 9】

的属性设置。在【圆角项目】选项组中，设置 📐【半径】为 5.0mm，单击 📄【边线、面、特征和环】选择框，在图形区域中选择模型的 1 条边线，单击 ✅【确定】按钮，生成圆角特征，如图 7-184 所示。

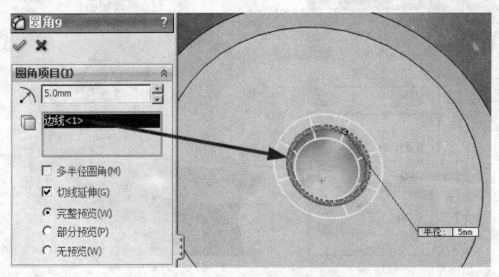

图 7-184　生成圆角特征

第 8 章　装配体设计

虚拟装配是虚拟制造的重要组成部分。利用虚拟装配，可以验证装配设计和操作的正确与否，以便及早地发现装配中的问题，对模型进行修改，并通过可视化功能显示装配过程。装配体设计是 SolidWorks 三大基本功能之一。装配体文件的首要功能是描述产品零件之间的配合关系，并提供了干涉检查、爆炸视图和装配统计等功能。

8.1　装配体简介

SolidWorks 可以生成由许多零部件所组成的复杂装配体，这些零部件可以是零件或者是其他装配体（被称为子装配体）。对于大多数操作而言，零件和装配体的行为方式是相同的。当在 SolidWorks 中打开装配体时，将查找零部件文件以便在装配体中显示，同时零部件中的更改将自动反映在装配体中。

8.1.1　插入零部件的属性设置

选择【文件】|【从零件制作装配体】菜单命令，装配体文件会在【插入零部件】的属性设置框中显示出来，如图 8-1 所示。

1．【要插入的零件/装配体】选项组

通过单击【浏览】按钮打开现有零件文件。

2．【选项】选项组

【生成新装配体时开始命令】：当生成新装配体时，选择以打开此属性设置。

【图形预览】：在图形区域中看到所选文件的预览。

【使成为虚拟】：将插入的零部件作为虚拟的零部件。

图 8-1　【插入零部件】属性设置框

8.1.2　生成装配体的方法

1．自下而上

"自下而上"设计法是比较传统的方法。先设计零部件造型，然后将其插入到装配体中，使用配合定位零部件。如果需要更改零部件，必须单独编辑零部件，更改可以反映在装配体中。

"自下而上"设计法对于先前制造、现售的零部件，或者如金属器件、皮带轮、电动机等标准零部件而言属于优先技术。这些零部件不根据设计的改变而更改其形状和大小，除非选择不同的零部件。

2．自上而下

在"自上而下"设计法中，零部件的形状、大小及位置可以在装配体中进行设计。"自上而下"设计法的优点是在设计发生更改时变动更少，零部件根据所生成的方法而自我更新。

可以在零部件的某些特征、完整零部件或者整个装配体中使用"自上而下"设计法。设计师通常在实践中使用"自上而下"设计法对装配体进行整体布局，并捕捉装配体特定的自定义零部件的关键环节。

8.2　建 立 配 合

8.2.1　配合概述

配合是在装配体零部件之间生成几何关系。当添加配合时，定义零部件线性或旋转运动所允许的方向，可在其自由度之内移动零部件，从而直观地显示装配体的行为。

8.2.2　配合属性管理器

1．命令启动

单击装配体工具栏中的 ◈【配合】。
单击选择菜单栏中【插入】|【配合】菜单命令。

2．选项说明

【配合】属性管理器如图 8-2 所示。下面介绍各选项具体说明。

（1）【配合选择】选项组

◈【要配合的实体】：选择要配合在一起的面、边线、基准面等。

◈【多配合模式】：以单一操作将多个零部件与一普通参考进行配合。

（2）【标准配合】选项组

◈【重合】：将所选面、边线及基准面定位，这样它们共享同一个基准面。

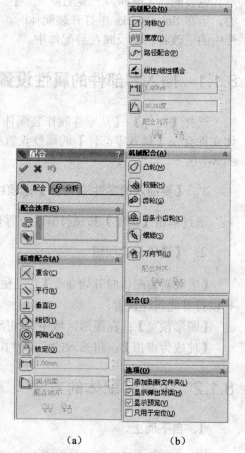

（a）　　　　（b）

图 8-2　配合属性管理器

◻ 【平行】：放置所选项，这样它们彼此间保持等间距。

◻ 【垂直】：将所选实体以垂直方式放置。

◻ 【相切】：将所选项以彼此间相切放置。

◻ 【同轴心】：将所选项放置于共享同一中心线。

◻ 【锁定】：保持两个零部件之间的相对位置和方向。

◻ 【距离】：将所选项以彼此间指定的距离而放置。

◻ 【角度】：将所选项以彼此间指定的角度而放置。

（3）【高级配合】选项组

◻ 【对称】：迫使两个相同实体绕基准面或平面对称。

◻ 【宽度】：将标签置中于凹槽宽度内。

◻ 【路径配合】：将零部件上所选的点约束到路径。

◻ 【线性/线性耦合】：在一个零部件的平移和另一个零部件的平移之间建立几何关系。

◻ 【距离限制】：允许零部件在距离配合的一定数值范围内移动。

◻ 【角度限制】：允许零部件在角度配合的一定数值范围内移动。

（4）【机械配合】选项组

◻ 【凸轮】：迫使圆柱、基准面或点与一系列相切的拉伸面重合或相切。

◻ 【齿轮】：强迫两个零部件绕所选轴彼此相对而旋转。

◻ 【铰链】：将两个零部件之间的移动限制在一定的旋转范围内。

◻ 【齿条小齿轮】：一个零件（齿条）的线性平移引起另一个零件（齿轮）的周转。

◻ 【螺旋】：将两个零部件约束为同心，还在一个零部件的旋转和另一个零部件的平移之间添加纵倾几何关系。

◻ 【万向节】：一个零部件（输出轴）绕自身轴的旋转是由另一个零部件（输入轴）绕其轴的旋转驱动的。

（5）【配合】选项组

【配合】框包含属性管理器打开时添加的所有配合，或正在编辑的所有配合。

（6）【选项】选项组

【添加到新文件夹】：选择该选项后，新的配合会出现在特征管理器设计树中的配合文件夹中。

【显示弹出对话】：选择该选项后，当添加标准配合时会出现配合弹出工具栏。

【显示预览】：选择该选项后，在为有效配合选择了足够对象后便会出现配合预览。

【只用于定位】：选择该选项后，零部件会移至配合指定的位置，但不会将配合添加到特征管理器设计树中。

8.2.3　【配合】分析标签

1. 命令启动

单击装配体工具栏中的【配合】 ◻ ，然后选择【分析】标签。

单击选择菜单栏中【插入】|【配合】菜单命令，然后选择【分析】标签。

2．选项说明

【配合】属性管理器-分析标签如图 8-3 所示。下面介绍各选项具体说明。

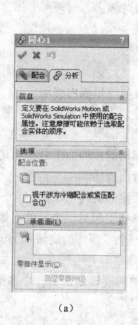

（a）

（b）

图 8-3 【配合】属性管理器-分析标签

（1）【选项】选项组

【配合位置】：以选定的点覆盖默认的配合位置，配合位置点决定零件如何彼此间移动。

【视干涉为冷缩配合或紧压配合】：在 SolidWorks Simulation 中将迫使干涉的配合视为冷缩配合。

（2）【承载面】选项组

【承载面/边线】：在图形区域，从被配合引用的任何零部件中选取面。

【孤立零部件】：单击以显示且仅显示被配合所参考引用的零部件。

（3）【摩擦】选项组

【指定材质】：从清单 $\equiv^1$ 和 $\equiv^2$ 中选择零部件的材质。

【指定系数】：通过键入数值或在【滑性】和【粘性】之间移动滑杆，来指定 μ 【动态摩擦系数】。

（4）【套管】选项组

【各向同性】：选取以应用统一的平移属性。

【刚度】：设置平移刚度系数。

【阻尼】：设置平移阻尼系数。

【力】：设置所应用的预载。

【各向同性】：选取以应用统一扭转属性。

【刚度】：设置扭转刚度系数。

【阻尼】：设置扭转阻尼系数。

【扭矩】：设置所应用的预载。

8.2.4　配合类型

1．角度配合

在两个实体间添加角度配合，默认值为所选实体之间的当前角度。

2．重合配合

在两个实体间添加重合配合。

3．同心配合

在两个圆形实体间添加同心配合。

4．距离配合

在两个实体间添加距离配合，必须在【配合】属性管理器的距离框中键入距离值。

5．锁定配合

锁定配合保持两个零部件之间的相对位置和方向，零部件相对于对方被完全约束。

6．平行和垂直配合

在两个圆形实体间添加平行和垂直配合。

7．相切配合

在两个圆形实体间添加相切配合。

8．高级配合

（1）限制配合

限制配合允许零部件在距离配合和角度配合的一定数值范围内移动，指定一开始距离或角度以及最大值和最小值。

添加限制配合步骤如下。

① 单击 【配合】（装配体工具栏）按钮。

② 在【配合选择】下，为 ⚙【要配合的实体】 选择要配合在一起的实体。

③ 在【属性管理器】中，在【高级配合】下面选取以下内容，如图 8-4 所示。

● 单击 ⊢⊣【距离】或 ∠【角度】。

● 设定【距离】或【角度】来定义开始距离或角度。

● 单击【反转尺寸】将实体移动到尺寸的相反边侧。

● 设定 ⊥【最大值】和 ⊤【最小值】来定义限制配合的最大和最小范围。

④ 单击 ✔【确定】按钮。

（2）线性/线性耦合配合

线性/线性耦合配合在一个零部件的平移和另一个零部件的平移之间建立几何关系。添加线性/线性耦合配合步骤如下。

① 单击【配合】 ◎（装配体工具栏）按钮。

② 在【属性管理器】中，在【高级配合】下面单击 ⚄【线性/线性耦合】。

③ 在【配合选择】下选取以下内容，如图 8-5 所示。

⚙ 【要配合的实体】：指定第一个配合零部件及其运动方向。

⚙ 【配合实体 1 的参考零部件】：为第一个配合零部件指定参考零部件。

⚙ 【要配合的实体】：指定第二个配合零部件及其运动方向。

⚙ 【配合实体 2 的参考零部件】：为第二个配合零部件指定参考零部件。

④ 在【高级配合】下为【比率】输入的值如图 8-6 所示。

图 8-4　限制配合　　　　　图 8-5　配合选择　　　　　图 8-6　线性/线性耦合配合

█ 1.00mm 第一个比率条目：指定第一个配合零部件沿起运动方向的位移。

█ 1.00mm 第二个比率条目：在第一个配合零部件被在第一个比率条目中所指定的距离替换时指定第二个配合零部件沿其运动方向的位移。

【反向】：反转第二个配合零部件相对于第一个配合零部件的运动方向。

⑤ 单击 ✔【确定】按钮。一 ⚄【线性/线性耦合】配合添加到装配体。

（3）路径配合

路径配合将零部件上所选的点约束到路径，可以在装配体中选择一个或多个实体来定义路径，可以定义零部件在沿路径经过时的纵倾、偏转和摇摆。添加路径配合步骤如下。

① 单击 ◎【配合】（装配体工具栏）按钮。

② 在【属性管理器】中，在【高级配合】下面单击【路径配合】。

③ 在【配合选择】下选取以下内容，如图 8-7 所示。

a. 针对零部件顶点，选取要附加到路径的零部件顶点。

b. 对于路径选择，选取相邻曲线、边线和草图实体。为便于选择，单击 SelectionManager。

④ 在【高级配合】下进行以下选择，如图 8-8 所示。

图 8-7　路径配合的配合选择　　　　　图 8-8　路径配合

a. 对于【路径约束】，选取：

● 【自由】：可沿路径拖动零部件。

● 【沿路径的距离】：将顶点约束到路径末端的指定距离。

● 【沿路径的百分比】：将顶点约束到指定为沿路径的百分比的距离。

b. 对于【俯仰/偏航控制】，选取：

● 【自由】：零部件的俯仰和偏航不受约束。

● 【随路径变化】：将零部件的一个轴约束为与路径相切，选取 X、Y 或 Z。

c. 对于滚转控制，选取：

● 【自由】：零部件的滚转不受约束。

● 【上向量】：约束零部件的一个轴与选取的向量对齐。

⑤ 单击 ✔【确定】按钮。

（4）对称配合

对称配合强制使两个相似的实体相对于零部件的基准面或平面，或者装配体的基准面对称。添加对称配合的步骤如下。

① 单击 🔲【配合】（装配体工具栏）按钮。

② 在【高级配合】下，单击 🔲【对称】。

③ 在【配合选择】下进行以下选择，如图 8-9 所示。

a. 为【对称基准面】选取基准面。

b. 在 🔩【要配合的实体】中单击，然后选取两个要对称的实体。

④ 单击 ✔【确定】按钮。

（5）宽度配合。

宽度配合使标签位于凹槽宽度内的中心。添加宽度配合步骤如下。

① 单击 🔲【配合】（装配体工具栏）按钮。

② 在【高级配合】下，单击【宽度】。

③ 在【配合选择】下进行以下选择，如图 8-10 所示。

图 8-9　对称配合

图 8-10　宽度配合

a. 为【宽度选择】选择两个平面。

b. 为【薄片选择】选择两个平面，一个圆柱面或一个轴。

④ 单击✔【确定】按钮。

9．机械配合

（1）凸轮推杆配合

凸轮推杆配合为一相切或重合配合类型。它可允许将圆柱、基准面或点与一系列相切的拉伸曲面相配合，如同在凸轮上可看到的。添加一凸轮推杆配合步骤如下。

① 单击【配合】（装配体工具栏）按钮。

② 在【属性管理器】中的【机械配合】下单击【凸轮】。

③ 在【配合选择】下，为【要配合的实体】在凸轮上选择相切面，如图 8-11 所示。用右键单击面之一，然后单击选择相切。这将以一个步骤选择所有相切面。

④ 单击【凸轮推杆】，然后在凸轮推杆上选择一个面或顶点。

⑤ 单击✔【确定】按钮。

（2）齿轮配合

齿轮配合会强迫两个零部件绕所选轴相对旋转。齿轮配合的有效旋转轴包括圆柱面、圆锥面、轴和线性边线。添加齿轮配合的步骤如下。

① 单击【配合】（装配体工具栏）按钮。

② 在【属性管理器】中的【机械配合】下单击【齿轮】。

③ 【在配合选择】下，为【要配合的实体】在两个齿轮上选择旋转轴，如图 8-12

所示。

图 8-11 凸轮配合 　　　　　图 8-12 齿轮配合

④ 在【机械配合】下：

● 【比率】：软件根据所选择的圆柱面或圆形边线的相对大小来指定齿轮比率，此数值为参数值。

● 选择【反转】来更改齿轮彼此相对旋转的方向。

⑤ 单击 ✔ 【确定】按钮。

（3）铰链配合

铰链配合将两个零部件之间的移动限制在一定的旋转范围内。其效果相当于同时添加同心配合和重合配合，此外还可以限制两个零部件之间的移动角度。添加铰链配合的步骤如下。

① 单击 █ 【配合】（装配体工具栏）按钮。

② 在【属性管理器】中的【机械配合】下单击 █ 【铰链】。

③ 在【配合选择】下，如图 8-13 所示，进行选择并设定选项。

● █ 【同轴心选择】：选择两个实体。

● █ 【重合选择】：选择两个实体。有效的选择包括一个基准面或平面。

● 【指定角度限制】：选择此项可限制两个零件之间的旋转角度。

● █ 【角度选择】：选择两个面。

█ 【角度】：指定两个面之间的角度。

█ 【最大值】：角度的最大值。

█ 【最小值】：角度的最小值。

④ 单击 ✔【确定】按钮。

（4）齿条和小齿轮配合

通过齿条和小齿轮配合，某个零部件（齿条）的线性平移会引起另一零部件（小齿轮）做圆周旋转，反之亦然。添加齿条和小齿轮配合步骤如下。

① 单击【配合】🔗（装配体工具栏）按钮。

② 在【属性管理器】中的【机械配合】下单击🔩【齿条小齿轮】。

③ 在【配合选择】下进行如下选择，如图 8-14 所示。

图 8-13　铰链配合　　　　　　图 8-14　齿条和小齿轮配合

a. 为【齿条】选择线性边线、草图直线、中心线、轴或圆柱。

b. 为【小齿轮/齿轮】选择圆柱面、圆形或圆弧边线、草图圆或圆弧、轴或旋转曲面。

④ 在【机械配合】下。

在小齿轮的每次完全旋转中，齿条的平移距离等于转数乘以小齿轮的直径。可以选择其中一项来指定直径或距离。

● 【小齿轮齿距直径】：所选小齿轮的直径出现在方框中。

● 【齿条行程/转数】：所选小齿轮直径与转数的乘积出现在方框中，可以修改方框中的值。

● 【反向】：选择可更改齿条和小齿轮相对移动的方向。

⑤ 单击 ✔【确定】按钮。

（5）螺旋配合

螺旋配合将两个零部件约束为同心，还在一个零部件的旋转和另一个零部件的平移之间添加纵倾几何关系。一零部件沿轴方向的平移会根据纵倾几何关系引起另一个零部件的旋转。同样，一个零部件的旋转可引起另一个零部件的平移，与其他配合类型类似，螺旋配合无法避免零部件之间的干涉或碰撞。添加螺旋配合步骤如下。

① 单击🖉【配合】（装配体工具栏）按钮。

② 在【属性管理器】中的【机械配合】下单击🔧【螺旋】。

③ 在【配合选择】下，如图 8-15 所示，为 🔩【要配合的实体】在两个零部件上选择旋转轴。

④ 在【机械配合】下。

● 【圈数】：为其他零部件平移的每个长度单位设定一个零部件的圈数。

● 【距离/圈数】：为其他零部件的每个圈数设定一个零部件平移的距离。

● 【反转】：相对于彼此间更改零部件的移动方向。

⑤ 单击 ✔【确定】按钮。

（6）万向节配合

在万向节配合中，一个零部件（输出轴）绕自身轴的旋转是由另一个零部件（输入轴）绕其轴的旋转驱动的，设置界面如图 8-16 所示。

图 8-15　螺旋配合

图 8-16　万向节配合

8.2.5　最佳配合方法

● 只要可能，将所有零部件配合到一个或两个固定的零部件或参考。长串零部件解出的时间更长，更易产生配合错误。

- 不生成环形配合，它们在以后添加配合时可导致配合冲突。
- 避免冗余配合，尽管 SolidWorks 允许某些冗余配合（除距离和角度外都允许），这些配合解出的时间更长。
- 拖动零部件以测试其可用自由度。
- 尽少量使用限制配合，因为它们解出的时间更长。
- 一旦出现配合错误，尽快修复，添加配合绝不会修复先前的配合问题。
- 在添加配合前将零部件拖动到大致正确位置和方向，因为这会给配合解算应用程序更佳的机会将零部件捕捉到正确位置。
- 如果零部件引起问题，与其诊断每个配合，相反删除所有配合并重新创建常常更容易。
- 只要可能，在装配体中完全定义每个零件的位置，除非需要该零件以直观装配体运动。
- 拖动零部件将之捕捉到确定位置并修复配合错误。
- 压缩并解除压缩带有错误的配合有时需要修复配合错误。
- 当给具有关联特征（其几何体参考装配体中其他零部件的特征）的零件生成配合时，避免生成圆形参考。

8.3　零件间的干涉检查

在 1 个复杂的装配体中，如果用视觉检查零部件之间是否存在干涉的情况是件困难的事情。在 SolidWorks 中，装配体可以进行干涉检查，其功能如下。

决定零部件之间的干涉。

显示干涉的真实体积为上色体积。

更改干涉和不干涉零部件的显示设置以便于查看干涉。

选择忽略需要排除的干涉，如紧密配合、螺纹扣件的干涉等。

选择将实体之间的干涉包括在多实体零件中。

选择将子装配体看成单一零部件，这样子装配体零部件之间的干涉将不被报告出。

将重合干涉和标准干涉区分开。

8.3.1　干涉检查的属性设置

单击【装配体】工具栏中的 【干涉检查】按钮或者单击选择【工具】|【干涉检查】菜单命令，在【属性管理器】中弹出【干涉检查】的属性设置框，如图 8-17 所示。

1.【所选零部件】选项组

【要检查的零部件】选框：显示为干涉检查所选择的零部件。

【计算】：单击此按钮，检查干涉情况。

检测到的干涉显示在【结果】选项组中，干涉的体积数值显示在每个列举项的右侧，如图 8-18 所示。

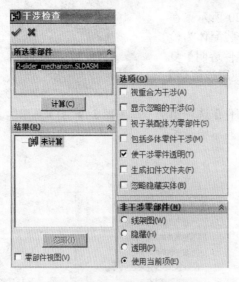

图 8-17　【干涉检查】属性设置框　　　　　图 8-18　被检测到的干涉

2.【结果】选项组

【忽略】、【解除忽略】：为所选干涉在【忽略】和【解除忽略】模式之间进行转换。
【零部件视图】：按照零部件名称而非干涉标号显示干涉。

3.【选项】选项组

【视重合为干涉】：将重合实体报告为干涉。
【显示忽略的干涉】：显示在【结果】选项组中被设置为忽略的干涉。
【视子装配体为零部件】：取消选择此选项时，子装配体被看做单一零部件，子装配体
零部件之间的干涉将不被报告。
【包括多体零件干涉】：报告多实体零件中实体之间的干涉。
【使干涉零件透明】：以透明模式显示所选干涉的零部件。
【生成扣件文件夹】：将扣件（如螺母和螺栓等）之间的干涉隔离为在【结果】选项组
中的单独文件夹。
【忽略隐藏实体】：忽略隐藏的实体。

4.【非干涉零部件】选项组

以所选模式显示非干涉的零部件，包括【线架图】、【隐藏】、【透明】、【使用当前项】
4 个选项。

8.3.2　干涉检查的操作步骤

（1）打开一个装配体文件，如图 8-19 所示。
（2）单击【装配体】工具栏中的 ⬚【干涉检查】按钮或单击执行【工具】|⬚【干涉检
查】命令，系统弹出干涉检查属性管理器。

　　（3）设置装配体干涉检查属性，如图 8-20 所示。在
【所选零部件】选项组中，系统默认选择整个装配体为检
查对象。在【选项】选项组中选中【使干涉零件透明】复
选框，在【非干涉零部件】选项组中选中【使用当前项】
复选框。

　　（4）完成上述操作之后，单击【所选零部件】选项组
中的【计算】按钮，此时在【结果】选项组中显示检查结
果，如图 8-21 所示。

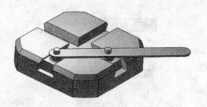

图 8-19　打开装配体

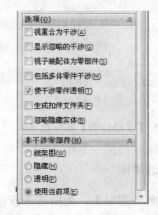

图 8-20　干涉检查属性设置

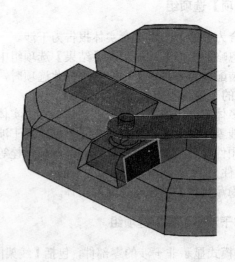

图 8-21　干涉检查结果

8.4　装配体的爆炸视图

　　出于制造的目的，经常需要分离装配体中的零部件以形象地分析它们之间的相互关系。
装配体的爆炸视图可以分离其中的零部件以便查看该装配体。

　　一个爆炸视图由一个或者多个爆炸步骤组成，每一个爆炸视图保存在所生成的装配体配置中，而每一个配置都可以有一个爆炸视图。在爆炸视图中可以进行如下操作。

（1）自动将零部件制成爆炸视图。

（2）附加新的零部件到另一个零部件的现有爆炸步骤中。

（3）如果子装配体中有爆炸视图，则可以在更高级别的装配体中重新使用此爆炸视图。

8.4.1　爆炸视图的属性设置

　　单击【装配体】工具栏中的 ⚙ 【爆炸视图】按钮或者单击选择【插入】|【爆炸视图】菜单命令，在【属性管理器】中弹出【爆炸】的属性设置框，如图 8-22 和图 8-23 所示。

1．【爆炸步骤】选项组

　　【爆炸步骤】选框：爆炸到单一位置的一个或者多个所选零部件。

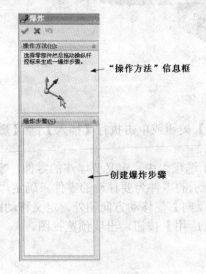

图 8-22　【爆炸】属性设置框（1）

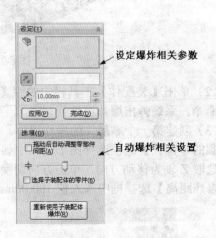

图 8-23　【爆炸】属性设置框（2）

2．【设定】选项组

　　🔹【爆炸步骤的零部件】：显示当前爆炸步骤所选的零部件。

　　【爆炸方向】选框：显示当前爆炸步骤所选的方向。

　　🔹【反向】：改变爆炸的方向。

　　🔹【爆炸距离】：设置当前爆炸步骤零部件移动的距离。

　　【应用】：单击以预览对爆炸步骤的更改。

　　【完成】：单击以完成新的或者已经更改的爆炸步骤。

3．【选项】选项组

　　【拖动后自动调整零部件间距】：沿轴心自动均匀地分布零部件组的间距。

✦【调整零部件链之间的间距】：调整【拖动后自动调整零部件间距】放置的零部件之间的距离。

【选择子装配体的零件】：选择此选项，可以选择子装配体的单个零件。

【重新使用子装配体爆炸】：使用先前在所选子装配体中定义的爆炸步骤。

8.4.2　生成爆炸视图的操作步骤

（1）打开一个装配体文件，如图 8-24 所示。

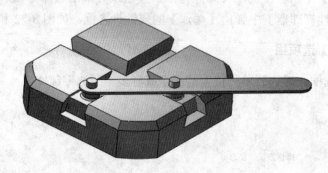

图 8-24　打开装配体

（2）单击【装配体】工具栏中的 ☞【爆炸视图】按钮或单击执行【插入】|☞【爆炸视图】命令，系统弹出爆炸属性管理器。

（3）创建第一个零部件的爆炸视图。在【设定】选项组中，定义要爆炸的零件，🛞【爆炸步骤的零部件】选框选择图形区域中如图 8-25 所示的零件为要移动的零件。确定爆炸方向。选取 Z 轴为移动方向，单击方向切换按钮⭕【反向】使移动方向朝外。定义移动距离，⛊【爆炸距离】选择框中输入值 100.00mm，单击【应用】按钮，出现预览视图。

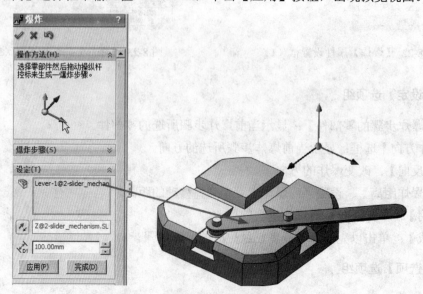

图 8-25　创建第一个零部件的爆炸视图

（4）再单击【完成】按钮，完成第一个零部件的爆炸视图，如图 8-26 所示。

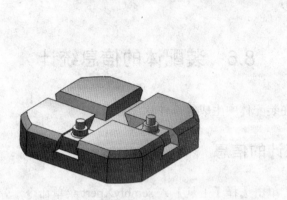

图 8-26 创建第二个零部件的爆炸视图

8.5 零部件的压缩

根据某段时间内的工作范围，可以指定合适的零部件压缩状态，这样可以减少工作时装入和计算的数据量。装配体的显示和重建速度会更快，也可以更有效地使用系统资源。

装配体零部件共有 3 种压缩状态。

1．还原

装配体零部件的正常状态。完全还原的零部件会完全装入内存，可以使用所有功能及模型数据并可以完全访问、选取、参考、编辑、在配合中使用其实体。

2．压缩

可以使用压缩状态暂时将零部件从装配体中移除（而不是删除），零部件不装入内存，也不再是装配体中有功能的部分，用户无法看到压缩的零部件，也无法选择这个零部件的实体。

1 个压缩的零部件将从内存中移除，所以装入速度、重建模型速度和显示性能均有提高，由于减少了复杂程度，其余的零部件计算速度会更快。

压缩零部件包含的配合关系也被压缩，因此装配体中零部件的位置可能变为"欠定义"，参考压缩零部件的关联特征也可能受影响，当压缩的零部件恢复为完全还原状态时，可能会产生矛盾，所以在生成模型时必须小心使用压缩状态。

3．轻化

可以在装配体中激活的零部件完全还原或者轻化时装入装配体，零件和子装配体都可以为轻化。

当零部件完全还原时，其所有模型数据被装入内存。

当零部件为轻化时，只有部分模型数据被装入内存，其余的模型数据根据需要被装入。

通过使用轻化零部件，可以显著提高大型装配体的性能，将轻化的零部件装入装配体比将完全还原的零部件装入同一装配体速度更快，包含轻化零部件的装配体重建速度也更快，因为计算的数据少。

8.6　装配体的信息统计

装配体统计可以在装配体中生成零部件和配合报告。

8.6.1　装配体统计的信息

在装配体窗口中，单击选择【工具】|AssemblyXpert 菜单命令，弹出 AssemblyXpert 属性管理器，如图 8-27 所示。

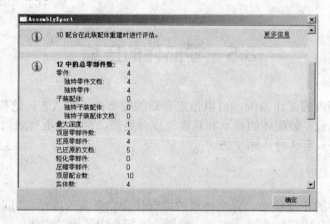

图 8-27　AssemblyXpert 属性管理器

8.6.2　生成装配体统计的操作步骤

（1）打开一个装配体文件，如图 8-28 所示。

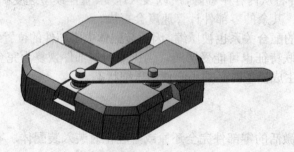

图 8-28　打开装配体

（2）单击【装配体】工具栏中的 ⊞AssemblyXpert 按钮或执行【工具】|⊞AssemblyXpert 命令，系统弹出 AssemblyXpert 属性管理器，如图 8-29 所示。

（3）在 AssemblyXpert 属性管理器中，ⓘ图标下列出了装配体的所有相关统计信息。

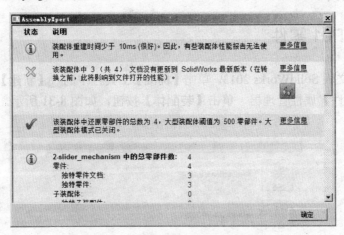

图 8-29　AssemblyXpert 属性管理器

8.7　虎钳装配范例

虎钳模型如图 8-30 所示。

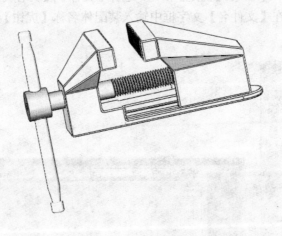

图 8-30　虎钳模型

主要步骤如下：

1．插入 P01 零件。

2．插入 P04 零件。

3．插入 P05 零件。

4．插入 P10 零件。

5. 插入 P11 零件。

6. 插入 P12 零件。

7. 模拟运动。

8.7.1 插入 P01 零件

（1）启动中文版 SolidWorks 2013，单击【标准】工具栏中的 【新建】按钮，弹出【新建 SolidWorks 文件】属性管理器，单击【装配体】按钮，如图 8-31 所示，单击 【确定】按钮。

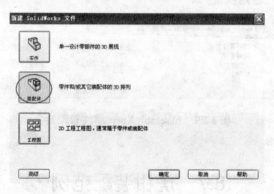

图 8-31　新建装配体窗体

（2）弹出【开始装配体】属性管理器，单击【浏览】按钮，选择零件 P01，单击【打开】按钮，如图 8-32 所示，单击 【确定】按钮。选择【文件】|【另存为】菜单命令，弹出【另存为】属性管理器，在【文件名】文字框中输入装配体名称【虎钳】，单击【保存】按钮，如图 8-33 所示，

图 8-32　插入 P01 零件

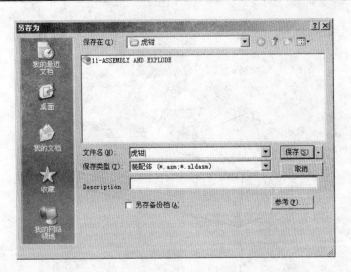

图 8-33　保存装配体文件

8.7.2　插入 P04 零件

（1）单击【装配体】工具栏中的 📷【插入零部件】按钮，弹出【插入零部件】的属性设置。单击【浏览】按钮，选择零件 P04，单击【打开】按钮，插入 P04 零件，在视图区域合适位置单击，如图 8-34 所示。

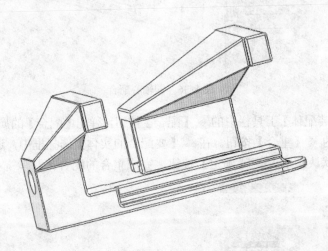

图 8-34　插入 P04

（2）为了便于进行配合约束，先旋转 P04，单击【装配体】工具栏中的 📷【移动零部件】 - 【下拉】按钮，选择 📷【旋转零部件】命令，弹出【旋转零部件】的属性设置，此时鼠标变为图标 🔄，旋转至合适位置，单击 ✔【确定】按钮，如图 8-35 所示。

（3）单击【装配体】工具栏中的 📎【配合】按钮，弹出【配合】的属性设置。单击【标准配合】选项下的 ◎【同轴心】按钮。在 📷【要配合的实体】选择框中，选择如图 8-36 所示的面，其他保持默认，单击 ✔【确定】按钮，完成同轴的配合。

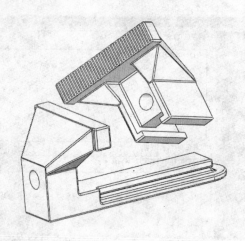

图 8-35　旋转零部件

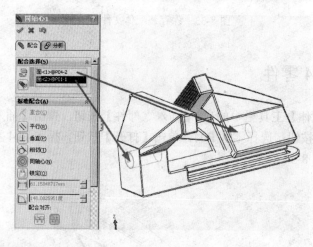

图 8-36　同轴心配合

（4）单击【装配体】工具栏中的 <img>【配合】按钮，弹出【配合】的属性设置。单击【标准配合】选项下的 <img>【重合】按钮。在 <img>【要配合的实体】选择框中，选择如图 8-37 所示的面，其他保持默认，单击 <img>【确定】按钮，完成重合的配合。

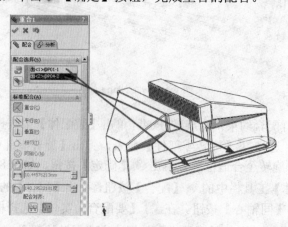

图 8-37　重合配合

（5）单击【装配体】工具栏中的 🖉【配合】按钮，弹出【配合】的属性设置。单击【标准配合】选项下的 🖾【平行】按钮。在 🖾【要配合的实体】选择框中，选择如图 8-38 所示的面，其他保持默认，单击 ✅【确定】按钮，完成平行的配合。

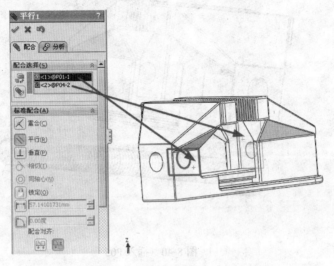

图 8-38   平行配合

（6）单击【装配体】工具栏中的 🖉【配合】按钮，弹出【配合】的属性设置。单击【标准配合】选项下的 🖾【距离】按钮。在 🖾【要配合的实体】选择框中，选择如图 8-39 所示的面，在【标准配合】选项下的【距离】标注为 60.00mm，单击 ✅【确定】按钮，完成距离的配合。

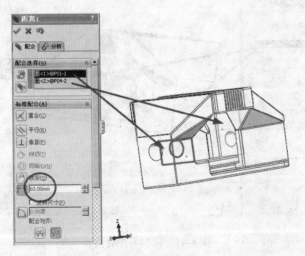

图 8-39   距离配合

8.7.3   插入 P05 零件

（1）单击【装配体】工具栏中的 🖉【插入零部件】按钮，弹出【插入零部件】的属性设置。单击【浏览】按钮，选择零件 P05，单击【打开】按钮，插入 P05 零件，在视图区域合适的位置单击，如图 8-40 所示。

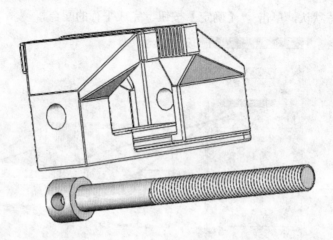

图 8-40　插入 P05

（2）单击【装配体】工具栏中的 🖉 【配合】按钮，弹出【配合】的属性设置。单击【标准配合】选项下的 ◎ 【同轴心】按钮。在 🖪 【要配合的实体】选择框中，选择如图 8-41 所示的面，其他保持默认，单击 ✔ 【确定】按钮，完成同轴的配合。

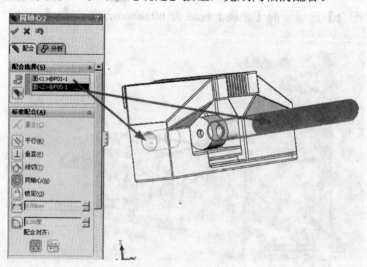

图 8-41　同轴心配合

（3）单击【装配体】工具栏中的 🖉 【配合】按钮，弹出【配合】的属性设置。单击【标准配合】选项下的 ◎ 【平行】按钮。在 🖪 【要配合的实体】选择框中，选择如图 8-42 所示的面，其他保持默认，单击 ✔ 【确定】按钮，完成平行的配合。

（4）单击【装配体】工具栏中的 🖉 【配合】按钮，弹出【配合】的属性设置。单击【标准配合】选项下的 🖬 【距离】按钮。在 🖪 【要配合的实体】选择框中，选择如图 8-43 所示的面，在【标准配合】选项下的【距离】标注为 10.00mm，单击 ✔【确定】按钮，完成距离的配合。

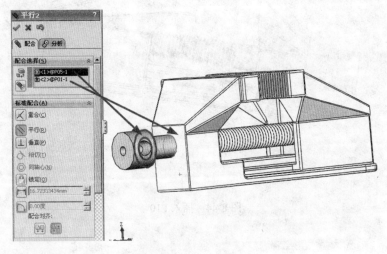

图 8-42 平行配合

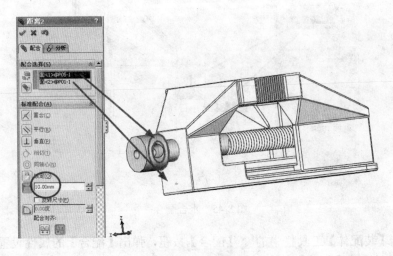

图 8-43 距离配合

8.7.4 插入 P10 零件

（1）单击【装配体】工具栏中的 ⚙【插入零部件】按钮，弹出【插入零部件】的属性设置。单击【浏览】按钮，选择零件 P10，单击【打开】按钮，插入 P10 零件，在视图区域合适的位置单击，如图 8-44 所示。

（2）单击【装配体】工具栏中的 ◐【配合】按钮，弹出【配合】的属性设置。单击【标准配合】选项下的 ◣【重合】按钮。在 ⬚【要配合的实体】选择框中，选择如图 8-45 所示的面，其他保持默认，单击 ✔【确定】按钮，完成重合的配合。

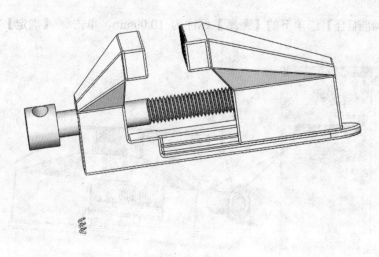

图 8-44　插入 P10

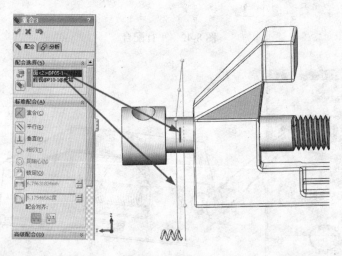

图 8-45　重合配合

（3）单击【装配体】工具栏中的 🖊【配合】按钮，弹出【配合】的属性设置。单击【标准配合】选项下的 ⊘【相切】按钮。在 🔲【要配合的实体】选择框中，选择如图 8-46 所示的面，其他保持默认，单击 ✔【确定】按钮，完成相切的配合。

8.7.5　插入 P11 零件

（1）单击【装配体】工具栏中的 🔩【插入零部件】按钮，弹出【插入零部件】的属性设置。单击【浏览】按钮，选择零件 P11，单击【打开】按钮，插入 P11 零件，在视图区域合适的位置单击，如图 8-47 所示。

（2）单击【装配体】工具栏中的 🖊【配合】按钮，弹出【配合】的属性设置。激活【标准配合】选项下的 ◎【同轴心】按钮。在 🔲【要配合的实体】选择框中，选择如图 8-48 所示的面，其他保持默认，单击 ✔【确定】按钮，完成同轴的配合。

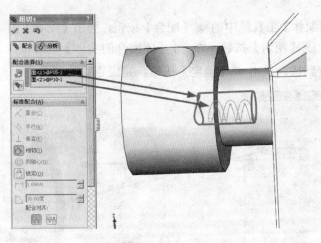

图 8-46　相切配合

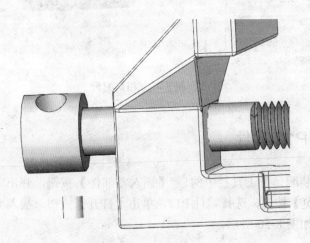

图 8-47　插入 P11

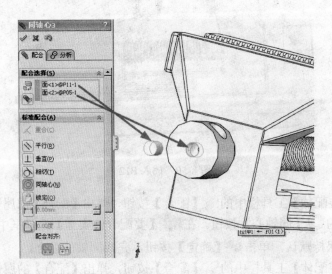

图 8-48　同轴心配合

（3）单击【装配体】工具栏中的 【配合】按钮，弹出【配合】的属性设置。激活【标准配合】选项下的 【相切】按钮。在 【要配合的实体】选择框中，选择如图 8-49 所示的面，其他保持默认，单击 【确定】按钮，完成相切的配合。

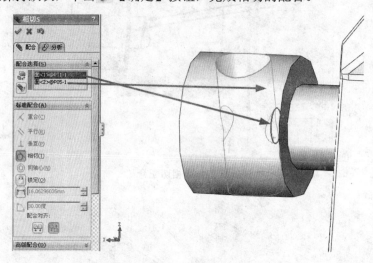

图 8-49　相切配合

8.7.6　插入 P12 零件

（1）单击【装配体】工具栏中的 【插入零部件】按钮，弹出【插入零部件】的属性设置。单击【浏览】按钮，选择零件 P12，单击【打开】按钮，插入 P12 零件，在视图区域合适位置单击，如图 8-50 所示。

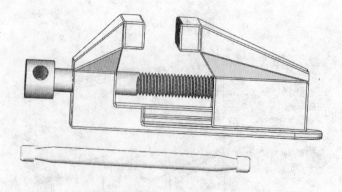

图 8-50　插入 P12

（2）单击【装配体】工具栏中的 【配合】按钮，弹出【配合】的属性设置。激活【标准配合】选项下的 【同轴心】按钮。在 【要配合的实体】选择框中，选择如图 8-51 所示的面，其他保持默认，单击 【确定】按钮，完成同轴的配合。

（3）单击【装配体】工具栏中的 【配合】按钮，弹出【配合】的属性设置。激活【标准配合】选项下的 【平行】按钮。在 【要配合的实体】选择框中，选择如图 8-52 所示的面，其他保持默认，单击 ✔【确定】按钮，完成平行的配合。

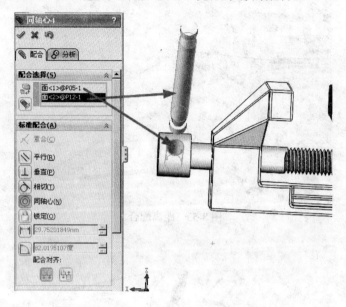

图 8-51 同轴心配合

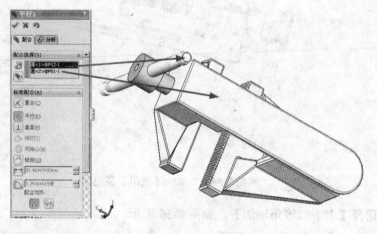

图 8-52 平行配合

（4）单击【装配体】工具栏中的 🔧【配合】按钮，弹出【配合】的属性设置。激活【标准配合】选项下的 ▣【距离】按钮。在 🔲【要配合的实体】选择框中，选择如图 8-53 所示的面，在【标准配合】选项下的【距离】标注为 50.00mm，单击 ✔【确定】按钮，完成距离的配合。

（5）完成的【虎钳】装配体如图 8-54 所示。

8.7.7 检查视图

（1）至此，虎钳的装配体已经完成，按空格键弹出【视图方向】属性管理器，如图 8-55

所示。

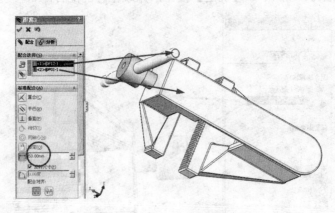

图 8-53　距离配合

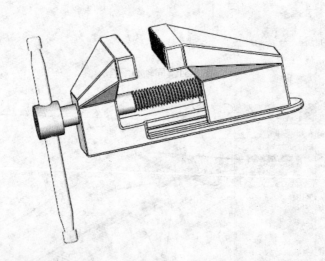

图 8-54　完成的【虎钳】装配体

（2）选择【上下二等角轴测】，如图 8-56 所示。

图 8-55　视图方向

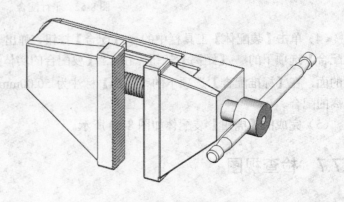

图 8-56　上下二等角轴测图

（3）在视图区单击 ▦【剖面视图】按钮，在弹出的【剖面视图】属性管理器中，【剖面 1】一栏中【截面方向】选择【前视基准面】，如图 8-57 所示。

（4）剖面视图如图 8-58 所示。

图 8-57 剖面视图属性管理器

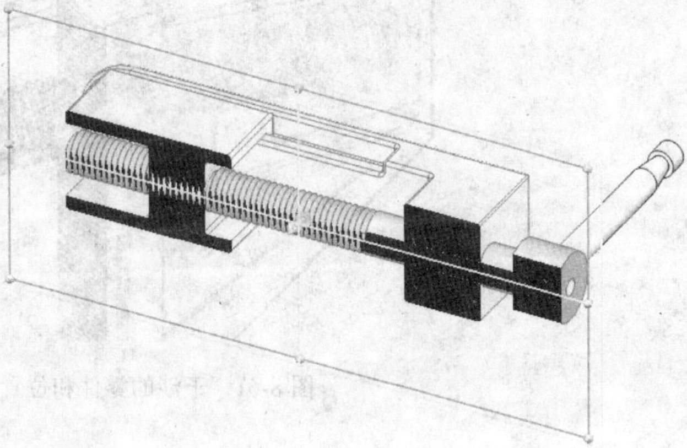

图 8-58 剖面视图

8.7.8 干涉检查

（1）在【工具】菜单栏中单击 ▦【干涉检查】按钮，弹出【干涉检查】的属性设置框，如图 8-59 所示。在没有任何零件被选择的条件下，系统将使用整个装配体进行干涉检查。单击【计算】按钮。

（2）检查的结果列出在【结果】列表中。

（3）在干涉检查的【选项】选项组中，用户可以设定干涉检查的相关选项和零件的显示选项，如图 8-60 所示。

图 8-59 【干涉检查】属性设置框

图 8-60 设定干涉选项

（4）在【结果】列表中选择一项干涉，可以在图形区域查看存在干涉的零件和位置，如图 8-61 所示，可以看出干涉存在方位。

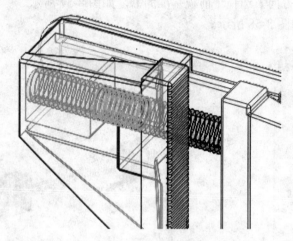

图 8-61　干涉的零件和位置

8.7.9　计算装配体质量特性

（1）单击选择【工具】|【质量特性】菜单命令，弹出【质量特性】属性管理器，系统将根据零件材料属性设置和装配单位设置，计算装配体的各种质量特性，如图 8-62 所示。

（2）图形区域显示了装配体的重心位置，重心位置的坐标以装配体的原点为零点，如图 8-63 所示。单击【关闭】按钮完成计算。

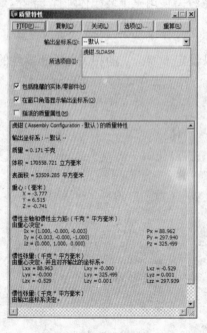

图 8-62　计算质量特性

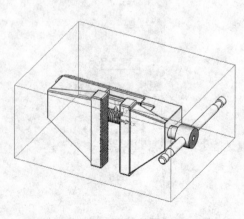

图 8-63　重心位置

8.7.10　装配体信息和相关文件

（1）单击选择【工具】|AssemblyXpert 菜单命令，弹出 AssemblyXpert 属性管理器，如图 8-64 所示，在 AssemblyXpert 属性管理器中显示了零件或子装配的统计信息。

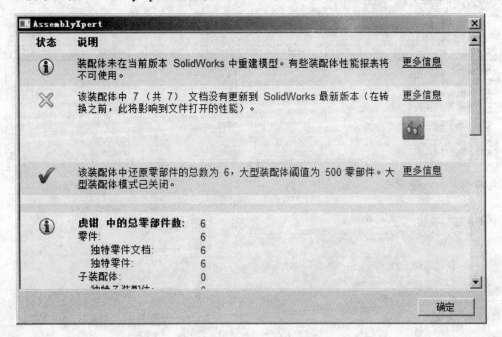

图 8-64　装配体统计信息

（2）单击选择【文件】|【查找相关文件】菜单命令，弹出【查找参考引用】属性管理器，如图 8-65 所示，在【查找参考引用】属性管理器中显示了装配体文件所使用的零件文件、装配体文件的文件详细位置和名称。

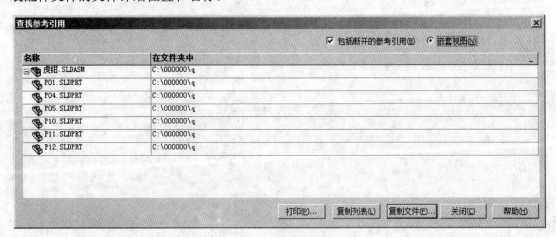

图 8-65　查找参考引用

（3）单击选择【文件】|【打包】菜单命令，弹出【打包】属性管理器，如图 8-66 所示，

在【保存到文件夹】选择框中指定要保存文件的目录，也可以单击【浏览】按钮查找目录位置。如果用户希望将打包的文件直接保存为压缩文件（*.zip），选择【保存到 zip 文件】单选按钮，并指定压缩文件的名称和目录即可。

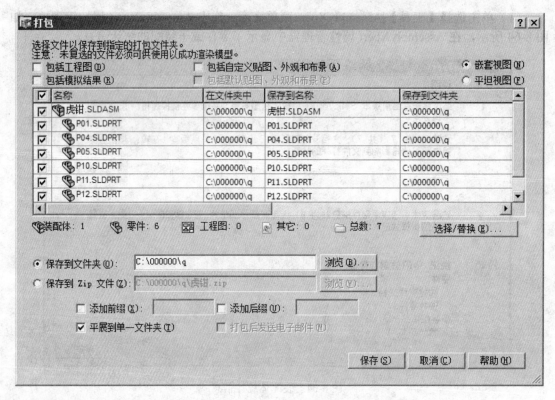

图 8-66　装配体文件打包

第 9 章　工程图设计

工程图设计是用图样确切表示机械的结构形状、尺寸大小和技术要求的一种方法。零件图能表示零件的形状、大小以及制造和检验零件的技术要求；装配图表示机械中所属各零件与部件间的装配关系和工作原理；轴测图是一种立体图，直观性强，是常用的一种辅助用图样。SolidWorks 工程图模块功能强大，可以方便地直接生成零件和装配体的工程图，并可以在 Auto CAD 软件中打开和编辑。

9.1　生成工程图文件

工程图文件是 SolidWorks 设计文件的 1 种。在 1 个 SolidWorks 工程图文件中，可以包含多张图纸，这使得用户可以利用同一个文件生成 1 个零件的多张图纸或者多个零件的工程图，如图 9-1 所示。

工程图文件窗口可以分成两部分。左侧区域为文件的管理区域，显示了当前文件的所有图纸、图纸中包含的工程视图等内容；右侧图纸区域可以认为是传统意义上的图纸，包含了图纸格式、工程视图、尺寸、注解、表格等工程图样所必需的内容。

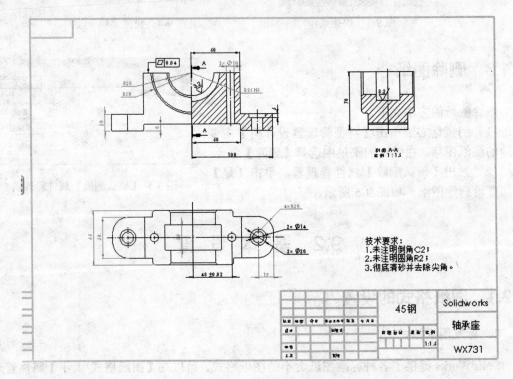

图 9-1　工程图文件

9.1.1 设置多张工程图纸

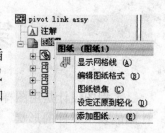

在工程图文件中可以随时添加多张图纸。单击选择【插入】|【图纸】菜单命令（或者在【特征管理器设计树】中用鼠标右键单击如图 9-2 所示的图纸图标，在弹出的菜单中选择【添加图纸】命令），生成新的图纸。

图 9-2　快捷菜单

9.1.2 激活图纸

如果需要激活图纸，可以采用如下方法之一。

● 在图纸区域下方单击要激活的图纸的图标。
● 用鼠标右键单击图纸区域下方要激活的图纸的图标，在弹出的菜单中选择【激活】命令，如图 9-3 所示。
● 用鼠标右键单击【特征管理器设计树】中的图纸图标，在弹出的菜单中选择【激活】命令，如图 9-4 所示。

图 9-3　快捷菜单

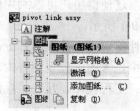

图 9-4　快捷菜单

9.1.3 删除图纸

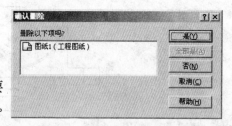

删除图纸的方法如下。

（1）用鼠标右键单击【特征管理器设计树】中要删除的图纸图标，在弹出的菜单中选择【删除】命令。

（2）弹出【确认删除】属性管理器，单击【是】按钮即可删除图纸，如图 9-5 所示。

图 9-5　【确认删除】属性管理器

9.2　基　本　设　置

9.2.1 图纸格式的设置

1. 标准图纸格式

SolidWorks 提供了各种标准图纸大小的图纸格式。可以在【图纸格式/大小】属性管理器的【标准图纸大小】列表框中进行选择。单击【浏览】按钮，可以加载用户自定义的图纸格式。【图纸格式/大小】属性管理器如图 9-6 所示，其中勾选【显示图纸格式】选项可以显示边框、标题栏等。

2．无图纸格式

【自定义图纸大小】选项可以定义无图纸格式，即选择无边框、无标题栏的空白图纸。此选项要求指定纸张大小，也可以定义用户自己的格式，如图 9-7 所示。

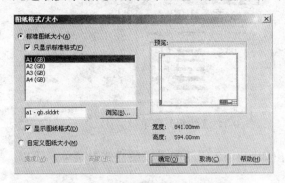

图 9-6　【图纸格式/大小】属性管理器　　　　　图 9-7　单击【自定义图纸大小】单选按钮

3．使用图纸格式的操作方法

（1）单击【标准】工具栏中的【新建】按钮，在【新建 SolidWorks 文件】属性管理器中选择【工程图】并单击【确定】按钮，弹出【图纸格式/大小】属性管理器，选中【标准图纸大小】单选框，在列表框中选择 A1，单击【确定】按钮，如图 9-8 所示。

（2）在【特征管理器设计树】中单击✖【取消】按钮，然后在图形区域中即可出现 A1 格式的图纸，如图 9-9 所示。

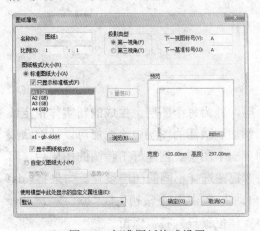

图 9-8　标准图纸格式设置　　　　　　　　　　图 9-9　A1 格式图纸

9.2.2　线型设置

对于视图中图线的线色、线粗、线型、颜色显示模式等，可以利用【线型】工具栏进行设置。【线型】工具栏如图 9-10 所示，其中的工具按钮介绍如下。

-  【图层属性】：设置图层属性（如颜色、厚度、样式等），将实体移动到图层中，然后为新的实体选择图层。
- 【线色】：可以对图线颜色进行设置。
- 【线粗】：单击该按钮，会弹出如图 9-11 所示的【线粗】菜单，可以对图线粗细进行设置。

图 9-10 【线型】工具栏   图 9-11 【线粗】菜单

- 【线条样式】：单击该按钮，会弹出如图 9-12 所示的【线条样式】菜单，可以对图线样式进行设置。
- 【隐藏和显示边线】：单击此按钮，切换隐藏和显示边线。

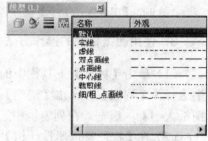

【颜色显示模式】：单击该按钮，线色会在所设置的颜色中进行切换。

在工程图中如果需要对线型进行设置，一般在绘制草图实体之前，先利用【线型】工具栏中的【线色】、【线粗】和【线条样式】按钮对将要绘制的图线设置所需的格式，这样可以使被添加到工程图中的草图实体均使用指定的线型格式，直到重新设置另一种格式为止。

图 9-12 【线条样式】菜单

9.2.3 图层设置

在工程图文件中，可以根据用户需求建立图层，并为每个图层上生成的新实体指定线条颜色、线条粗细和线条样式。新的实体会自动添加到激活的图层中，图层可以被隐藏或者显示；另外，还可以将实体从一个图层移动到另一个图层。创建好工程图的图层后，可以分别为每个尺寸、注解、表格和视图标号等局部视图选择不同的图层设置。如果将*.dxf或者*.dwg 文件输入到 SolidWorks 工程图中，会自动生成图层。在最初生成*.dxf 或者*.dwg文件的系统中指定的图层信息（如名称、属性和实体位置等）将被保留。

图层的操作方法为。

（1）新建一张空白的工程图。

（2）在工程图中，单击【线型】工具栏中的【图层属性】按钮，弹出如图 9-13 所示的【图层】属性管理器。

（3）单击【新建】按钮，输入新图层名称为【中心线】，如图 9-14 所示。

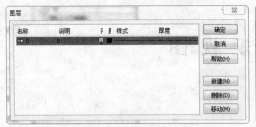
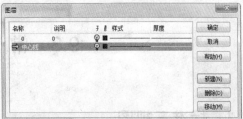

图 9-13　【图层】属性管理器　　　　　　　　　图 9-14　新建图层

（4）更改图层默认图线的颜色、样式和粗细等。

① 【颜色】：单击【颜色】下的方框，弹出【颜色】属性管理器，可以选择或者设置颜色，这里选择红色，如图 9-15 所示。

② 【样式】：单击【样式】下的图线，在弹出的菜单中选择图线样式，这里选择【中心线】样式，如图 9-16 所示。

③ 【厚度】：单击【厚度】下的直线，在弹出的菜单中选择图线的粗细，这里选择"0.18mm"所对应的线宽，如图 9-17 所示。

（5）单击【确定】按钮，即完成为文件建立新图层的操作，如图 9-18 所示。

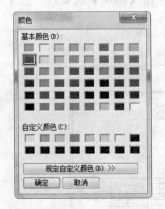
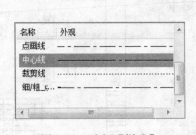

图 9-15　【颜色】属性管理器　　　　图 9-16　选择【样式】　　　　图 9-17　选择【厚度】

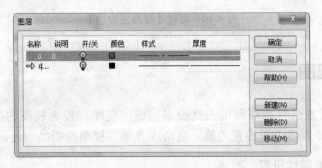

图 9-18　图层新建完成

当生成新的工程图时，必须选择图纸格式。图纸格式可以采用标准图纸格式，也可以自定义和修改图纸格式。通过对图纸格式的设置，有助于生成具有统一格式的工程图。

9.3 常 规 视 图

9.3.1 标准三视图

标准三视图可以生成 3 个默认的正交视图，其中主视图方向为零件或者装配体的前视，投影类型则按照图纸格式设置的第一视角或者第三视角投影法。

在标准三视图中，主视图、俯视图及左视图有固定的对齐关系。主视图与俯视图长度方向对齐，主视图与左视图高度方向对齐，俯视图与左视图宽度相等。俯视图可以竖直移动，左视图可以水平移动。

生成标准三视图的操作方法。

（1）新建一张空白 A3 格式的工程图。

（2）单击【工程图】工具栏中的 ![] 【标准三视图】按钮或单击执行【插入】|【工程视图】![] 【标准三视图】命令，出现【标准三视图】窗口，单击【浏览】按钮打开一个零件文件，工程图中出现了三视图，如图 9-19 所示。

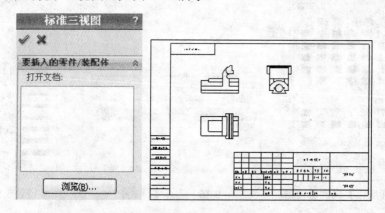

图 9-19　创建【标准三视图】

9.3.2 投影视图

投影视图是根据已有视图利用正交投影生成的视图。投影视图的投影方法是根据在【图纸属性】属性管理器中所设置的第一视角或者第三视角投影类型而确定的。

1. 投影视图的属性设置

单击【工程图】工具栏中的 ![] 【投影视图】按钮（或者单击选择【插入】|【工程视图】|【投影视图】菜单命令，在【属性管理器】中弹出【投影视图】的属性设置框，如图 9-20 所示，鼠标指针变为 ![] 形状。

（1）【箭头】选项组

【标号】：表示按相应父视图的投影方向得到的投影视图的名称。

（2）【显示样式】选项组

● 【使用父关系样式】：取消选择此选项，可以选择与
父视图不同的显示样式，显示样式包括 【线架图】、
 【隐藏线可见】、 【消除隐藏线】、 【带边线
上色】和 【上色】。

（3）【比例缩放】选项组

● 【使用父关系比例】选项：可以应用为父视图所使用
的相同比例。

● 【使用图纸比例】选项：可以应用为工程图图纸所使
用的相同比例。

● 【使用自定义比例】选项：可以根据需要应用自定义
的比例。

2．生成投影视图的操作方法

图 9-20 【投影视图】属性设置框

（1）打开一张带有模型的工程图，如图 9-21 所示。

（2）单击【工程图】工具栏中的 【投影视图】按钮或单击执行【插入】|【工程视图】
| 【投影视图】命令，出现【投影视图】窗口，单击要投影的视图，移动光标到视图位置，
如图 9-22 所示。

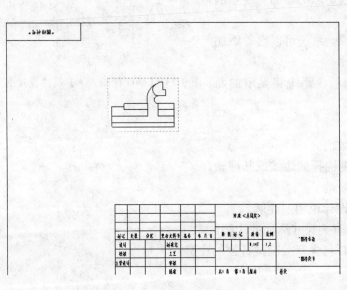

图 9-21 打开工程图文件

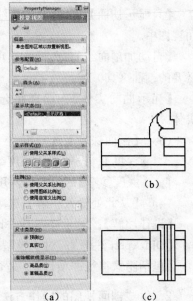

图 9-22 创建投影视图

9.3.3 剖面视图

剖面视图是通过 1 条剖切线切割父视图而生成，属于派生视图，可以显示模型内部的

形状和尺寸。剖面视图可以是剖切面或者是用阶梯剖切线定义的等距剖面视图，并可以生成半剖视图。

1. 剖面视图的属性设置

单击【草图】工具栏中的 ⫶【中心线】按钮，在激活的视图中绘制单一或者相互平行的中心线（也可以单击【草图】工具栏中的 ⟍【直线】按钮，在激活的视图中绘制单一或者相互平行的直线段）。选择绘制的中心线（或者直线段），单击【工程图】工具栏中的 ⫶【剖面视图】按钮（或者选择【插入】|【工程视图】|【剖面视图】菜单命令），在【属性管理器】中弹出【剖面视图 A-A】（根据生成的剖面视图，字母顺序排序）的属性设置框，如图 9-23 所示。

（1）【剖切线】选项组

图 9-23 【剖面视图 A-A】属性设置框

⫶⫶【反转方向】：反转剖切的方向。

⫶⫶【标号】：编辑与剖切线或者剖面视图相关的字母。

【字体】：可以为剖切线或者剖面视图相关字母选择其他字体。

（2）【剖面视图】选项组

【部分剖面】：当剖切线没有完全切透视图中模型的边框线时，会弹出剖切线小于视图几何体的提示信息，并询问是否生成局部剖视图。

【只显示切面】：只有被剖切线切除的曲面出现在剖面视图中。

【自动加剖面线】：选择此选项，系统可以自动添加必要的剖面（切）线。

【显示曲面实体】：选择此选项，系统将显示曲面实体。

（3）【剖面深度】选项组

⫶【深度】：设置剖切深度数值。

▤【深度参考】：为剖切深度选择的边线或基准轴。

（4）【从此处输入注解】选项组

【设计注解】：对于模型有关设计说明的注解。

【DimXpert 注解】：对于模型有关尺寸标注的注解。

【包括隐藏特征的项目】：是否包含有关隐藏特征的注解。

2. 生成剖面视图的操作方法

（1）打开一张带有模型的工程图。

（2）单击【工程图】工具栏中的 ⫶【剖面视图】按钮或单击执行【插入】|【工程视图】|⫶【剖面视图】命令，出现【剖面视图】属性管理器，在需要剖切的位置绘制一条直线，如图 9-24 所示。

（3）移动光标，放置视图到适当位置，得到剖面视图，如图 9-25 所示。

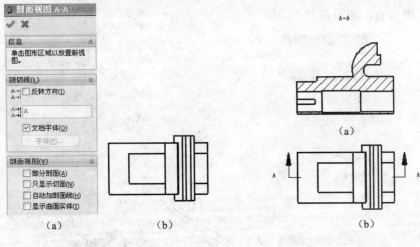

图 9-24　剖面视图属性设置　　　　　　图 9-25　创建剖面视图

9.4　特殊视图

9.4.1　辅助视图

　　辅助视图类似于投影视图，它的投影方向垂直于所选视图的参考边线，但参考边线一般不能为水平或者垂直，否则生成的就是投影视图。辅助视图相当于技术制图表达方法中的斜视图，可以用来表达零件的倾斜结构。

　　生成辅助视图的操作方法如下。

　　（1）打开一张带有模型的工程图，如图 9-26 所示。

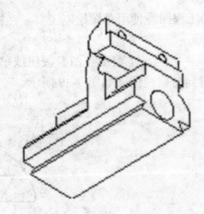

图 9-26　打开工程图文件

　　（2）单击【工程图】工具栏中的 <img>【辅助视图】按钮或单击执行【插入】|【工程视图】| <img>【辅助视图】命令，出现【辅助视图】窗口，然后单击参考视图的边线（参考边线不可以是水平或垂直的边线，否则生成的就是标准投影视图），移动光标到视图适当位置，

然后单击左键放置，如图 9-27 所示。

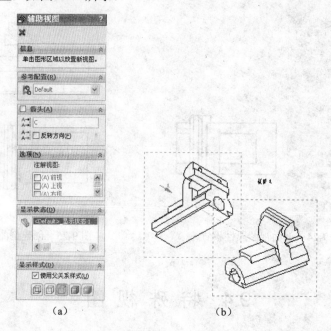

（a）　　　　　　（b）

图 9-27　创建辅助视图

9.4.2　剪裁视图

在 SolidWorks 工程图中，剪裁视图是由除了局部视图、已用于生成局部视图的视图或者爆炸视图之外的任何工程视图经剪裁而生成的。剪裁视图类似于局部视图，但是由于剪裁视图没有生成新的视图，也没有放大原视图，因此可以减少视图生成的操作步骤。

生成剪裁视图的操作方法。

（1）打开一张带有模型的工程图，使用草图绘制工具，在视图上绘制一个圆（也可以是其他封闭图形），如图 9-28 所示。

（2）单击【工程图】工具栏中的 【剪裁视图】按钮或单击执行【插入】|【工程视图】| 【剪裁视图】命令，得到剪裁视图，如图 9-29 所示。

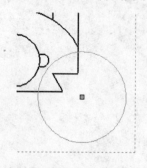

图 9-28　绘制草图圆

图 9-29　创建剪裁视图

（3）如果要取消剪裁，可用鼠标右键单击剪裁视图边框或【特征管理器设计树】中视

图的名称，然后在快捷菜单中单击选择【剪裁视图】|【移除剪裁视图】命令，就可以取消剪裁操作，如图 9-30 所示。

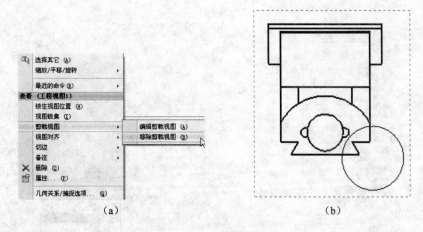

（a）　　　　　　　　　　　　　　　（b）

图 9-30　移除剪裁操作

9.4.3　局部视图

局部视图是 1 种派生视图，可以用来显示父视图的某一局部形状，通常采用放大比例显示。局部视图的父视图可以是正交视图、空间（等轴测）视图、剖面视图、裁剪视图、爆炸装配体视图或者另一局部视图，但不能在透视图中生成模型的局部视图。

1．局部视图的属性设置

单击【工程图】工具栏中的 局部视图】按钮，或者单击选择【插入】|【工程视图】|【局部视图】菜单命令，在【属性管理器】中弹出【局部视图】的属性设置框，如图 9-31 所示。

（1）【局部视图图标】选项组

● 【样式】：可以选择 1 种样式，如图 9-32 所示。

● 【标号】：编辑与局部视图相关的字母。

● 【字体】：如果要为局部视图标号选择文件字体以外的字体，取消选择【文件字体】选项，然后单击【字体】按钮。

（2）【局部视图】选项组

● 【完整外形】：局部视图轮廓外形全部显示。

● 【钉住位置】：可以阻止父视图比例更改时局部视图发生移动。

● 【缩放剖面线图样比例】：可以根据局部视图的比例缩放剖面线图样比例。

2．生成局部视图的操作方法

（1）打开一张带有模型的工程图。

（2）单击【工程图】工具栏中的 局部视图】按钮或单击执行【插入】|【工程视

图】|✑【局部视图】命令，在需要出局部图的位置绘制一个圆，出现【局部视图】属性管理器，在【比例】选项组中可以选择不同的缩放比例，这里选择"1：2"缩小比例，如图 9-33 所示。

图 9-31　【局部视图】属性设置框

图 9-32　【样式】选项

（3）移动光标，放置视图到适当位置，得到局部视图，如图 9-34 所示。

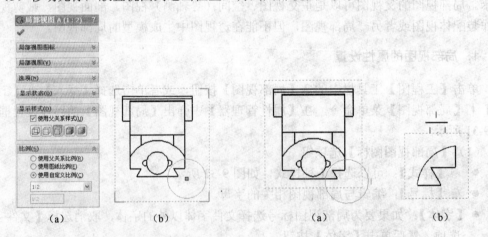

（a）　　　　　　　（b）　　　　　　　　　　　　（a）　　　　　　（b）

图 9-33　局部视图属性设置　　　　　　　　图 9-34　创建局部视图

9.4.4　旋转剖视图

旋转剖视图可以用来表达具有回转轴的零件模型的内部形状，生成旋转剖视图的剖切线，必须由两条连续的线段构成，并且这两条线段必须具有一定的夹角。

生成旋转剖视图的操作方法。

（1）打开一张带有模型的工程图，使用草图工具栏中的＼【直线】或┆【中心线】按钮绘制折线，如图 9-35 所示。

（2）按住 Ctrl 键，选中两条线段，单击【工程图】工具栏中的 ⬚【旋转剖视图】按钮或执行【插入】|【工程视图】|⬚【旋转剖视图】命令，出现【剖面视图】属性管理器，移动光标，放置视图到适当位置，得到旋转剖视图，如图 9-36 所示。

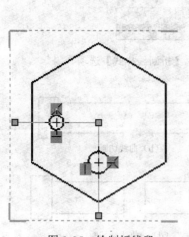

图 9-35　绘制折线段

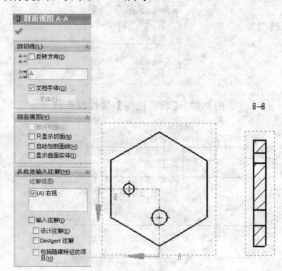

图 9-36　创建旋转剖视图

9.4.5　断裂视图

对于一些较长的零件（如轴、杆、型材等），如果沿着长度方向的形状统一（或者按一定规律）变化时，可以用折断显示的断裂视图来表达，这样就可以将零件以较大比例显示在较小的工程图纸上。断裂视图可以应用于多个视图，并可根据要求撤销断裂视图。

1．断裂视图的属性设置

单击【工程图】工具栏中的 ⬚【断裂视图】按钮，或者单击选择【插入】|【工程视图】|【断裂视图】菜单命令，在【属性管理器】中弹出【断裂视图】的属性设置框，如图 9-37 所示。

- ⬚【添加竖直折断线】：生成断裂视图时，将视图沿水平方向断开。
- ⬚【添加水平折断线】：生成断裂视图时，将视图沿竖直方向断开。
- 【缝隙大小】：改变折断线缝隙之间的间距。
- 【折断线样式】：定义折断线的类型，如图 9-38 所示，其效果如图 9-39 所示。

2．生成断裂视图的操作方法

（1）打开一张带有模型的工程图，如图 9-40 所示。

（2）选择要断裂的视图，然后单击【工程图】工具栏中的 ⬚【断裂视图】按钮或单击执行【插入】|【工程视图】|⬚【断裂视图】命令，出现【断裂视图】属性管理器，在【断裂视图设置】选项组中，选择 ⬚【添加竖直折断线】选项，在【缝隙大小】数值框中输入10mm，【折断线样式】选择"锯齿线切断"，在图形区域中出现了折线，如图 9-41 所示。

图 9-37 【断裂视图】属性设置框

图 9-38 【折断线样式】选项

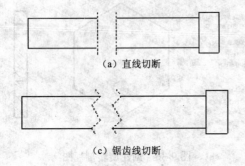

（a）直线切断

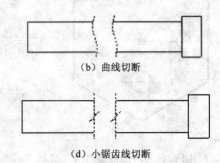

（b）曲线切断

（c）锯齿线切断

（d）小锯齿线切断

图 9-39 不同折断线样式的效果

图 9-40 打开工程视图

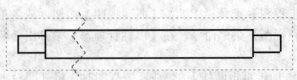

图 9-41 断裂视图属性设置

（3）移动光标，选择两个位置放置折断线，单击鼠标左键放置折断线，得到断裂视图，如图 9-42 所示。

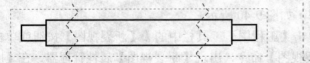

图 9-42 创建断裂视图

9.5 标 注 尺 寸

9.5.1 绘制草图尺寸

工程图中的尺寸标注是与模型相关联的，而且模型中的变更将直接反映到工程图中。

- 模型尺寸。通常在生成每个零件特征时即生成尺寸，然后将这些尺寸插入到各个工程视图中。
- 参考尺寸。也可以在工程图文档中添加尺寸，但是这些尺寸是参考尺寸，并且是从动尺寸，不能通过编辑参考尺寸的数值而更改模型。
- 颜色。在默认情况下，模型尺寸标注为黑色。
- 箭头。尺寸被选中时尺寸箭头上出现圆形控标。
- 隐藏和显示尺寸。可使用工程图工具栏上的隐藏/显示注解，或通过视图菜单来隐藏和显示尺寸。

添加尺寸标注的操作步骤如下。

（1）单击智能尺寸 ⚙【尺寸/几何关系工具栏】，或单击【工具】|【标注尺寸】|【智能尺寸】菜单命令。

（2）单击要标注尺寸的几何体，如表 9-1 所示。

表 9-1 标注尺寸

标 注 项 目	单击的对象
直线或边线的长度	直线
两直线之间的角度	两条直线或一直线和模型上的一边线
两直线之间的距离	两条平行直线，或一条直线与一条平行的模型边线
点到直线的垂直距离	点以及直线或模型边线
两点之间的距离	两个点
圆弧半径	圆弧
圆弧真实长度	圆弧及两个端点
圆的直径	圆周
一个或两个实体为圆弧或圆时的距离	圆心或圆弧/圆的圆周及其他实体（直线、边线、点等）
线性边线的中点	用右键单击要标注中点尺寸的边线，然后单击选择中点；接着选择第二个要标注尺寸的实体

（3）单击以放置尺寸。

9.5.2 添加尺寸标注的操作方法

（1）打开一张带有模型的工程图，如图 9-43 所示。

（2）单击【注解】工具栏中的 ◇【尺寸标注】按

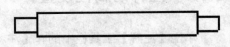

图 9-43 打开工程视图

钮，出现【尺寸标注】属性管理器，属性管理器中各选项保持默认设置，在绘图区单击图纸的边线，将自动生成直线标注尺寸，如图 9-44 所示。

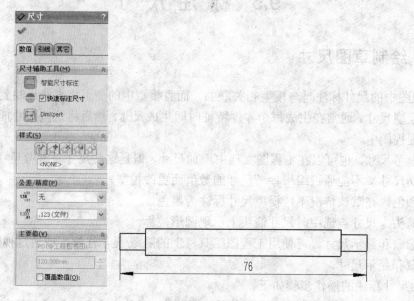

图 9-44　直线标注

（3）在绘图区继续单击圆形边线，将自动生成直径的标注线，如图 9-45 所示。

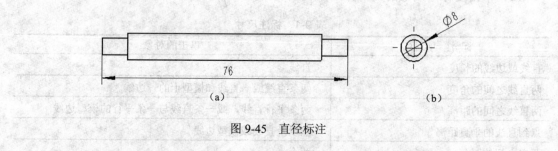

（a）　　　　　　　　　　　　（b）

图 9-45　直径标注

9.6　添　加　注　释

利用注释工具可以在工程图中添加文字信息和一些特殊要求的标注形式。注释文字可以独立浮动，也可以指向某个对象（如面、边线或者顶点等）。注释中可以包含文字、符号、参数文字或者超文本链接。如果注释中包含引线，则引线可以是直线、折弯线或者多转折引线。

9.6.1　注释的属性设置

单击【注解】工具栏中的 A【注释】按钮，或者单击选择【插入】|【注解】|【注释】菜单命令，在【属性管理器】中弹出【注释】的属性设置框，如图 9-46 所示。

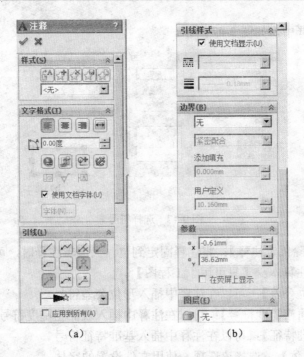

（a）　　　　　　　　　（b）

图 9-46　【注释】属性设置框

1.【样式】选项组

- ☒【将默认属性应用到所选注释】：将默认类型应用到所选注释中。
- ☒【添加或更新常用类型】：单击该按钮，在弹出的属性管理器中输入新名称，然后单击【确定】按钮，即可将常用类型添加到文件中。
- ☒【删除常用类型】：从【设定当前常用类型】中选择 1 种样式，单击该按钮，即可将常用类型删除。
- ☒【保存常用类型】：在【设定当前常用类型】中显示 1 种常用类型，单击该按钮，在弹出的【另存为】属性管理器中，选择保存该文件的文件夹，编辑文件名，最后单击【保存】按钮。
- ☒【装入常用类型】：单击该按钮，在弹出的【打开】属性管理器中选择合适的文件夹，然后选择 1 个或者多个文件，单击【打开】按钮，装入的常用尺寸出现在【设定当前常用类型】列表中。

2.【文字格式】选项组

- 文字对齐方式：包括☒【左对齐】、☒【居中】和☒【右对齐】。
- ☒【角度】：设置注释文字的旋转角度【正角度值表示逆时针方向旋转】。
- ☒【插入超文本链接】：单击该按钮，可以在注释中包含超文本链接。
- ☒【链接到属性】：单击该按钮，可以将注释链接到文件属性。
- ☒【添加符号】：将鼠标指针放置在需要显示符号的【注释】选择框中，单击【添加符号】按钮，弹出【符号】属性管理器，选择 1 种符号，单击【确定】按钮，符号显示在注释中，如图 9-47 所示。

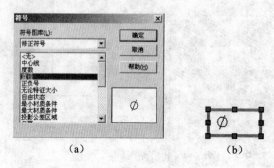

(a)   (b)

图 9-47   选择符号

- 【锁定/解除锁定注释】：将注释固定到位。当编辑注释时，可以调整其边界框，但不能移动注释本身【只可用于工程图】。
- 【插入形位公差】：可以在注释中插入形位公差符号。
- 【插入表面粗糙度符号】：可以在注释中插入表面粗糙度符号。
- 【插入基准特征】：可以在注释中插入基准特征符号。
- 【使用文档字体】：选择该选项，使用文件设置的字体。

3.【引线】选项组

- 单击 【引线】、 【多转折引线】、 【无引线】或者 【自动引线】按钮确定是否选择引线。
- 单击 【引线靠左】、 【引线向右】、 【引线最近】按钮，确定引线的位置。
- 单击 【直引线】、 【折弯引线】、 【下划线引线】按钮，确定引线样式。
- 从【箭头样式】中选择 1 种箭头样式。
- 【应用到所有】：将更改应用到所选注释的所有箭头。

4.【引线样式】选项组

- 【使用文档显示】：选择此选项可使用文档注释中所配置的样式和线粗。
- 【样式】：设定引线的样式。
- 【线粗】：设定引线的粗细。

5.【参数】选项组

通过输入 X 坐标和 Y 坐标来指定注释的中央位置。

6.【图层】选项组

在工程图中选择一图层。

7.【边界】选项组

- 【样式】：指定边界（包含文字的几何形状）的形状或者无。

● 【大小】：指定文字是否为【紧密配合】或者固定的字符数。

9.6.2　添加注释的操作方法

（1）打开一张带有模型的工程图，如图 9-48 所示。

（2）单击【注解】工具栏中的 **A**【注释】按钮，出现【注释】属性管理器，在【注释】选项组中，保持默认设置，如图 9-49 所示。

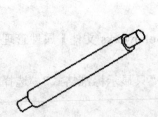

图 9-48　打开工程视图　　　　　　　图 9-49　注释属性设置

（3）移动光标，在绘图区单击空白处，出现文字输入框，在其内输入文字，形成注释，如图 9-50 所示。

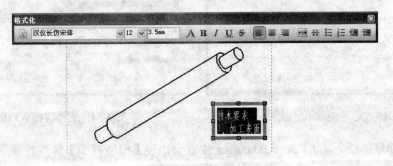

图 9-50　填写注释

9.7　范　　例

本例生成 1 个轴承座零件模型，如图 9-51 所示。最后生成的工程图，如图 9-52 所示。

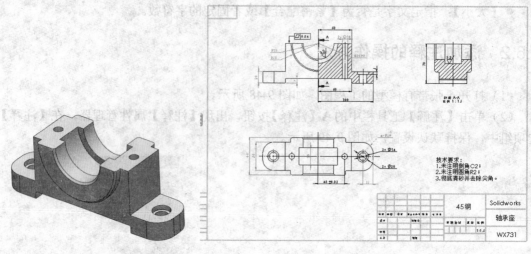

图 9-51　轴承座零件模型　　　　　图 9-52　轴承座零件工程图

9.7.1　新建工程图文件

（1）单击选择【文件】|【新建】，出现【新建 Solidworks 文件】属性管理器，选择"工程图"，创建一个新的工程图文件，如图 9-53 所示。

（2）在【图纸格式/大小】属性管理器中勾选"只显示标准格式"，选择标准 A3(GB)图纸，如图 9-54 所示。

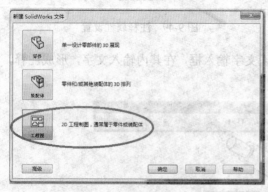

图 9-53　创建工程图文件　　　　　图 9-54　选择国标 A3 图纸

（3）选择好图纸之后，FeatureManager 位置会出现【模型视图】属性管理器，如图 9-55 所示。

9.7.2　生成零件的三视图

（1）双击【模型视图】属性管理器中的"轴承座"文件，出现新的【模型视图】属性管理器，通过此属性管理器可改变视图的【参考配置】、【方向】、【输入选项】、【显示状态】、【选项】、【显示样式】、【比例】、【装饰螺纹线显示】。为了能更好地观察到零件在图纸中的状态，勾选【方向】一栏中的【预览】，如图 9-56 所示。

图 9-55　【模型视图】属性管理器　　　　图 9-56　勾选【方向】一栏中的【预览】

（2）移动鼠标到图纸中，可看到模型主视图的预览图，如图 9-57 所示。

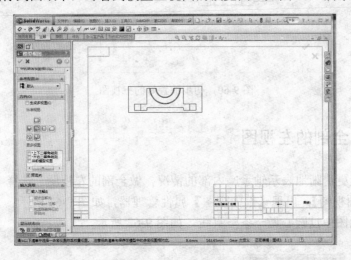

图 9-57　主视图的预览

（3）视图占图纸中的比例太小，不符合工程图的要求。在【模型视图】属性管理器中【比例】一栏中选择【使用自定义比例】，在下拉菜单中选择【用户定义】，修改图纸中的比例为 1:1.5，如图 9-58 所示。

（4）移动鼠标到图纸中，此时视图大小适中，比例符合工程图要求，如图 9-59 所示。

（5）移动鼠标到合适的位置，单击鼠标，即可放置主视图。再次移动鼠标到主视图下方和右方，单击鼠标，即可放置俯视图和左视图，如图 9-60 所示。

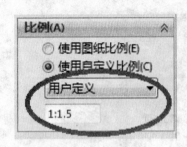

图 9-58　修改视图比例

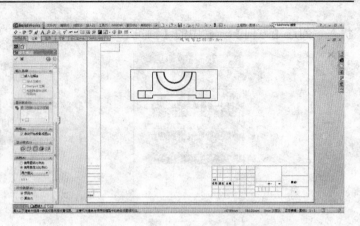

图 9-59　修改比例后的预览视图

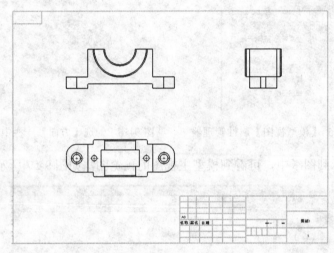

图 9-60　初步放置好的三视图

9.7.3　生成全剖的左视图

（1）为了能更清晰地表示轴承座内部的情况，做全剖的左视图。选择【插入】|【工程图视图】|【剖面视图】，出现【剖面视图】属性管理器，如图 9-61 所示。

（2）在主视图中过圆心做一条竖直线，如图 9-62 所示。

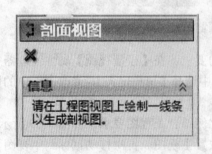

图 9-61　【剖面视图】属性管理器

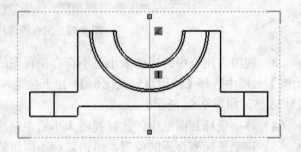

图 9-62　做剖切线

（3）画好剖切线之后，图纸中出现剖视图，同时 FeatureManager 位置处出现【剖面视图 A-A】属性管理器。通过此属性管理器可对剖面视图作修改，包括【剖切线】、【剖面视图】、【剖面深度】、【从此处输入注解】、【显示状态】、【显示样式】、【比例】、【尺寸类型】、【装饰螺纹线显示】。此例中对剖视图不需要做任何修改，因此移动鼠标到合适的位置，单击鼠标，即可完成全剖左视图的创建，如图 9-63 所示。

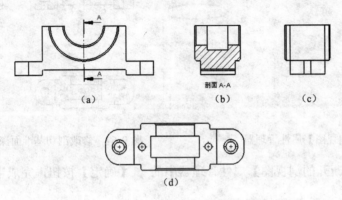

图 9-63   完成全剖左视图的创建

9.7.4   生成半剖的主视图

（1）选择【工具】|【草图绘制实体】|【矩形】，出现【矩形】属性管理器，如图 9-64 所示。

（2）在主视图中绘制一个矩形，注意矩形的一边要与中心线重合，矩形要完全包围主视图右半部分的图形，如图 9-65 所示。

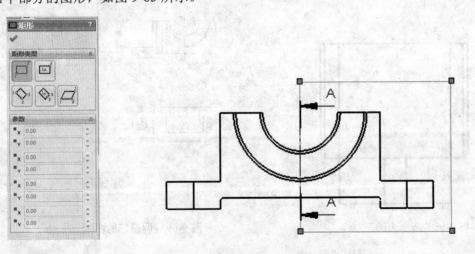

图 9-64 【矩形】属性管理器   图 9-65   绘制半剖的矩形

（3）注意不要单击【矩形】属性管理器中的 ✔【确定】按钮，保持矩形处于被选择状态。选择【插入】|【工程图视图】|【断开的剖视图】，出现【断开的剖视图】属性管理器，

勾选【预览】选项，如图 9-66 所示。

（4）修改剖切基准面深度为 33.00mm，可通过预览看到剖切基准面与俯视图中心线重合，如图 9-67 所示。

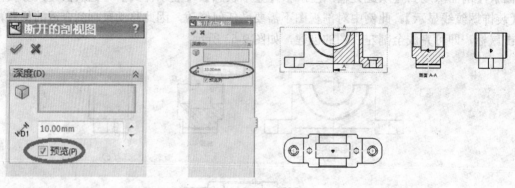

图 9-66 【断开的剖视图】属性管理器   图 9-67 修改剖切基准面深度

（5）单击【断开的剖视图】属性管理器中的 ✓ 【确定】按钮，完成半剖视图的创建。

9.7.5 调整各视图

（1）生成标注前，需对各视图进行检查和调整。原左视图表示的内容可以被其他视图清晰表示，已经不必单独表示出来，如图 9-68 所示。

（2）移动鼠标到左视图空白区域，右击鼠标，在弹出的菜单中选择【删除】，即可把左视图删去。

（3）拖动各视图，对其位置进行调整，调整好的视图如图 9-69 所示。

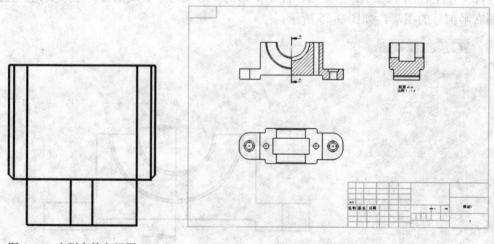

图 9-68 应删去的左视图   图 9-69 调整好的图纸

9.7.6 添加中心线

（1）在某些视图中，一些必要的中心线没有被标出，因此必须补上中心线。选择【插

入】|【注解】|【中心线】，出现【中心线】属性管理器，如图 9-70 所示。

（2）在剖视图中需要补上中心线，如图 9-71 所示。

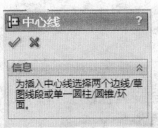
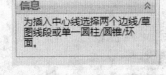

图 9-70 【中心线】属性管理器

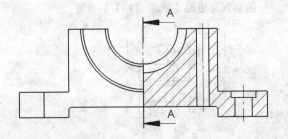

图 9-71 剖视图中需要补上中心线

（3）选择孔的两条边线，中心线会自动添加在图形中，如图 9-72 所示。

（4）俯视图需要添加中心线，添加中心线后的俯视图如图 9-73 所示。

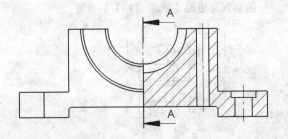

图 9-72 添加两条中心线

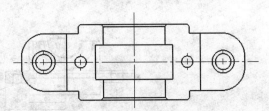

图 9-73 添加中心线后的俯视图

（5）剖视图 A-A 需要添加中心线，添加中心线后的俯视图如图 9-74 所示。

9.7.7 标注尺寸

（1）对于工程图，尺寸是必不可少的。Solidworks 可根据模型尺寸对工程图文件进行自动标注。单击选择【插入】|【模型项目】，出现【模型项目】属性管理器，可对【来源/目标】、【尺寸】、【注解】、【参考几何体】、【选项】、【图层】进行设定，如图 9-75 所示。

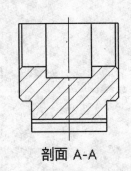

剖面 A-A

图 9-74 添加中心线后的俯视图

（2）因需要对整个模型标注尺寸，所以更改【来源/目标】为【整个模型】，如图 9-76 所示。

（3）在【模型项目】属性管理器中单击 ✓【确定】按钮，工程图中出现各种尺寸标注，如图 9-77 所示。

（4）自动标注虽然方便，但某些尺寸不符合工程图的要求。因此需要对尺寸进行调整，删去不合适的尺寸，调整尺寸的位置。单击尺寸，按下 Delete 键，即可删除该尺寸。移动鼠标到标注尺寸上，按住鼠标左键不放，即可拖动尺寸的位置。修改尺寸后的工程图如图 9-78 所示。

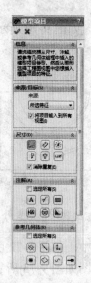

图 9-75 【模型项目】属性管理器

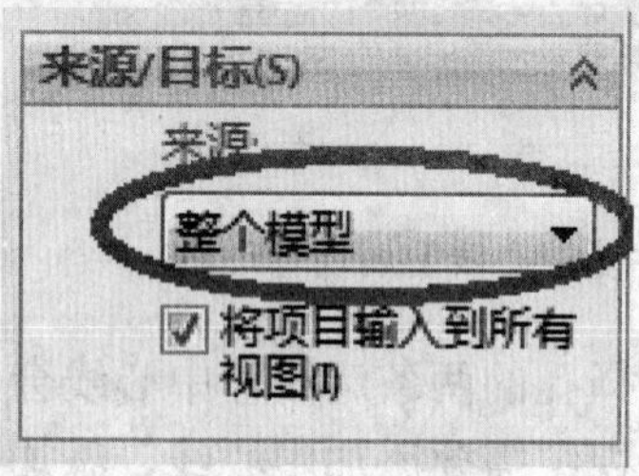

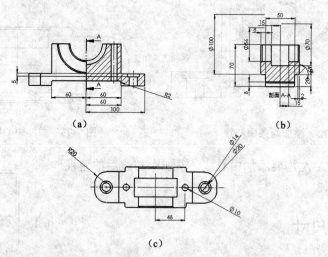

图 9-76 更改【来源/目标】的设置

（a） （b） （c）

图 9-77 通过【模型项目】生成的标注

（a） （b） （c）

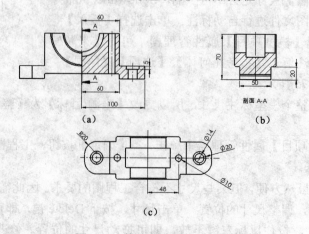

图 9-78 修改尺寸后的工程图

（5）模型中某些尺寸遗漏了，需要手工添加。选择【工具】|【标注尺寸】|【智能尺寸】，出现【尺寸】属性管理器，如图 9-79 所示。

（6）选取需要标注的边，尺寸就会按照模型自动生成，移动鼠标到适当的位置，单击鼠标，即可完成该尺寸的标注。若要对标注进行一定的修改，如添加直径符号 $\emptyset$，可在【尺寸】属性管理器中【标注尺寸文字】一栏中做更改，如图 9-80 所示。

图 9-79 【尺寸】属性管理器   图 9-80 修改标注尺寸文字

（7）添加尺寸后的工程图如图 9-81 所示。

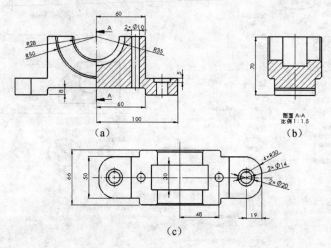

图 9-81 添加尺寸后的工程图

（8）修改标注样式，单击选择【工具】|【选项】，出现【系统选项(S)-普通】属性管理器，如图 9-82 所示。

（9）单击选择【文档属性】|【尺寸】|【直径】，修改文本位置为【折线引断，水平文字】，如图 9-83 所示。

（10）单击选择【文档属性】|【尺寸】|【半径】，修改文本位置为【折线引断，水平文字】，如图 9-84 所示。

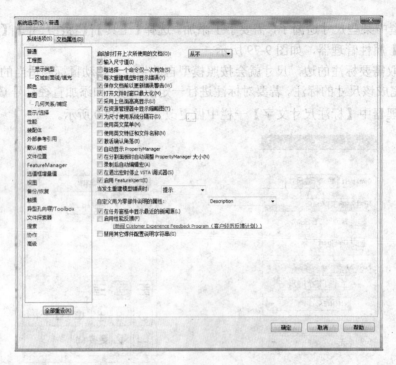

图 9-82　【系统选项(S)-普通】属性管理器

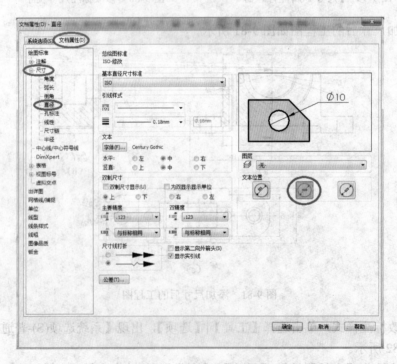

图 9-83　修改直径标注样式

（11）完成对直径和半径标注样式的更改，单击【确定】按钮。可见图纸中直径和半径的标注已更改，如图 9-85 所示。

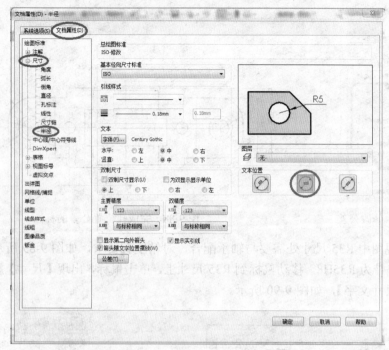

图 9-84 修改半径标注样式

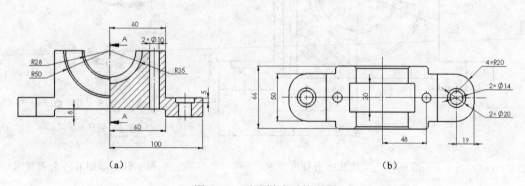

图 9-85 更改样式后的视图

9.7.8 标注尺寸公差

（1）轴承座俯视图中 2 个 $\phi10$ 的圆孔需要与另外一个零件配合，因此对尺寸精度有一定要求，即俯视图中的尺寸 48，如图 9-86 所示。

（2）误差允许范围为 47.98 至 48.02。移动鼠标到 48 尺寸上，单击鼠标，出现【尺寸】属性管理器，修改【公差/精度】，如图 9-87 所示。

（3）单击【尺寸】属性管理器中的 ✔ 【确定】按钮，确定对尺寸的修改。修改后的尺寸标注如图 9-88 所示。

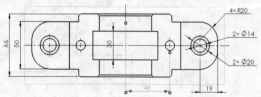

图 9-86 尺寸 48 有精度要求

 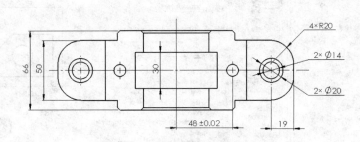

图 9-87　修改公差　　　　　　　图 9-88　完成孔位置公差的标注

（4）主视图中 R35 尺寸处需要与轴承配合，对精度有要求，如图 9-89 所示。

（5）公差带为 R35H8。移动鼠标到 R35 尺寸上，单击鼠标，出现【尺寸】属性管理器，修改【标注尺寸文字】，如图 9-90 所示。

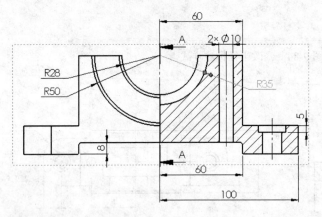 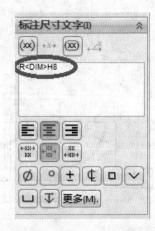

图 9-89　尺寸 R35 有精度要求　　　　　图 9-90　添加 R35 公差要求

（6）单击【尺寸】属性管理器中的 ✔【确定】按钮，确定对尺寸的修改。修改后的尺寸标注如图 9-91 所示。

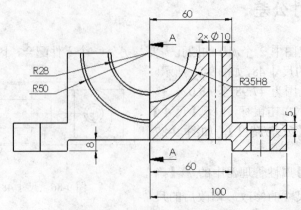

图 9-91　完成 R35 公差的标注

9.7.9 标注表面粗糙度

（1）配合表面对表面粗糙度有要求，需要在图纸中加以说明。单击选择【插入】|【注解】|【表面粗糙度符号】，出现【表面粗糙度】属性管理器，可对【样式】、【符号】、【符号布局】、【格式】、【角度】、【引线】、【图层】进行设置，如图 9-92 所示。

（2）需标注的表面粗糙度为 3.2，修改【符号】和【符号布局】，如图 9-93 所示。

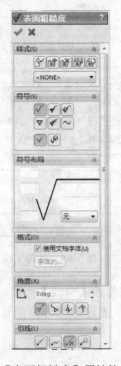

图 9-92 【表面粗糙度】属性管理器

图 9-93 设置表面粗糙度标注

（3）移动鼠标到需要标注的位置，单击鼠标，即可完成对该位置的标注，如图 9-94 所示。

（4）若要旋转表面粗糙度符号，可修改【表面粗糙度】属性管理器中【角度】的设置，如图 9-95 所示。

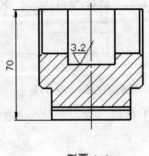

图 9-94 放置标注符号

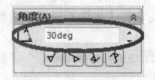

图 9-95 设置符号角度

（5）再次移动鼠标到需要标注的位置，单击鼠标，此时表面粗糙度符号已旋转了相应角度，如图 9-96 所示。

9.7.10 标注形位公差

（1）标注配合面的平面度要求，单击选择【插入】|【注解】|【形位公差】，出现【形位公差】和【属性】属性管理器，如图 9-97 所示。

（2）平面度要求为 0.04，填写【属性】属性管理器，如图 9-98 所示。

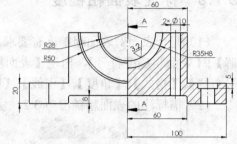

图 9-96 旋转的表面粗糙度符号

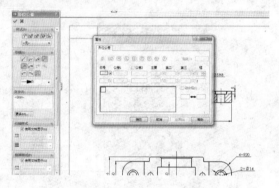

图 9-97 【形位公差】和【属性】属性管理器

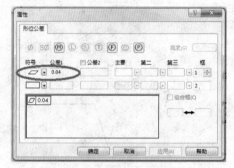

图 9-98 填写平面度要求

（3）修改引线样式，在【形位公差】属性管理器中修改【引线】一栏，如图 9-99 所示。

（4）移动鼠标到配合表面的轮廓线上，单击鼠标，固定形位公差符号，拖动引线，对其位置加以调整，调整后的标注如图 9-100 所示。

图 9-99 修改引线样式

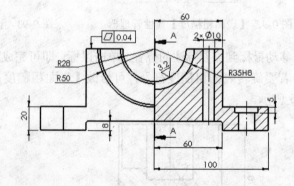

图 9-100 调整后的形位公差标注

（5）单击选择【属性】属性管理器中的【确定】按钮，完成形位公差的标注。

9.7.11 填写技术要求

（1）对于规范的工程图,必须带有技术要求。单击选择【插入】|【注解】|【注释】，出

现【注释】属性管理器，如图 9-101 所示。

（2）移动鼠标到图纸右下角，单击鼠标，出现选择框，输入技术要求，设置文字大小为 20，如图 9-102 所示。

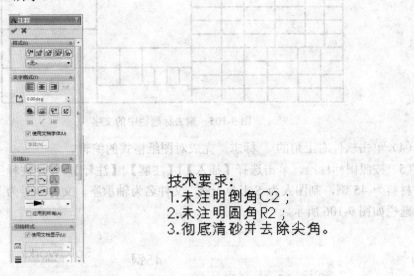

技术要求：
1.未注明倒角C2；
2.未注明圆角R2；
3.彻底清砂并去除尖角。

图 9-101 【注释】属性管理器　　　图 9-102　技术要求

9.7.12　完善标题栏

（1）完成视图的绘制之后，需要完善标题栏。放大标题栏，如图 9-103 所示。

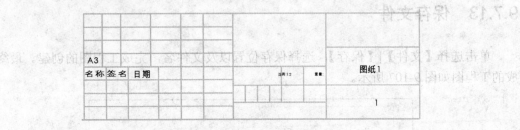

图 9-103　标题栏

（2）修改标题栏，在 FeatureManager 中右击【图纸格式 1】，在弹出的菜单中选择【编辑图纸格式】，此时图纸边框变为蓝色，如图 9-104 所示。

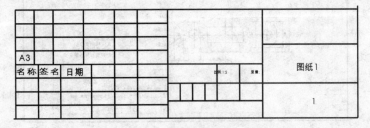

图 9-104　编辑标题栏

（3）分别单击标题栏的文字，按下 Delete 键，把标题栏中的文字逐一删去，最后标题栏如图 9-105 所示。

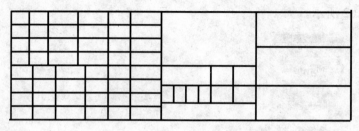

图 9-105　删去标题栏中的文字

（4）单击软件右上角的　　标志，完成对图纸格式的编辑。

（5）按照国标标准，单击选择【插入】|【注解】|【注释】，使用注释工具填写标题栏。其中材料为 45 钢，制图人为 Solidworks，文件名为轴承座，文件编号为 WX731。填写后的标题栏如图 9-106 所示。

图 9-106　填写后的标题栏

9.7.13　保存文件

单击选择【文件】|【保存】，选择保存位置以及文件名，完成工程图的创建。最终完成的工程图如图 9-107 所示。

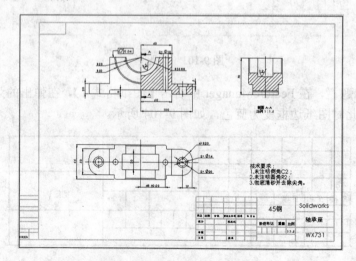

图 9-107　绘制后的工程图

第 10 章　钣 金 设 计

钣金是针对金属薄板（通常在 6mm 以下）一种综合冷加工工艺，包括剪、冲/切/复合、折、焊接、铆接、拼接、成型（如汽车车身）等，其显著的特征就是同一零件厚度一致。SolidWorks 可以独立设计钣金零件，也可以在包含此内部零部件的关联装配体中设计钣金零件。

10.1　基 本 术 语

在钣金零件设计中经常涉及一些术语，包括折弯系数、折弯系数表、K 因子和折弯扣除等。

10.1.1　折弯系数

折弯系数是沿材料中性轴所测量的圆弧长度。在生成折弯时，可以键入数值给任何一个钣金折弯以指定明确的折弯系数。以下方程式用来决定使用折弯系数数值时的总平展长度。

$$L_t = A + B + BA$$

式中：L_t 表示总平展长度；A 和 B 的含义如图 10-1 所示；BA 表示折弯系数值。

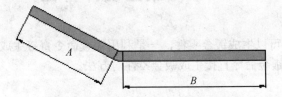

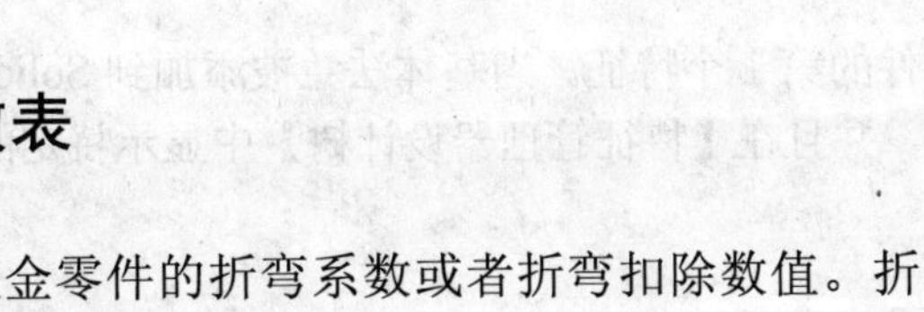

图 10-1　折弯系数中 A 和 B 的含义

10.1.2　折弯系数表

折弯系数表指定钣金零件的折弯系数或者折弯扣除数值。折弯系数表还包括折弯半径、折弯角度以及零件厚度的数值。有两种折弯系数表可供使用，一是带有*.btl 扩展名的文本文件，二是嵌入的 Excel 电子表格。

10.1.3　K 因子

K 因子代表中立板相对于钣金零件厚度的位置的比率。包含 K 因子的折弯系数使用以下计算公式。

$$BA = \Pi (R + KT) A / 180$$

式中：BA 表示折弯系数值；R 表示内侧折弯半径；K 表示 K 因子；T 表示材料厚度；A 表示折弯角度（经过折弯后材料的角度）。

10.1.4　折弯扣除

折弯扣除，通常是指回退量，也是通过一种简单算法来描述钣金折弯的过程。在生成折弯时，可以通过输入数值以给任何钣金折弯指定明确的折弯扣除。以下方程用来决定使用折弯扣除数值时的总平展长度。

$$L_t = A + B - BD$$

式中：L_t 表示总平展长度；A 和 B 的含义如图 10-2 所示；BD 表示折弯扣除值。

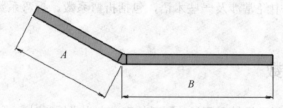

图 10-2　折弯扣除中 A 和 B 的含义

10.2　钣金设计特征

有两种基本方法可以生成钣金零件，一是利用钣金命令直接生成，二是将现有零件进行转换。下面介绍利用钣金命令直接生成钣金零件的方法。

10.2.1　基体法兰

基体法兰是钣金零件的第 1 个特征。当基体法兰被添加到 SolidWorks 零件后，系统会将该零件标记为钣金零件，并且在【特征管理器设计树】中显示特定的钣金特征。

1. 属性设置

单击【钣金】工具栏中的🔧【基体法兰/薄片】按钮或者单击选择【插入】|【钣金】|【基体法兰】菜单命令，在【属性管理器】中弹出【基体法兰】的属性设置框，如图 10-3 所示。

（1）【钣金规格】选项组

根据指定的材料，选择【使用规格表】选项定义钣金的电子表格及数值。

（2）【钣金参数】选项组

● 【厚度】：设置钣金厚度。

●【反向】：以相反方向加厚草图。

（3）【折弯系数】选项组

可以选择【K 因子】、【折弯系数】、【折弯扣除】和【折弯系数表】选项。

（4）【自动切释放槽】选项组

可以选择【矩形】、【撕裂形】和【矩圆形】。在【自动释放槽类型】中选择【矩形】或者【矩圆形】选项，其参数如图 10-4 所示。取消选择【使用释放槽比例】选项，则可以设置🔧【释放槽宽度】和🔧【释放槽深度】，如图 10-5 所示。

图 10-3　【基体法兰】属性设置框

2．操作步骤

（1）首先建立一个草图，如图 10-6 所示。

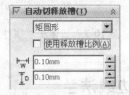

图 10-4　选择"矩圆形"选项　　　　　　图 10-5　取消选择【使用释放槽比例】选项

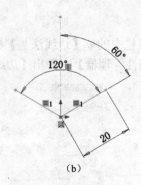

　　　　（a）　　　　　　　　　　　　　　（b）

图 10-6　建立模型

（2）单击【钣金】工具栏中的🔧【基体法兰】按钮或单击执行【插入】|【钣金】|🔧【基体法兰】命令，系统弹出基体法兰属性管理器。

（3）定义钣金参数属性，如图 10-7 所示。在【方向 1】选项组下，在 🔧 旁的"终止条件"下拉列表框中选择"给定深度"，🔧【深度】选择框中输入值 10.00mm。在【钣金参数】选项组下，🔧【厚度】选择框中输入值 0.50mm，🔧【折弯半径】选择框中输入值 1.00mm。在【折弯系数】选项组下，下拉列表框中选择"K 因子"，K【K-因子】选择框中输入值 0.5。在【自动切释放槽】选项组下，下拉列表框中选择"矩形"，勾选【使用释放槽比例】复选框，在【比例】选择框中输入值 0.5。

（4）单击✔【确定】按钮，完成基体法兰特征的创建，如图 10-8 所示。

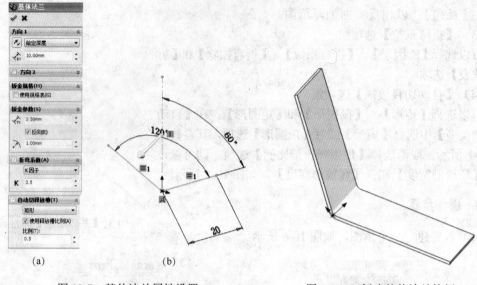

(a)   (b)

图 10-7   基体法兰属性设置   图 10-8   创建基体法兰特征

10.2.2   边线法兰

在 1 条或者多条边线上可以添加边线法兰。

1. 属性设置

单击【钣金】工具栏中的 ➋【边线法兰】按钮或者单击选择【插入】|【钣金】|【边线法兰】菜单命令，在【属性管理器】中弹出【边线-法兰】的属性设置框，如图 10-9 所示。

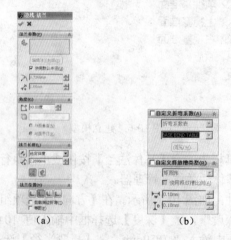

(a)   (b)

图 10-9   【边线-法兰】属性设置框

（1）【法兰参数】选项组。

- ➋【选择边线】：在图形区域中选择边线。
- 【编辑法兰轮廓】：编辑轮廓草图。

- 【使用默认半径】：可以使用系统默认的半径。
- 【折弯半径】：在取消选择【使用默认半径】选项时可用。
- 【缝隙距离】：设置缝隙数值。

（2）【角度】选项组。

- 【法兰角度】：设置角度数值。
- 【选择面】：为法兰角度选择参考面。

（3）【法兰长度】选项组。

"长度终止条件"下拉列表框：选择终止条件。

- 【反向】：改变法兰边线的方向。
- 【长度】：设置长度数值，然后为测量选择 1 个原点，包括【外部虚拟交点】和【内部虚拟交点】。

（4）【法兰位置】选项组。

"法兰位置"：可以单击以下按钮之一，包括【材料在内】、【材料在外】、【折弯在外】、【虚拟交点的折弯】。

- 【剪裁侧边折弯】：移除邻近折弯的多余部分。
- 【等距】：选择此选项，可以生成等距法兰。

（5）【自定义折弯系数】选项组：包括【折弯系数表】、【K 因子】、【折弯系数】、【折弯扣除】。

（6）【自定义释放槽类型】选项组：可以选择【矩形】、【矩圆形】和【撕裂形】。

2．操作步骤

（1）打开一个基体法兰，如图 10-10 所示。

（2）单击【钣金】工具栏中的【边线法兰】按钮或执行【插入】|【钣金】|【边线法兰】命令，系统弹出边线法兰属性管理器。

（3）选取模型边缘为边线法兰的附着边，如图 10-11 中右侧的边线所示。

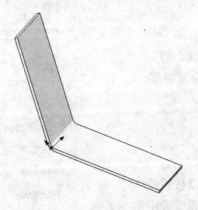
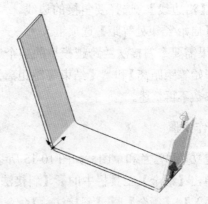

图 10-10　建立模型　　　　　图 10-11　选取边线法兰附着边

（4）定义法兰参数属性，如图 10-12 所示。在【角度】选项组下，【法兰角度】选择框中输入值 90.00 度。在【法兰长度】选项组下，【长度终止条件】下拉列表框中选择"给定深度"，【长度】选择框中输入值 10.00mm，单击按钮【外部虚拟交点】。在【法兰位置】

选项组下，单击按钮 ⬐ 【材料在外】，取消【剪裁侧边折弯】和【等距】复选框。

（5）单击 ✅ 【确定】按钮，完成边线法兰特征的创建，如图 10-13 所示。

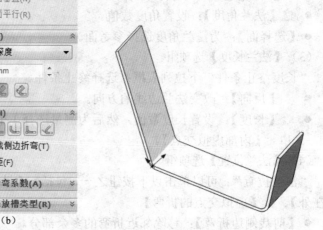

    （a）   （b）

图 10-12 边线法兰属性设置   图 10-13 创建边线法兰

10.2.3　斜接法兰

  单击【钣金】工具栏中的 ▧ 【斜接法兰】按钮或者单击选择【插入】|【钣金】|【斜接法兰】菜单命令，在【属性管理器】中弹出【斜接法兰】的属性设置框，如图 10-14 所示。

1．属性设置

（1）【斜接参数】选项组。

● ⬚ 【沿边线】：选择要斜接的边线。

（2）【启始/结束处等距】选项组。

● 如果需要令斜接法兰跨越模型的整个边线，将 ⬚
  【开始等距距离】和 ⬚【结束等距距离】设置为零。

其他参数不再赘述。

2．操作步骤

（1）建立基体法兰和草图，如图 10-15 所示。

（2）单击【钣金】工具栏中的 ▧ 【斜接法兰】按钮或单击执行【插入】|【钣金】| ▧ 【斜接法兰】命令，系统弹出斜接法兰属性管理器。

图 10-14　【斜接法兰】属性设置框

（3）选取模型边缘上的圆弧草图为斜接法兰的轮廓，系统默认选中法兰边线，如图 10-16 所示。

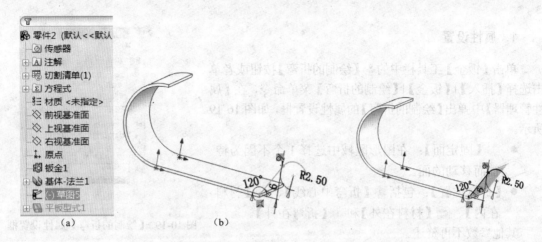

图 10-15　建立模型　　　　　　　　　图 10-16　定义斜接法兰轮廓

（4）定义法兰参数属性，如图 10-17 所示。在【斜接参数】选项组下，【折弯半径】选择框中输入值 1.00mm，【法兰位置】选项组中单击【材料在内】，选中【剪裁侧边折弯】选项。在【启始/结束处等距】选项组下，在【自定义折弯系数】选项组下，下拉列表框中选择【K 因子】，【K-因子】选择框中输入值 0.5。

图 10-17　斜接法兰属性设置

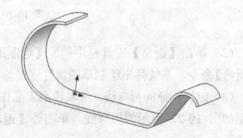

图 10-18　创建斜接法兰

（5）单击【确定】按钮，完成斜接法兰特征的创建，如图 10-18 所示。

10.2.4　绘制的折弯

绘制的折弯在钣金零件处于折叠状态时将折弯线添加到零件，使折弯线的尺寸标注到其他折叠的几何体上。

1. 属性设置

单击【钣金】工具栏中的  【绘制的折弯】按钮或者单击选择【插入】|【钣金】|【绘制的折弯】菜单命令，在【属性管理器】中弹出【绘制的折弯】的属性设置框，如图 10-19 所示。

- 【固定面】：在图形区域中选择 1 个不因为特征而移动的面。
- 【折弯位置】：包括 【折弯中心线】、 【材料在内】、 【材料在外】和 【折弯在外】。

其他参数不再赘述。

图 10-19 【绘制的折弯】属性设置框

2. 操作步骤

（1）建立基体法兰，如图 10-20 所示。

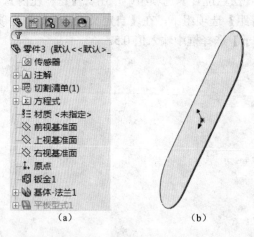

（a）　　　　　　　　（b）

图 10-20　打开文件

（2）单击【钣金】工具栏中的 【绘制的折弯】按钮或执行【插入】|【钣金】| 【绘制的折弯】命令，系统弹出绘制草图属性管理器。

（3）定义特征的折弯线。选取模型表面作为草图基准面，如图 10-21 所示。在草图环境中绘制如图 10-22 所示的折弯线。单击 【退出草图】命令按钮，系统弹出绘制的折弯属性管理器。

（4）绘制的折弯属性设置，如图 10-23 所示。在【折弯参数】选项组中， 【固定面】选择折弯线的右半边平面，在图中黑色点所在位置单击，确定折弯固定面。【折弯位置】选项组中单击 【材料在内】选项，【角度】选择框输入值 60.00 度， 【折弯半径】选择框输入值 0.20mm。在【自定义折弯系数】选项组下，下拉列表框中选择【K 因子】， 【K-因子】选择框中输入值 0.5。

（5）单击 【确定】按钮，完成折弯特征的创建，如图 10-24 所示。

图 10-21　折弯线基准面

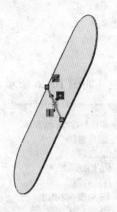

图 10-22　绘制折弯线

图 10-23　【绘制的折弯】属性设置框

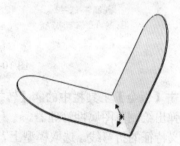

图 10-24　创建折弯特征

10.2.5　转折

转折通过从草图线生成两个折弯而将材料添加到钣金零件上。

1. 属性设置

单击【钣金】工具栏中的 ✎【转折】按钮或者单击选择【插入】|【钣金】|【转折】菜单命令，在【属性管理器】中弹出【转折】的属性设置框，如图 10-25 所示。

（1）在【转折等距】选项组中

- ◢为外部等距。
- ◢为内部等距。
- ◢为总尺寸。

（2）在【转折位置】选项组中

- ◢为折弯中心线。
- ◢为材料在内。
- ◢为材料在外。
- ◢为折弯在外。

图 10-25　【转折】属性设置框

其他参数不再赘述。

2. 操作步骤

（1）建立基体法兰，如图 10-26 所示。

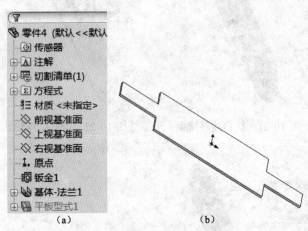

图 10-26　建立模型

（2）单击【钣金】工具栏中的 ∥【转折】按钮或单击执行【插入】|【钣金】| ∥【转折】命令，系统弹出绘制草图属性管理器。

（3）定义特征的折弯线。选取模型上表面作为草图基准面，如图 10-27 所示。在草图环境中绘制如图 10-28 所示的折弯线。单击 ↩【退出草图】命令按钮，系统弹出绘制的折弯属性管理器。

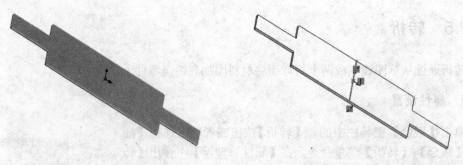

图 10-27　草图基准面　　　　　　　　　　图 10-28　绘制折弯线

（4）属性设置，如图 10-29 所示。在【选择】选项组中，♨【固定面】选择折弯线的右半边平面，在图 10-29（b）中黑色点所在位置单击，确定折弯固定面，⟋【折弯半径】选择框输入值 0.20mm。在【转折等距】选项组下，▨ 旁的【终止条件】下拉列表框中选择【给定深度】，⟱【等距距离】选择框中输入值 10.00mm，【尺寸位置】选项组中单击 ⊥【外部等距】选项。在【转折位置】选项组下，选择 ▥【折弯中心线】选项。在【转折角度】选项组下，◲【转折角度】选择框中输入值 90.00 度。

（5）单击 ✅【确定】按钮，完成转折特征的创建，如图 10-30 所示。

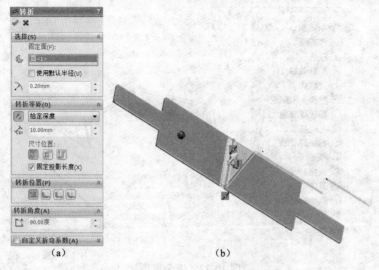

（a）　　　　　　　　　　　　（b）

图 10-29　转折属性设置

10.2.6　闭合角

可以在钣金法兰之间添加闭合角。

1．属性设置

单击【钣金】工具栏中的▦【闭合角】按钮或者单击选择【插入】|【钣金】|【闭合角】
菜单命令，在【属性管理器】中弹出【闭合角】的属性设置框，如图 10-31 所示。

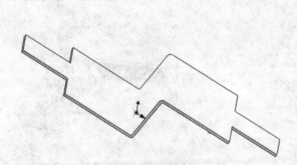

图 10-30　创建转折特征　　　　　　　图 10-31　【闭合角】属性设置框

- ▭【要延伸的面】：选择 1 个或者多个平面。
- 【边角类型】：可以选择边角类型，包括▨【对接】、▨【重叠】、▨【欠重叠】。
- ⚲【缝隙距离】：设置缝隙数值。
- ▨【重叠/欠重叠比率】：设置比率数值。
其他参数不再赘述。

2．操作步骤

（1）建立一钣金模型，如图 10-32 所示。

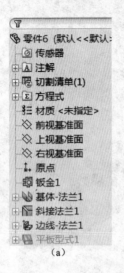
（a）

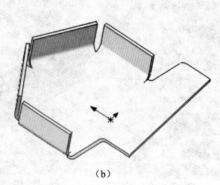
（b）

图 10-32　钣金模型

（2）单击【钣金】工具栏中的 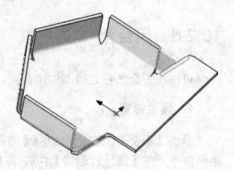【闭合角】按钮
或单击执行【插入】|【钣金】|【闭合角】命令，系
统弹出【闭合角】属性管理器。

（3）【要延伸的面】选取模型两个侧平面为延
伸面，如图 10-33 所示。

（4）在【要延伸的面】选项组下，【边角类型】
选项组中单击【对接】选项，【缝隙距离】选择
框输入值 0.10mm.，如图 10-34 所示。

图 10-33　定义延伸面

（5）单击【确定】按钮，完成闭合角特征的创
建，如图 10-35 所示。

图 10-34　【闭合角】属性设置框

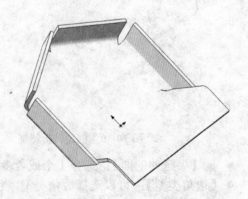

图 10-35　创建闭合角特征

10.2.7　断裂边角

单击【钣金】工具栏中的【断开边角/边角剪裁】按钮或者单击选择【插入】|【钣金】|

【断裂边角】菜单命令，在【属性管理器】中弹出【断开边角】的属性设置框，如图 10-36 所示。

1．属性设置

- 【边角边线或法兰面】：选择要断开的边角、边线或者法兰面。
- 【折断类型】：可以选择折断类型，包括 【倒角】、 【圆角】。
- 【距离】：在单击 【倒角】按钮时可用，为倒角的距离。
- 【半径】：在单击 【圆角】按钮时可用，为圆角的半径。

图 10-36　【断开边角】属性设置框

2．操作步骤

（1）建立基体法兰，如图 10-37 所示。

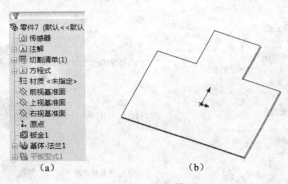

（a）　　　　　　　　　　　（b）

图 10-37　建立模型

（2）单击【钣金】工具栏中的 【断裂边角】按钮或单击执行【插入】|【钣金】| 【断裂边角】命令，系统弹出【断开边角】属性管理器。

（3）在 【边角边线或法兰面】中，在图形区域中选择边线，定义边角边线，如图 10-38 所示。在【折断边角选项】选项组中，【折断类型】选项组中单击 【倒角】选项， 【距离】选择框输入值 3.00mm。

（4）单击 【确定】按钮，完成断裂边角特征的创建，如图 10-39 所示。

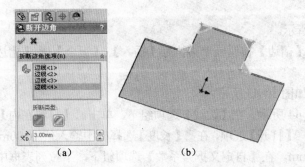

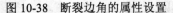

（a）　　　　　　（b）

图 10-38　断裂边角的属性设置

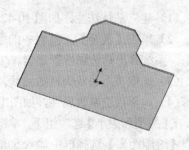

图 10-39　创建断裂边角特征

10.2.8 褶边

单击【钣金】工具栏中的 🖾【褶边】按钮或者单击选择【插入】|【钣金】|【褶边】菜单命令，在【属性管理器】中弹出【褶边】的属性设置框，如图 10-40 所示。

1．属性设置

（1）【边线】选项组。🖾【边线】：在图形区域中选择需要添加褶边的边线。

（2）【类型和大小】选项组。

● 选择褶边类型，包括 🖾【闭环】、🖾【开环】、🖾【撕裂形】和 🖾【滚轧】，选择不同类型的效果如图 10-41 所示。

● 🖾【长度】：在选择 🖾【闭环】、🖾【开环】选项时可用。

● 🖾【缝隙距离】：在选择【开环】选项时可用。

其他参数不再赘述。

图 10-40　【褶边】属性设置框

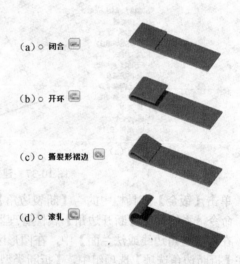

(a) ○ 闭合 🖾

(b) ○ 开环 🖾

(c) ○ 撕裂形褶边 🖾

(d) ○ 滚轧 🖾

图 10-41　不同褶边类型的效果

2．操作步骤

（1）建立基体法兰，如图 10-42 所示。

（2）单击【钣金】工具栏中的 🖾【褶边】按钮或单击执行【插入】|【钣金】|🖾【褶边】命令，系统弹出褶边属性管理器。

（3）选取模型边线为褶边边线，如图 10-43 所示。

（4）定义褶边参数属性，如图 10-44 所示。在【边线】选项组下，单击 🖾【材料在内】选项。在【类型和大小】选项组下，单击 🖾【打开】选项，在 🖾【长度】选择框中输入值 10.00mm，在 🖾【缝隙距离】选择框中输入 5.00mm。在【自定义折弯系数】选项组下，下拉列表框中选择【K 因子】，🅚【K-因子】选择框中输入值 0.50。

（5）单击 ✅ 确定按钮，完成褶边特征的创建，如图 10-45 所示。

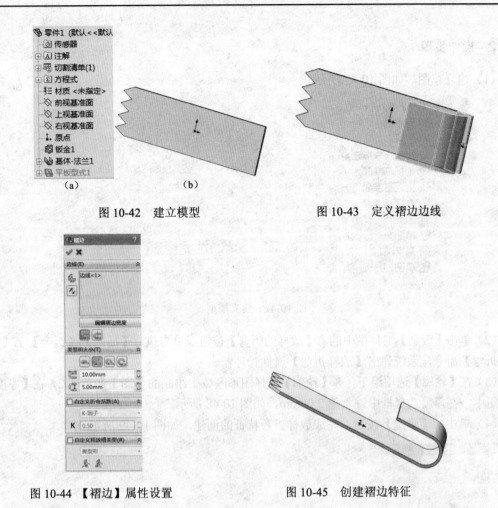

（a）　　　　　　　　（b）

图 10-42　建立模型　　　　　　　　图 10-43　定义褶边边线

图 10-44　【褶边】属性设置　　　　　　图 10-45　创建褶边特征

10.3　钣金编辑特征

10.3.1　放样折弯

在钣金零件中，放样折弯使用由放样连接的两个开环轮廓草图，基体法兰特征不与放样折弯特征一起使用。

1．属性设置

单击【钣金】工具栏中的 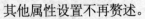【放样折弯】按钮或者单击选择【插入】|【钣金】|【放样折弯】菜单命令，在【属性管理器】中弹出【放样折弯】的属性设置框，如图 10-46 所示。

图 10-46　【放样折弯】属性设置框

- 【折弯线数量】：为控制平板型式折弯线的粗糙度设置数值。

其他属性设置不再赘述。

2．操作步骤

（1）建立草图，如图 10-47 所示。

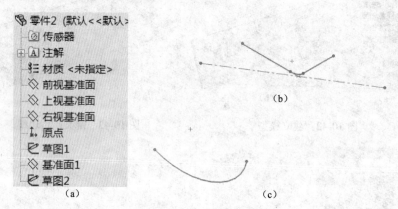

图 10-47　建立模型

（2）单击【钣金】工具栏中的 🔩【放样的折弯】按钮或单击执行【插入】|【钣金】| 🔩【放样的折弯】命令，系统弹出【放样折弯】属性管理器。

（3）在【轮廓】选项组下，⌖【轮廓】选择图形区域中绘制的草图 1 和草图 2，在【厚度】选项组中，在厚度选择框中输入值 2.00mm，如图 10-48 所示。

（4）单击 ✓【确定】按钮，完成放样折弯特征的创建，如图 10-49 所示。

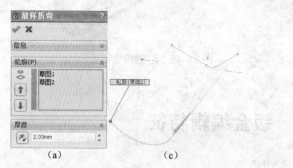

图 10-48　【放样折弯】属性设置

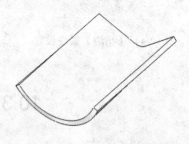

图 10-49　创建放样折弯特征

10.3.2　折叠

单击【钣金】工具栏中的 🔲【折叠】按钮或者单击选择【插入】|【钣金】|【折叠】菜单命令，在【属性管理器】中弹出【折叠】的属性设置框，如图 10-50 所示。

图 10-50　【折叠】属性设置框

1．属性设置

- 🔩【固定面】：在图形区域中选择 1 个不因为特征而移动的面。
- 🔩【要折叠的折弯】：选择 1 个或者多个折弯。

其他属性设置不再赘述。

2．操作步骤

（1）建立基体法兰，如图 10-51 所示。

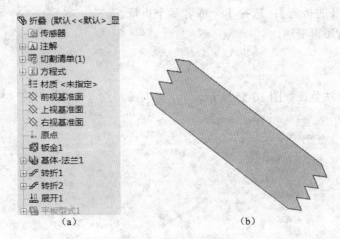

（a）　　　　　　　　　　　　　　　　　（b）

图 10-51　建立模型

　　（2）单击【钣金】工具栏中的 🔩【折叠】按钮或单击执行【插入】|【钣金】|🔩【折叠】命令，系统弹出折叠属性管理器。

　　（3）在【选择】选项组下，🔩【固定面】选择模型的上表面。单击【收集所有折弯】按钮，系统自动选中所有的折弯特征，如图 10-52 所示。

　　（4）单击 ✔【确定】按钮，完成折叠特征的创建，如图 10-53 所示。

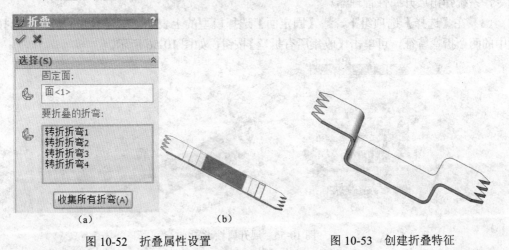

（a）　　　　　　　　　　　　（b）

图 10-52　折叠属性设置　　　　　　　　　　　图 10-53　创建折叠特征

10.3.3　展开

　　在钣金零件中，单击【钣金】工具栏中的 🔩【展开】按钮或者单击选择【插入】|【钣金】|【展开】菜单命令，在【属性管理器】中弹出【展开】的属性设置框，如图 10-54 所示。

1. 属性设置

- ⚙【固定面】：在图形区域中选择 1 个不因为特征而移动的面。
- 🔧【要展开的折弯】：选择 1 个或者多个折弯。

其他属性设置不再赘述。

图 10-54　【展开】属性设置框

2. 操作步骤

（1）建立基体法兰，如图 10-55 所示。

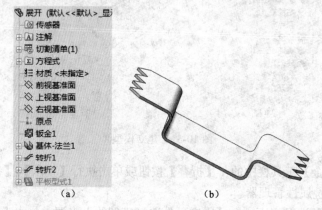

图 10-55　建立模型

（2）单击【钣金】工具栏中的🔧【展开】按钮或单击执行【插入】|【钣金】|🔧【展开】命令，系统弹出展开属性管理器。

（3）在【选择】选项组下，⚙【固定面】选择模型的上表面。🔧【展开的折弯】选择模型中的两个折弯特征，可单击【收集所有折弯】按钮，如图 10-56 所示。

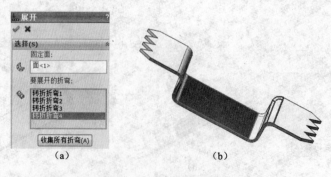

图 10-56　展开属性设置

（4）单击✔【确定】按钮，完成展开特征的创建，如图 10-57 所示。

10.3.4　切口

切口特征通常用于生成钣金零件，但可以将切口特征添加到任何

图 10-57　创建展开特征

零件上。

1．操作步骤

（1）建立模型，如图 10-58 所示。

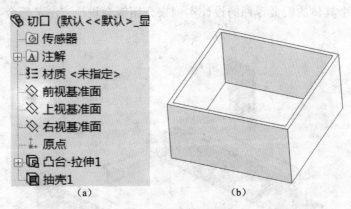

图 10-58　建立模型

（2）单击【钣金】工具栏中的 【切口】按钮或单击执行【插入】|【钣金】| 【切口】命令，系统弹出切口属性管理器。

（3）在图形区域中选择模型侧边线，定义要切口的边线 ，如图 10-59 所示。在【切口边线】选项组中， 【切口缝隙】选择框输入值 1.00mm。

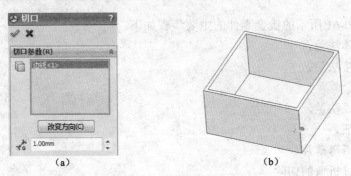

图 10-59　切口属性设置

（4）单击 【确定】按钮，完成切口特征的创建，如图 10-60 所示。

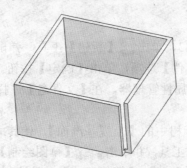

图 10-60　创建切口特征

10.4　范　　例

下面通过一个具体的钣金零件的设计实例来介绍钣金设计方法，钣金零件如图 10-61 所示。

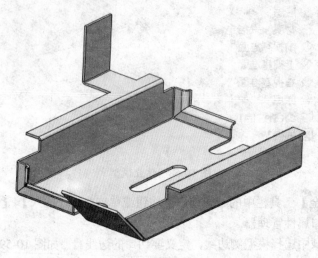

图 10-61　钣金零件图

创建如图 10-61 所示的钣金零件的主要步骤如下。

1. 生成基体法兰。
2. 添加斜接法兰。
3. 镜向钣金。
4. 添加边线法兰。
5. 镜向特征。
6. 添加和折弯薄片。
7. 添加穿过折弯的切除。
8. 生成闭合角。

10.4.1　生成基体法兰

（1）启动 SolidWorks 2013，单击 ▯【新建】工具，弹出【新建 SolidWorks 文件】属性管理器，在模板中选择【零件】选项，单击【确定】按钮。单击菜单栏中【文件】|【另存为】命令，弹出【另存为】属性管理器，在【文件名】选择框中输入【钣金】，单击【保存】按钮。

（2）单击特征管理器设计树中的【上视基准面】，使其成为草图绘制平面。单击标准视图工具栏中的 ↧【正视于】工具，并单击 ▱ 草图绘制【草图绘制】工具，进入草图的绘制模式。

（3）选择 ╲直线【直线】工具和 ⬙智能尺寸【智能尺寸】工具绘制一个草图，如图 10-62 所示。

（4）单击 草图绘制【草图绘制】工具，退出草图的绘制模式，单击选择【插入】|【钣金】|【基体法兰】菜单命令，打开【基体-法兰 1】属性管理器，在【方向 1】中设置【终止条件】为【给定深度】，【深度】设置为 150.00mm，在【钣金参数】下设置【厚度】为 3.00mm，折弯半径为 1.00mm，如图 10-63 所示。

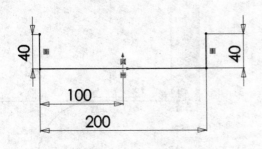

图 10-62　平面草图　　　　　　　　图 10-63　【基体-法兰 1】属性栏

（5）单击 ✓【确定】按钮，完成基体法兰的创建，如图 10-64 所示。

10.4.2　添加斜接法兰

（1）单击特征工具栏 📷【拉伸切除】工具，选择底面为草图绘制平面。

（2）单击选择 ⬭【圆】工具和 智能尺寸【智能尺寸】工具绘制一个草图，如图 10-65 所示。

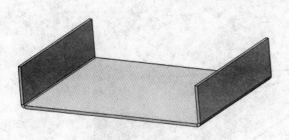

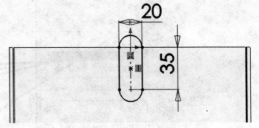

图 10-64　基体法兰图　　　　　　　　图 10-65　圆形草图

　　（3）单击 草图绘制【草图绘制】工具，退出草图的绘制模式，在【切除-拉伸 1】属性管理器中的【方向 1】中勾选【与厚度相等】，如图 10-66 所示。

　　（4）单击 ✓【确定】按钮，完成拉伸切除特征，如图 10-67 所示。

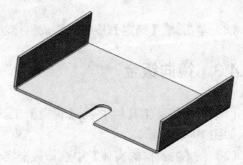

图 10-66　【切除-拉伸 1】属性设置　　　　图 10-67　切除-拉伸特征

（5）单击选择【插入】|【钣金】|【斜接法兰】菜单命令，打开【斜接法兰】属性管理器，选择内竖直边线以生成与所选边线垂直的草图基准面，其原点位于边线的最近端点处，如图 10-68 所示。

（6）单击标准视图工具栏 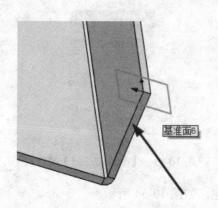 【下视】，沿基体法兰的边线绘制草图如图 10-69 所示。

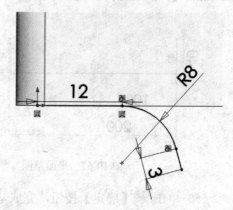

图 10-68   选择边线   图 10-69   边线草图

（7）单击 【草图绘制】工具，退出草图的绘制模式，单击延伸 ，使斜接法兰延伸到切边，在凹口处停止。在斜接参数下，法兰位置选择折弯在外，如图 10-70 所示。

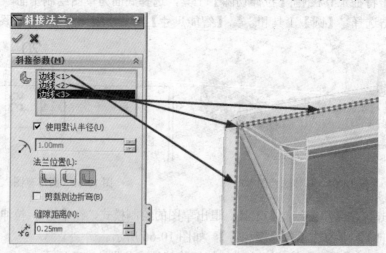

图 10-70   斜接参数

（8）单击 【确定】按钮，完成斜接法兰特征的创建，如图 10-71 所示。

10.4.3 镜向钣金

（1）单击特征工具栏中 【镜向】工具，在【镜向面/基准面】中选择基体法兰的侧面，如图 10-72 所示。

（2）在【要镜向的实体】中选择钣金实体，如图 10-73 所示。

（3）单击 【确定】按钮，完成镜向钣金的创建，如图 10-74 所示。

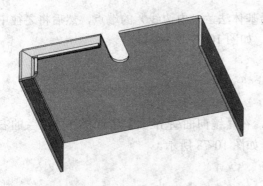

图 10-71 斜接法兰模型

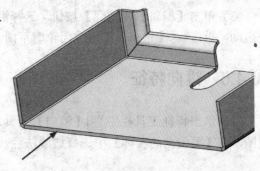

图 10-72 选择基体法兰侧面

图 10-73 选择镜向实体

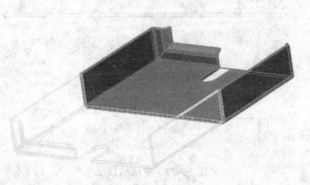

图 10-74 镜向实体

10.4.4 添加边线法兰

（1）单击选择【插入】|【钣金】|【边线法兰】菜单命令，打开【边线法兰】属性管理器，选择外边线，如图 10-75 所示。

（2）在【边线-法兰】属性管理器中，保持默认设置，如图 10-76 所示。

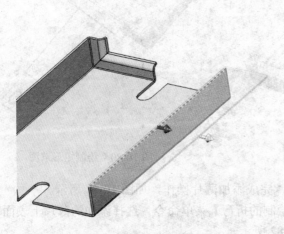

图 10-75 选择边线法兰

图 10-76 设置法兰参数

（3）单击【编辑法兰轮廓】按钮，选择沿基体法兰（内边线）的端点，然后将之往中央拖动，单击 ✅【完成】按钮关闭轮廓草图，如图 10-77 所示。

10.4.5　镜向特征

（1）单击特征工具栏中 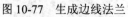【镜向】工具，在【镜向面/基准面】中选择基体法兰的右视图，在【要镜向的实体】中选择边线法兰，如图 10-78 所示。

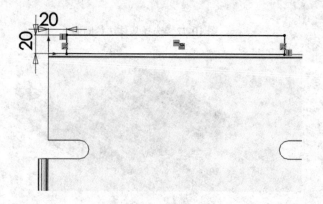

图 10-77　生成边线法兰

图 10-78　选择镜向特征

（2）单击 ✅【完成】按钮，完成镜向边线法兰的创建，如图 10-79 所示。

10.4.6　添加和折弯薄片

（1）单击边线法兰的上表面，然后单击选择【插入】|【钣金】|【薄片】菜单命令，在所选的平面上绘制一个矩形，并标注尺寸，如图 10-80 所示。

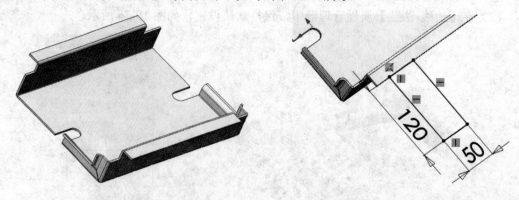

图 10-79　镜向边线法兰

图 10-80　绘制矩形草图

（2）单击 【退出草图】按钮，完成添加薄片操作，如图 10-81 所示。

（3）选择【插入】|【钣金】|【绘制的折弯】菜单命令，选择添加的薄片上表面为草图绘制平面，绘制一条直线，如图 10-82 所示。

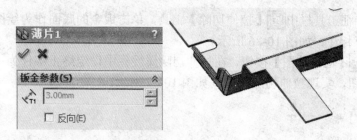

图 10-81　添加薄片

（4）单击 【退出草图】按钮，在折弯属性栏中设定折弯角度为 90.00 度，单击折弯在外，如图 10-83 所示。

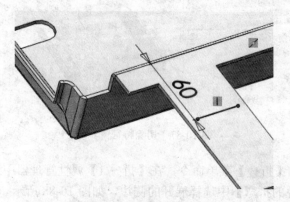

图 10-82　绘制直线草图

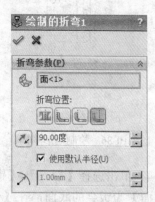

图 10-83　设置折弯参数

（5）单击 ✅【确定】按钮，完成折弯薄片的创建，如图 10-84 所示。

10.4.7　添加穿过折弯的切除

（1）单击选择【插入】|【钣金】|【展开】菜单命令，在【展开】属性管理器中选择【固定面】为钣金的底面，在【要展开的折弯】中选择一个侧边。单击 ✅【确定】按钮，钣金的一个侧边将展开，如图 10-85 所示。

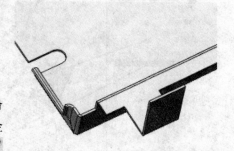

图 10-84　折弯薄片

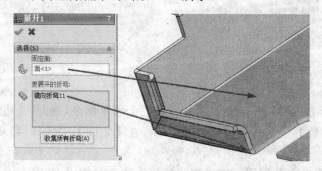

图 10-85　设置要展开的折弯

（2）单击特征工具栏中◙【拉伸切除】工具，单击钣金的底面作为绘图平面，绘制一个矩形，并进行标注，如图 10-86 所示。

（3）单击▨【退出草图】按钮，在拉伸切除属性栏中设定终止条件为完全贯穿，单击✔【确定】按钮，实现拉伸切除操作，如图 10-87 所示。

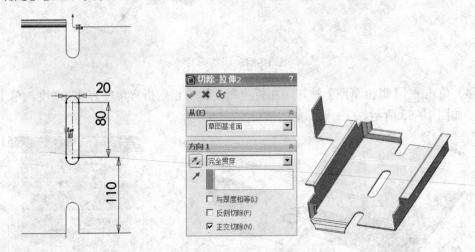

图 10-86　绘制矩形草图　　　　　　　　　图 10-87　切除特征

（4）单击选择【插入】|【钣金】|【折叠】菜单命令，在【折叠 1】属性管理器中选择【固定面】为钣金的底面，在【要折叠的折弯】中选择展开的侧边，如图 10-88 所示。

（5）单击✔【确定】按钮，完成折叠操作，如图 10-89 所示。

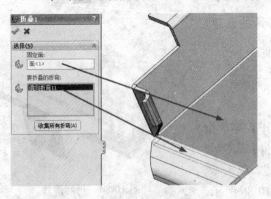
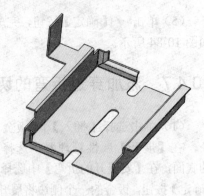

图 10-88　设置要折叠的折弯　　　　　　　　图 10-89　折叠特征

10.4.8　生成闭合角

（1）单击选择【插入】|【钣金】|【边线法兰】菜单命令，打开【边线-法兰 2】属性管理器，在【法兰参数】中选择基体法兰的边线，在【角度】中选择 45.00 度，如图 10-90 所示。

（2）单击✔【确定】按钮，完成边线法兰的建立，如图 10-91 所示。

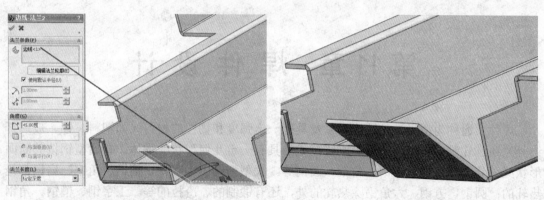

图 10-90　设置边线法兰　　　　　　　　图 10-91　建立边线法兰

（3）单击选择【插入】|【钣金】|【闭合角】菜单命令，打开【闭合角】属性管理器，在【要延伸的面】中选择基体法兰的边线，在【边角类型】中选择【对接】，如图 10-92 所示。

（4）单击 ✔【确定】按钮，完成钣金零件的制作，如图 10-93 所示。

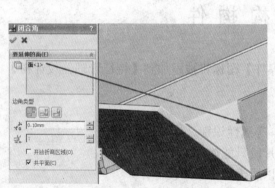

图 10-92　设置闭合角

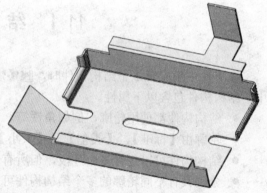

图 10-93　钣金零件图

第 11 章 焊 件 设 计

焊件（通称为型材）是铁或钢以及具有一定强度和韧性的材料（如塑料、铝、玻璃纤维等）通过轧制、挤出、铸造等工艺制成的具有一定几何形状的物体。普通型钢按其断面形状又可分为工字钢、槽钢、角钢、圆钢等。大型型钢中工字钢、槽钢、角钢、扁钢都是热轧的；圆钢、方钢、六角钢除热轧的外，还有锻制的、冷拉的等。工字钢、槽钢、角钢广泛应用于工业建筑和金属结构，如厂房、桥梁、船舶、农机车辆制造、输电铁塔、运输机械等。扁钢主要用做桥梁、房架、栅栏、输电、船舶、车辆等。圆钢、方钢用做各种机械零件、农机配件、工具等。在 SolidWorks 中，运用【焊件】命令可以生成多种焊接类型的结构件组合。结构件可以选用 SolidWorks 自带的标准结构件，用户也可以根据需要自己制作结构件。

11.1 结 构 构 件

在零件中生成第 1 个结构构件时，📐【焊件】图标将被添加到【特征管理器设计树】中。结构构件包含以下属性。

- 结构构件都使用轮廓，例如角铁等。
- 轮廓由【标准】、【类型】及【大小】等属性识别。
- 结构构件可以包含多个片段，但所有片段只能使用 1 个轮廓。
- 分别具有不同轮廓的多个结构构件可以属于同一个焊接零件。
- 在 1 个结构构件中的任何特定点处，只有两个实体才可以交义。
- 结构构件生成的实体会出现在 ◙【实体】文件夹下。
- 可以生成自己的轮廓，并将其添加到现有焊件轮廓库中。
- 可以在【特征管理器设计树】的 ◙【实体】文件夹下选择结构构件，并生成用于工程图中的切割清单。

1. 结构构件的属性设置

单击【焊件】工具栏中的 ◙【结构构件】按钮（或者单击选择【插入】|【焊件】|【结构构件】菜单命令），在【属性管理器】中弹出【结构构件 1】属性设置框，如图 11-1 所示。
【选择】选项组：

- 【标准】：选择先前所定义的 iso、ansi inch 或者自定义标准。
- 【类型】：选择轮廓类型。
- 【大小】：选择轮廓大小。
- 【组】：可以在图形区域中选择 1 组草图实体，作为路径线段。

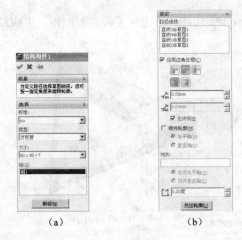

图 11-1 【结构构件】属性设置框

2. 生成结构构件的操作步骤

（1）绘制 1 个草图，如图 11-2 所示。

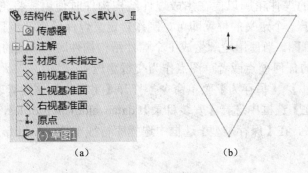

图 11-2　选择草图

（2）单击【焊件】工具栏中的 【结构构件】按钮（或者单击选择【插入】|【焊件】|【结构构件】菜单命令），在【属性管理器】中弹出【结构构件】属性设置框。在【选择】选项组中，设置【标准】、【类型】和【大小】参数，单击【组】选择框，在图形区域中选择 1 组草图实体，如图 11-3 所示。

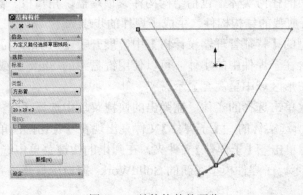

图 11-3　结构构件的预览

（3）选择草图中的其他 3 条边线，单击☑【确定】按钮，生成结构构件，如图 11-4 所示。

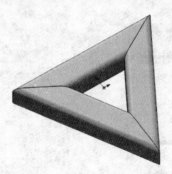

图 11-4　生成结构构件

11.2　自定义焊件轮廓

可以生成自己的焊件轮廓以便在生成焊件结构构件时使用。将轮廓创建为库特征零件，然后将其保存于一个定义的位置即可。制作自定义焊件轮廓的步骤如下。

（1）绘制轮廓草图。当使用轮廓生成 1 个焊件结构构件时，草图的原点为默认穿透点，且可以选择草图中的任何顶点或者草图点作为交替穿透点。

（2）选择【文件】|【另存为】菜单命令，打开【另存为】属性管理器。

（3）在【保存在】选框中选择【安装目录】|data|weldment profiles，然后选择或者生成 1 个适当的子文件夹，在【保存类型】选框中选择库特征零件（*.sldlfp），输入文件名，单击【保存】按钮。

11.3　子　焊　件

子焊件将复杂模型分为管理更容易的实体。子焊件包括列举在【特征管理器设计树】的🔳【切割清单】中的任何实体，包括结构构件、顶端盖、角撑板、圆角焊缝，以及使用【剪裁/延伸】命令所剪裁的结构构件。生成子焊件的步骤如下。

（1）在焊件模型的【特征管理器设计树】中，展开🔳【切割清单】。

（2）选择要包含在子焊件中的实体，可以使用键盘上的 Shift 键或者 Ctrl 键进行批量选择，所选实体在图形区域中呈高亮显示。

（3）用鼠标右键单击选择的实体，在弹出的快捷菜单中选择【生成子焊件】命令，如图 11-5 所示，包含所选实体的🗀【子焊件】文件夹出现在🔳【切割清单】中。

（4）用鼠标右键单击🗀【子焊件】文件夹，在弹出的快捷菜单中选择【插入到新零件】命令，如图 11-6 所示。子焊件模型在新的 SolidWorks 窗口中打开，并弹出【另存为】属性管理器。

（5）输入文件名，单击【保存】按钮，在焊件模型中所做的更改扩展到子焊件模型中。

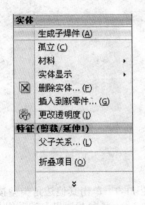
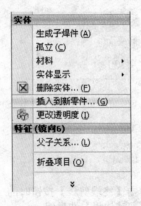

图 11-5　快捷菜单　　　　　图 11-6　选择【插入到新零件】

11.4　剪裁/延伸

可以使用结构构件和其他实体剪裁结构构件，使其在焊件零件中可以正确对接。可以使用【剪裁/延伸】命令剪裁或者延伸两个在角落处汇合的结构构件、1 个或者多个相对于另一实体的结构构件等。

1．剪裁/延伸的属性设置

单击【焊件】工具栏中的 【剪裁/延伸】按钮（或者单击选择【插入】|【焊件】|【剪裁/延伸】菜单命令），在【属性管理器】中弹出【剪裁/延伸】属性设置框，如图 11-7 所示。

（1）【边角类型】选项组

可以设置剪裁的边角类型，包括 【终端剪裁】、 【终端斜接】、 【终端对接 1】、 【终端对接 2】。

（2）【要剪裁的实体】选项组

对于 【终端剪裁】、 【终端对接 1】和 【终端对接 2】类型，选择要剪裁的 1 个实体；对于 【终端剪裁】类型，选择要剪裁的 1 个或者多个实体。

（3）【剪裁边界】选项组

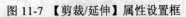

图 11-7　【剪裁/延伸】属性设置框

① 当单击 【终端剪裁】按钮时，【剪裁边界】选项组如图 11-8 所示，选择剪裁所相对的 1 个或者多个相邻面，参数介绍如下。

● 【面/平面】：使用平面作为剪裁边界。

● 【实体】：使用实体作为剪裁边界。

② 当单击 【终端斜接】、 【终端对接 1】和 【终端对接 2】边角类型按钮时，【剪裁边界】选项组如图 11-9 所示，选择剪裁所相对的 1 个相邻结构构件，参数介绍如下。

● 【预览】：在图形区域中预览剪裁。

● 【允许延伸】：允许结构构件进行延伸或者剪裁；取消选择此选项，则只可以进行剪裁。

 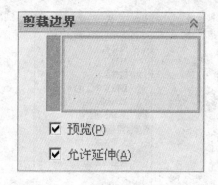

图 11-8　单击【终端剪裁】按钮时的　　　　　　图 11-9　单击其他边角类型按钮时的
　　　　　　【剪裁边界】选项组　　　　　　　　　　　　　　　【剪裁边界】选项组

2．运用剪裁工具的操作步骤

（1）建立一个焊件模型，如图 11-10 所示。

图 11-10　打开文件

　　（2）单击【焊件】工具栏中的 ▣【剪裁/延伸】按钮（或者单击选择【插入】|【焊件】|【剪裁/延伸】菜单命令），在【属性管理器】中弹出【剪裁/延伸】的属性设置框。在【边角类型】选项组中，单击 ▣【终端对接 1】按钮；在【要剪裁的实体】选项组中，在图形区域中选择要剪裁的实体；在【剪裁边界】选项组中，在图形区域中选择作为剪裁边界的实体，在图形区域中显示出剪裁的预览，如图 11-11 所示。

　　（3）单击 ✔【确定】按钮，完成剪裁操作，如图 11-12 所示。

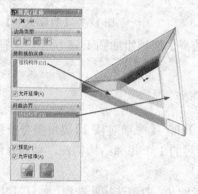 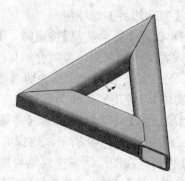

图 11-11　剪裁的预览　　　　　　　　　　　图 11-12　生成结构构件

11.5　圆角焊缝

可以在任何交叉的焊件实体（如结构构件、平板焊件或者角撑板等）之间添加全长、间歇或者交错的圆角焊缝。

1. 圆角焊缝的属性设置

单击【焊件】工具栏中的 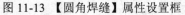【圆角焊缝】按钮（或者单击选择【插入】|【焊件】|【圆角焊缝】菜单命令），在【属性管理器】中弹出【圆角焊缝】的属性设置框，如图 11-13 所示。

【箭头边】选项组

【焊缝类型】下拉选框：可以选择【全长】、【间歇】、【交错】焊缝类型。

【焊缝长度】、【节距】：在设置【焊缝类型】为【间歇】或者【交错】时可用，如图 11-14 所示。

图 11-13　【圆角焊缝】属性设置框　　　图 11-14　选择【交错】选项

其属性设置不再赘述。

2. 生成圆角焊缝的操作步骤

（1）建立一个焊件模型，如图 11-15 所示。

（2）单击【焊件】工具栏中的 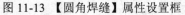【圆角焊缝】按钮（或者单击选择【插入】|【焊件】|【圆角焊缝】菜单命令），在【属性管理器】中弹出【圆角焊缝】的属性设置框。在【箭头边】选项组中选择【焊缝类型】为【全长】；在【圆角大小】下设置 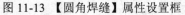【焊缝大小】数值为 3.00mm；单击 【第一组面】选择框，在图形区域中选择 1 个面组；单击 【第二组面】选择框，在图形区域中选择 1 个交叉面组，交叉边线自动显示虚拟边线，如图 11-16 所示。

图 11-15　打开文件

（3）单击 ✔【确定】按钮，生成圆角焊缝，如图 11-17 所示。

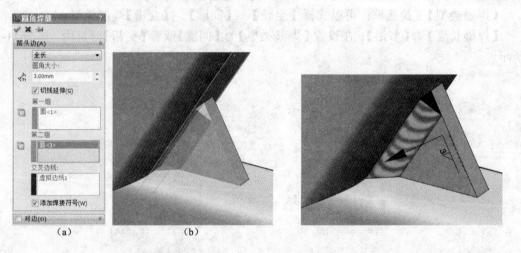

图 11-16　选择圆角焊缝面组　　　　　图 11-17　生成圆角焊缝

11.6　切　割　清　单

当第 1 个焊件特征被插入到零件中时，🗀【实体】文件夹会重新命名为🔳【切割清单】以表示要包括在切割清单中的项目。🔳图标表示切割清单需要更新，🔳图标表示切割清单已更新。

11.6.1　生成切割清单的操作步骤

1．更新切割清单

在焊件零件的【特征管理器设计树】中，用鼠标右键单击🔳【切割清单】图标，在弹出的快捷菜单中单击【更新】命令，如图 11-18 所示，🔳图标变为🔳。相同项目在🔳项目子文件夹中列组。

2. 将特征排除在切割清单外

焊缝不包括在切割清单中，可以选择其他也可排除在外的特征。如果需要将特征排除在切割清单之外，可以用鼠标右键单击特征，在弹出的快捷菜单中单击【更新】命令，如图 11-19 所示。

3. 将切割清单插入到工程图中

图 11-18　快捷菜单

具体操作步骤如下。

（1）在工程图中，单击【表格】工具栏中的【焊件切割清单】按钮（或者单击选择【插入】|【表格】|【焊件切割清单】菜单命令），在【属性管理器】中弹出【焊件切割清单】属性设置框，如图 11-20 所示。

（2）选择 1 个工程视图，设置【焊件切割清单】属性，单击【确定】按钮。

图 11-19　快捷菜单

图 11-20　【焊件切割清单】属性设置框

11.6.2　自定义属性

焊件切割清单包括项目号、数量以及切割清单自定义属性。在焊件零件中，属性包含在使用库特征零件轮廓从结构构件所生成的切割清单项目中，包括【说明】、【长度】、【角度 1】、【角度 2】等，可以将这些属性添加到切割清单项目中。修改自定义属性的步骤如下。

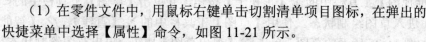

（1）在零件文件中，用鼠标右键单击切割清单项目图标，在弹出的快捷菜单中选择【属性】命令，如图 11-21 所示。

（2）在【<切割清单项目> 自定义属性】属性管理器（如图 11-22　图 11-21　快捷菜单 所示的【垂直支架 自定义属性】属性管理器）中，设置【属性名称】、【类型】和【数值/文字表达】。

（3）根据需要重复前面的步骤，单击【确定】按钮完成操作。

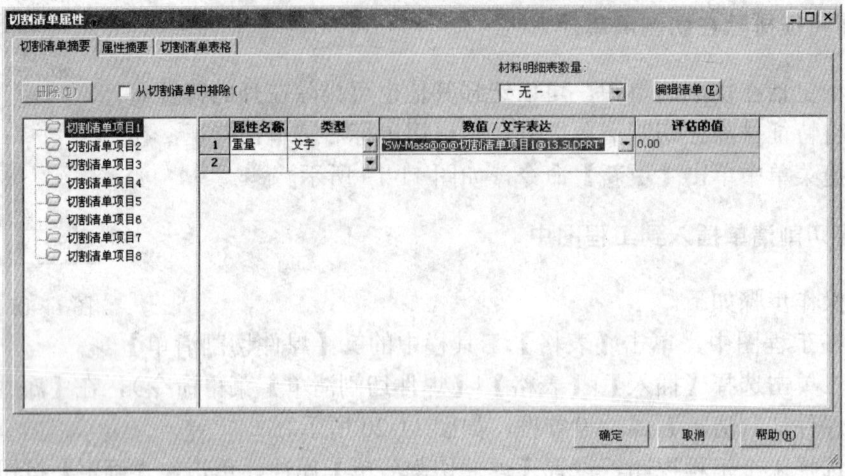

图 11-22　【自定义属性】属性管理器

11.7　范　　例

本范例介绍焊件设计过程，模型如图 11-23 所示。

主要步骤如下：

1. 建立机架。
2. 建立加强部分。
3. 建立辅助部分。

11.7.1　建立机架

（1）单击【参考几何体】工具栏中的◇【基
准面】按钮，在【属性管理器】中弹出【基准面】
的属性设置。在【第一参考】中，在图形区域中

图 11-23　焊件模型

选择上视基准面；在【第二参考】中，在图形区域中选择矩形草图的一个点，单击┥┝【距
离】按钮，在文本栏中输入 1812.00mm，如图 11-24 所示，在图形区域中显示出新建基准
面的预览，单击 ✅ 【确定】按钮，生成基准面。

（2）单击【特征管理器设计树】中的【前视基准面】图标，使前视基准面成为草图绘
制平面。单击【标准视图】工具栏中的 ↥ 【正视于】按钮，并单击【草图】工具栏中的 ┗
【草图绘制】按钮，进入草图绘制状态。使用【草图】工具栏中的 ＼ 【直线】、◇ 【智能
尺寸】工具，绘制如图 11-25 所示的草图。单击 ┗ 【退出草图】按钮，退出草图绘制状态。

（3）单击【焊件】工具栏中的 ▣ 【结构构件】按钮，在【属性管理器】中弹出【结构
焊件 1】属性设置框，单击【组】选择框，在图形区域中选择草图。系统生成一个垂直于

所选路径的平面，并在该平面上应用前面选择的轮廓类型绘制草图。在【设定】选项组中，
选择【应用边角处理】选项，生成独立实体的结构构件，如图 11-26 所示。

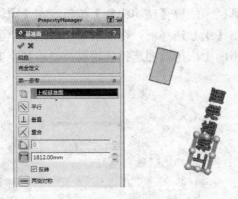

图 11-24　生成基准面

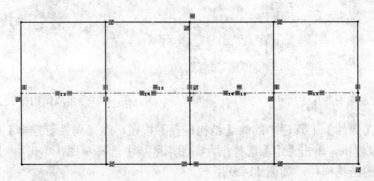

图 11-25　绘制草图并标注尺寸

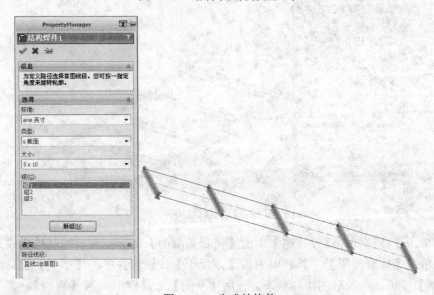

图 11-26　生成结构件

（4）单击【特征管理器设计树】中的【前视基准面】图标，使前视基准面成为草图绘
制平面。单击【标准视图】工具栏中的 ↓【正视于】按钮，并单击【草图】工具栏中的 ❷

【草图绘制】按钮，进入草图绘制状态。使用【草图】工具栏中的 \ 【直线】、◇ 【智能尺寸】工具，绘制如图 11-27 所示的草图。单击 【退出草图】按钮，退出草图绘制状态。

（5）单击【焊件】工具栏中的 【结构构件】按钮，在【属性管理器】中弹出【结构焊件 2】属性设置框，单击【组】选择框，在图形区域中选择草图。系统生成一个垂直于所选路径的平面，并在该平面上应用前面选择的轮廓类型绘制草图，如图 11-28 所示。

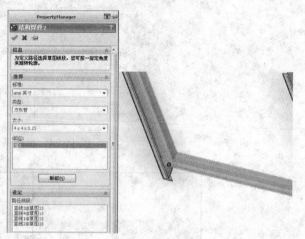

图 11-27　绘制草图并标注尺寸　　　　　　　图 11-28　生成结构件

（6）单击【焊件】工具栏中的 【结构构件】按钮，在【属性管理器】中弹出【结构构件 3】属性设置框，单击【组】选择框，在图形区域中选择草图，单击 ✓ 【确定】按钮，生成独立实体的结构构件，如图 11-29 所示。

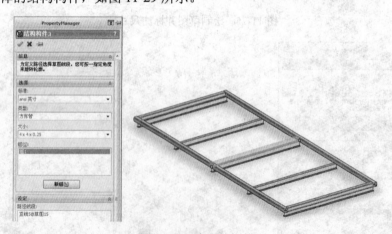

图 11-29　生成结构件

（7）单击【特征管理器设计树】中的【前视基准面】图标，使前视基准面成为草图绘制平面。单击【标准视图】工具栏中的 【正视于】按钮，并单击【草图】工具栏中的 【草图绘制】按钮，进入草图绘制状态。使用【草图】工具栏中的 \ 【直线】、◇ 【智能尺寸】工具，绘制如图 11-30 所示的草图。单击 【退出草图】按钮，退出草图绘制状态。

（8）单击【焊件】工具栏中的 【结构构件】按钮，在【属性管理器】中弹出【结构焊件 4】属性设置框，单击【组】选择框，在图形区域中选择草图，单击 ✓ 【确定】按钮，

如图 11-31 所示。

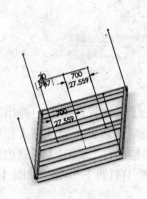

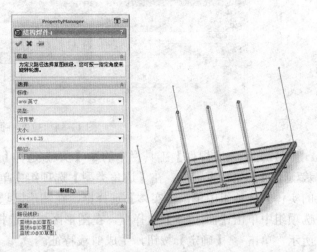

图 11-30　绘制草图并标注尺寸　　　　　　　　图 11-31　生成结构件

（9）单击【焊件】工具栏中的 【结构构件】按钮，在【属性管理器】中弹出【结构焊件 3】属性设置框，单击【组】选择框，在图形区域中选择草图，单击 ✔【确定】按钮，如图 11-32 所示。

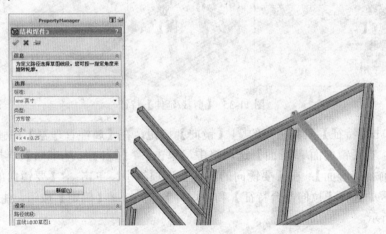

图 11-32　生成结构件

（10）单击【特征管理器设计树】中的【基准面】图标，使其成为草图绘制平面。单击【标准视图】工具栏中的 ↧【正视于】按钮，并单击【草图】工具栏中的 ✍【草图绘制】按钮，进入草图绘制状态。使用【草图】工具栏中的 ▣【矩形】、◇【智能尺寸】工具，绘制如图 11-33 所示的草图。单击 ✍【退出草图】按钮，退出草图绘制状态。

（11）单击【特征】工具栏中的 ▨【拉伸凸台/基体】按钮，在【属性管理器】中弹出【拉伸 1】属性设置。在【方向 1】选项组中，设置 ↗【终止条件】为【成形到一面】，◈【面\平面】为末端的端面，单击 ✔【确定】按钮，生成拉伸特征，如图 11-34 所示。

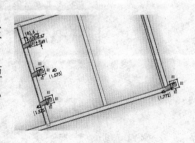

图 11-33　绘制草图并标注尺寸

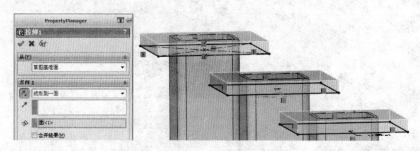

图 11-34　拉伸特征

（12）单击【焊件】工具栏中的 【剪裁/延伸】按钮，在【属性管理器】中弹出【剪裁/延伸 1】属性设置框。在【边角类型】选项组中单击 【终端剪裁】按钮；在【要剪裁的实体】选项组中单击【实体】选择框，在图形区域中选择结构构件 2；在【剪裁边界】选项组中单击【面/实体】选择框，在图形区域中选择结构构件 1[1]的下平面，如图 11-35所示，单击 【确定】按钮，生成剪裁特征。

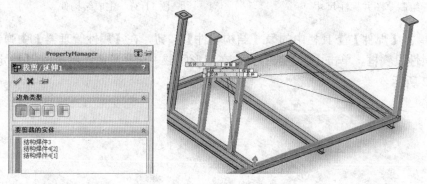

图 11-35　【剪裁/延伸】特征

（13）单击【特征】工具栏中的 【镜向】按钮，在【属性管理器】中弹出【镜向 1】的属性设置。在【镜向面/基准面】选项组中，单击 【镜向面/基准面】选择框，在绘图区中选择【前视基准面】；在【要镜向的实体】选项组中，单击 【要镜向的实体】选择框，在绘图区中选择【拉伸凸台特征】和【焊件】，单击 【确定】按钮，生成镜向特征，如图 11-36 所示。

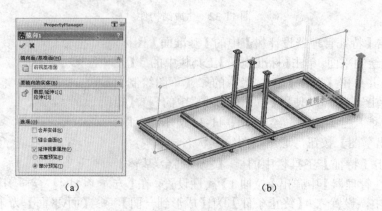

（a）　　　　　　　　　　　　　　　（b）

图 11-36　生成镜向特征

（14）单击【特征】工具栏中的![按钮图标]【镜向】按钮，在【属性管理器】中弹出【镜向 2】属性管理器。在【镜向面/基准面】选项组中，单击![图标]【镜向面/基准面】选择框，在绘图区中选择【右视基准面】；在【要镜向的实体】选项组中，单击![图标]【要镜向的实体】选择框，在绘图区中选择【拉伸凸台】特征和【结构焊件】以及刚才的【镜向】，单击![确定图标]【确定】按钮，生成镜向特征，如图 11-37 所示。

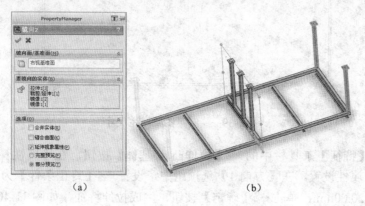

（a）　　　　　　　　　　　　　　（b）

图 11-37　生成镜向特征

11.7.2　建立加强部分

（1）单击【参考几何体】工具栏中的![图标]【基准轴】按钮，在【属性管理器】中弹出【基准轴 1】的属性设置。单击![图标]【两平面】按钮，选择模型的曲面，检查![图标]【参考实体】选择框中列出的项目，如图 11-38 所示，单击![确定图标]【确定】按钮，生成基准轴 1。

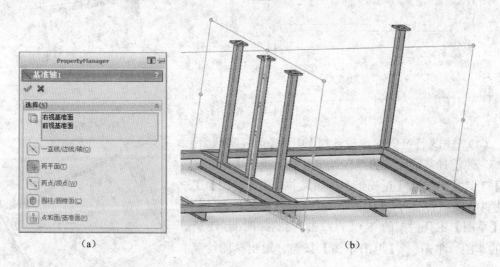

（a）　　　　　　　　　　　　　　（b）

图 11-38　生成基准轴

（2）单击结构焊件最上面的端面，使其成为草图绘制平面。单击【标准视图】工具栏中的![图标]【正视于】按钮，并单击【草图】工具栏中的![图标]【草图绘制】按钮，进入草图绘制状态。使用【草图】工具栏中的 ╲【直线】、◇【智能尺寸】工具，绘制如图 11-39 所示的草图。单击 ╲【退出草图】按钮，退出草图绘制状态。

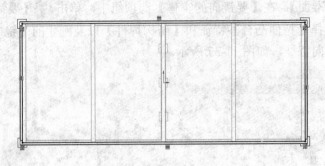

图 11-39 绘制草图并标注尺寸

（3）单击【特征】工具栏中的 ☞【拉伸凸台/基体】按钮，在【属性管理器】中弹出【凸台-拉伸 1】属性设置。在【方向 1】选项组中，设置 ↗【终止条件】为【给定深度】，↙【深度】为 20.00mm，单击 ✓【确定】按钮，生成拉伸特征，如图 11-40 所示。

（a）

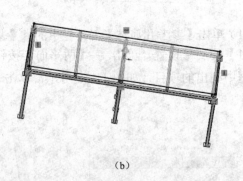

（b）

图 11-40 拉伸特征

（4）单击【特征管理器设计树】中的【前视基准面】图标，使前视基准面成为草图绘制平面。单击【标准视图】工具栏中的 ↥【正视于】按钮，并单击【草图】工具栏中的 ☞【草图绘制】按钮，进入草图绘制状态。使用【草图】工具栏中的 ╲【直线】，绘制如图 11-41 所示的草图。单击 ╲【退出草图】按钮，退出草图绘制状态。

（5）单击【焊件】工具栏中的 ☞【结构构件 1】按钮，在【属性管理器】中弹出【结构构件 1】属性设置框，单击【组】选择框，在图形区域中选择草图，单击

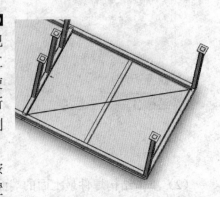

图 11-41 绘制草图

【确定】按钮，如图 11-42 所示。

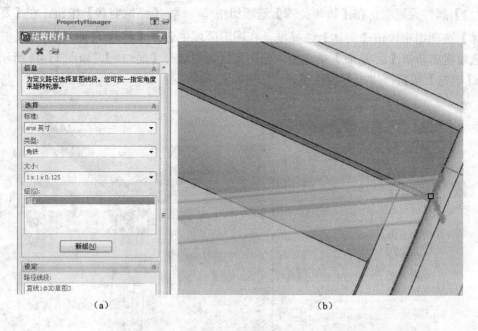

(a)　　　　　　　　　　　　　　　　(b)

图 11-42　生成结构件

（6）单击【焊件】工具栏中的 【剪裁/延伸】按钮，在【属性管理器】中弹出【剪裁/延伸 1】属性设置框。在【边角类型】选项组中单击 【终端剪裁】按钮；在【要剪裁的实体】选项组中单击【实体】选择框，在图形区域中选择【结构构件 1】；在【剪裁边界】选项组中单击【面/平面】选择框，在图形区域中选择【面<1>】，如图 11-43 所示，单击 【确定】按钮，生成剪裁特征。

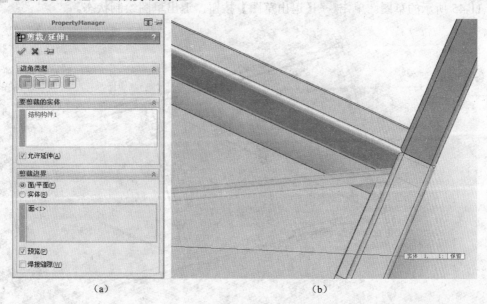

(a)　　　　　　　　　　　　　　　　(b)

图 11-43　【剪裁/延伸 1】特征

（7）单击【焊件】工具栏中的 ⊡【剪裁/延伸】按钮，在【属性管理器】中弹出【剪裁/延伸 12】属性设置框。在【边角处理】选项组中单击 ⌐【终端剪裁】按钮；在【要剪裁的实体】选项组中单击【实体】选择框，在图形区域中选择【剪裁/延伸 1】；在【剪裁边界】选项组中单击【面/平面】单选框，在图形区域中选择【面<1>】，如图 11-44 所示，单击 ✅【确定】按钮，生成剪裁特征。

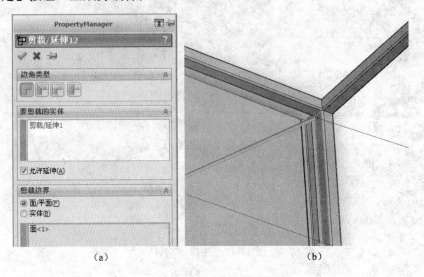

（a）　　　　　　　　　　　（b）

图 11-44　【剪裁/延伸 12】特征

（8）单击【特征管理器设计树】中的【前视基准面】图标，使前视基准面成为草图绘制平面。单击【标准视图】工具栏中的 ↥【正视于】按钮，并单击【草图】工具栏中的 ⧆【草图绘制】按钮，进入草图绘制状态。使用【草图】工具栏中的 ＼【直线】工具，绘制如图 11-45 所示的草图。单击 ⦆【退出草图】按钮，退出草图绘制状态。

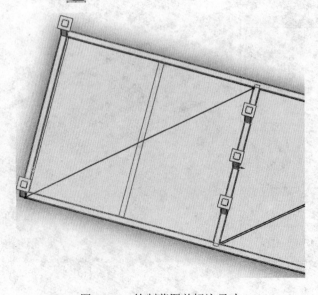

图 11-45　绘制草图并标注尺寸

（9）单击【焊件】工具栏中的 【结构构件】按钮，在【属性管理器】中弹出【结构构件 2】属性设置框，单击【组】选择框，在图形区域中选择草图，单击 【确定】按钮，如图 11-46 所示。

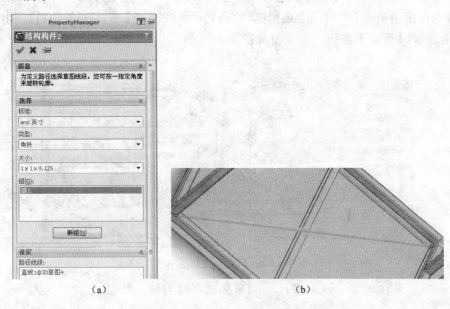

（a）　　　　　　　　　　　（b）

图 11-46　生成结构件

（10）单击【焊件】工具栏中的 【剪裁/延伸】按钮，在【属性管理器】中弹出【剪裁/延伸 7】属性设置框。在【边角处理】选项组中单击 【终端剪裁】按钮；在【要剪裁的实体】选项组中单击【实体】选择框，在图形区域中选择【结构构件 2】；在【剪裁边界】选项组中单击【面/平面】选择框，在图形区域中选择【面<1>】，如图 11-47 所示，单击 【确定】按钮，生成剪裁特征。

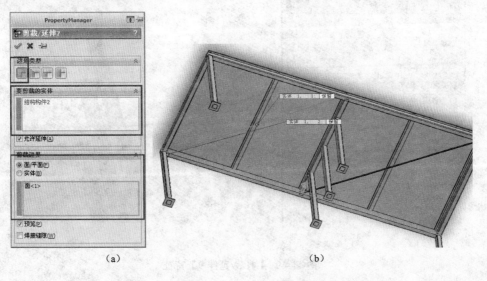

（a）　　　　　　　　　　　（b）

图 11-47　【剪裁/延伸 7】特征

（11）单击【焊件】工具栏中的 ⬚【剪裁/延伸】按钮，在【属性管理器】中弹出【剪裁/延伸 8】属性设置框。在【边角处理】选项组中单击 ⬚【终端剪裁】按钮；在【要剪裁的实体】选项组中单击【实体】选择框，在图形区域中选择【剪裁/延伸 7[1]】；在【剪裁边界】选项组中单击【面/平面】选择框，在图形区域中选择【剪裁/延伸 7[2]】，如图 11-48 所示，单击 ✅【确定】按钮，生成剪裁特征。

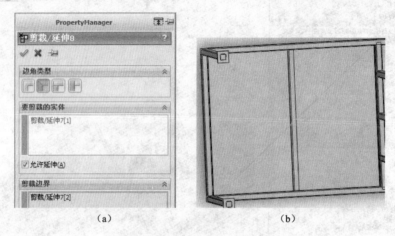

(a)　　　　　　　　(b)

图 11-48　【剪裁/延伸 8】特征

（12）单击【焊件】工具栏中的 ⬚【剪裁/延伸】按钮，在【属性管理器】中弹出【剪裁/延伸 9】属性设置框。在【边角处理】选项组中单击 ⬚【终端剪裁】按钮；在【要剪裁的实体】选项组中单击【实体】选择框，在图形区域中选择【剪裁/延伸 8】；在【剪裁边界】选项组中单击【面/平面】选择框，在图形区域中选择【面<1>】，如图 11-49 所示，单击 ✅【确定】按钮，生成剪裁特征。

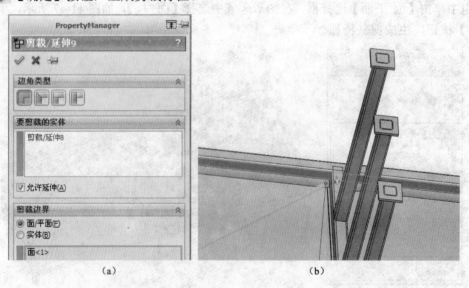

(a)　　　　　　　　(b)

图 11-49　【剪裁/延伸 9】特征

（13）单击【焊件】工具栏中的 ⬚【剪裁/延伸】按钮，在【属性管理器】中弹出【剪裁/延伸 11】属性设置框。在【边角处理】选项组中单击 【终端剪裁】按钮；在【要剪裁的实体】选项组中单击【实体】选择框，在图形区域中选择【结构焊件 4[3]】；在【剪裁边界】选项组中单击【面/平面】选择框，在图形区域中选择【面<1>】，如图 11-50 所示，单击 【确定】按钮，生成剪裁特征。

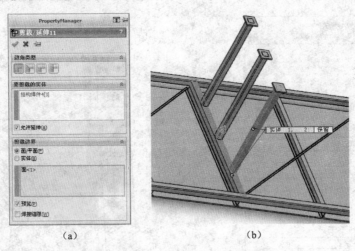

(a)　　　　　　　　　　　　　　(b)

图 11-50　【剪裁/延伸 11】特征

11.7.3　建立辅助部分

（1）单击【焊件】工具栏中的 【角撑板】按钮，在【属性管理器】中弹出【角撑板】属性设置框。在【支撑面】选项组中单击 【选择面】选择框，选择相应的面；在【轮廓】选项组中单击 【多边形轮廓】按钮，设置其参数；在【参数】选项组中，在【位置】中单击 【轮廓定位于中点】按钮，如图 11-51 所示，单击 【确定】按钮，生成角撑板。

(a)　　　　　　　　　　　　　　(b)

图 11-51　生成角撑板

（2）单击【焊件】工具栏中的 ⏢【角撑板】按钮，在【属性管理器】中弹出【角撑板】属性设置框。在【支撑面】选项组中单击 ⬜【选择面】选择框，选择相应的面；在【轮廓】选项组中单击 ◣【多边形轮廓】按钮，设置其参数；在【参数】选项组中，在【位置】中单击 ⊢【轮廓定位于中点】按钮，如图 11-52 所示，单击 ✔【确定】按钮，生成角撑板。

(a)

(b)

图 11-52 生成角撑板

（3）单击【焊件】工具栏中的 ⬛【圆角焊缝】按钮，在【属性管理器】中弹出【圆角焊缝】属性设置框。在【箭头边】选项组中，设置【焊缝类型】为【全长】，【圆角大小】为 3.00mm，勾选【切线延伸】选项。单击【第一组面】选择框，在图形区域中选择前面的一个平面即直立支架的平板面；单击【第二组面】选择框，在图形区域中选择底板的上表面，如图 11-53 所示，单击 ✔【确定】按钮，生成圆角焊缝特征。

(a)

(b)

图 11-53 圆角焊缝特征

　　（4）单击【焊件】工具栏中的 ▲【圆角焊缝】按钮，在【属性管理器】中弹出【圆角焊缝】属性设置框。在【箭头边】选项组中，设置【焊缝类型】为【全长】，【圆角大小】为 3.00mm，选择【切线延伸】选项。单击【第一组面】选择框，在图形区域中选择前面的一个平面即直立支架的平板面；单击【第二组面】选择框，在图形区域中选择底板的上表面，如图 11-54 所示，单击 ✓【确定】按钮，生成圆角焊缝特征。

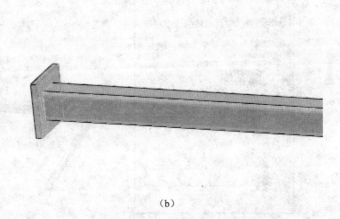

（a）　　　　　　　　　　　　　　　　　　　（b）

图 11-54　【圆角焊缝】特征

　　（5）单击【特征】工具栏中的 ▣【镜向】按钮，在【属性管理器】中弹出【镜向 1】的属性设置。在【镜向面/基准面】选项组中，单击 ▢【镜向面/基准面】选择框，在绘图区中选择【右视基准面】；在【要镜向的特征】选项组中，单击 ☞【要镜向的实体】选择框，在绘图区中【角撑板】和【圆角焊缝】，单击 ✓【确定】按钮，生成镜向特征，如图 11-55 所示。

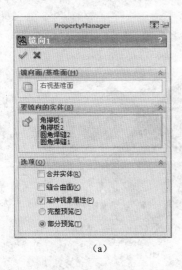
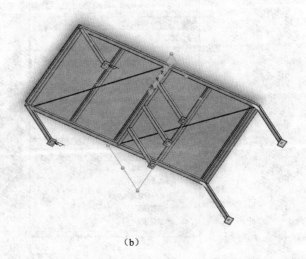

（a）　　　　　　　　　　　　　　　　　　　（b）

图 11-55　生成镜向特征

（6）单击【焊件】工具栏中的 ⚒【圆角焊缝】按钮，在【属性管理器】中弹出【圆角焊缝】属性设置框。在【箭头边】选项组中，设置【焊缝类型】为【全长】，【圆角大小】为 3.00mm，选择【切线延伸】选项。单击【第一组面】选择框，在图形区域中选择前面的一个平面即直立支架的平板面；单击【第二组面】选择框，在图形区域中选择底板的上表面，如图 11-56 所示，单击 ✓【确定】按钮，生成圆角焊缝特征。

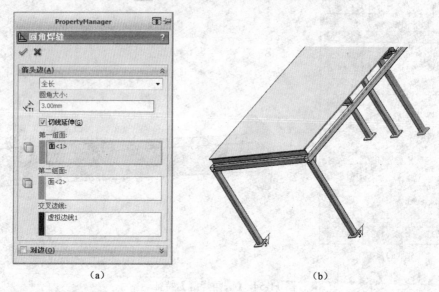

（a）　　　　　　　　　　　　　（b）

图 11-56　【圆角焊缝】特征

（7）单击【特征】工具栏中的 ⚒【镜向】按钮，在【属性管理器】中弹出【镜向2】的属性设置。在【镜向面/基准面】选项组中，单击 ▱【镜向面/基准面】选择框，在绘图区中选择【前视基准面】；在【要镜向的特征】选项组中，单击 ⚒【要镜向的实体】选择框，在绘图区中选择【圆角焊缝4】，单击 ✓【确定】按钮，生成镜向特征，如图 11-57 所示。

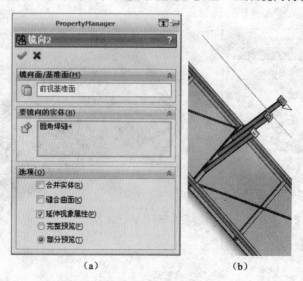

（a）　　　　　　　　　　　　　（b）

图 11-57　生成镜向特征

第 12 章　线 路 设 计

线路设计模块（SolidWorks Routing）用来生成一种特殊类型的子装配体，从而可以在零部件之间创建管道、管筒或其他材料的路径，帮助设计人员轻松快速完成线路系统的设计任务。

12.1　线路模块概述

12.1.1　激活 SolidWorks Routing

激活 SolidWorks Routing 步骤如下。

（1）单击【工具】|【插件】。

（2）选择 SolidWorks Routing。

（3）单击【确定】，如图 12-1 所示。

● 线路子装配体总是顶层装配体的零部件。

● 用户通过生成线路路径中心线的 3D 草图来造型线路，软件将沿中心线生成管道、管筒或电缆。

图 12-1　激活 SolidWorks Routing

12.1.2　步路模板

在用户插入 SolidWorks Routing 后，第一次创建装配体文档时，将生成一步路模板。步路模板使用与标准装配体模板相同的设置，但也包含与步路相关的特殊模型数据。

自动生成的模板命名为 routeAssembly.asmdot，位于默认模板文件夹中（通常是 C:\DocumentsandSettings\AllUsers\ApplicationData\SolidWorks\SolidWorks <版本>\templates）。

生成自定义步路模板的步骤如下。

（1）打开自动生成的步路模板。

（2）进行用户的更改。

（3）单击【文件】|【另存为】，然后以新名称保存文档，必须使用.asmdot 作为文件扩展名。

12.2　步路的基础知识

12.2.1　配合参考

尽可能为线路设计使用配合参考。使用配合参考来放置零件比使用 SmartMates 时更可靠并更具有预见性。如果用户尝试在放置装配体之后配合线路设计零部件，用户将在线路草图几何体中引入冲突。

对于配合参考有如下几条建议。

（1）为一个设备上具有相同属性的配件所应用的配合参考应该使用同样的名称。

（2）要确保线路设计零件正确配合，以相同方式定义配合参考属性。

（3）为放置配合参考使用以下一般规则。

- 给线路配件添加配合参考。
- 给设备零件上的端口添加配合参考，每个端口添加一个配合参考。
- 如果一仪器有数个端口，给所有端口添加配合参考，或者全部都不添加。
- 给用于线路起点和终点的零部件添加配合参考。
- 给电气接头和其匹配插孔零部件添加匹配的配合参考。

12.2.2　维护库文件

针对维护库文件有如下几条建议。

（1）将文件保留在线路设计库文件夹中，不要将之保存在其他文件夹内。

（2）要避免带有相同名称的多个文件所引起的错误，将用户所复制的任何文件重新命名。

（3）除了零部件模型之外，电气设计还需要两个库数据文件：

- 零部件库文件。
- 电缆库文件。

（4）将所有电气接头保存在包含有零部件库文件的同一文件夹中。默认位置为 C:|DocumentsandSettings|AllUsers|ApplicationData|SolidWorks|SolidWorks|版本|designlibrary|routing|electrical|component.xml。在 Windows 7 中，位置为 C:|ProgramData|SolidWorks|版本|designlibrary|routing|electrical。库零件的名称由库文件夹和步路文件夹的位置所决定。

12.2.3　使用连接点

所有步路零部件（除了线夹/挂架之外）都要求有一个或多个连接点（CPoints）。

- 标记零部件为步路零部件。
- 识别连接类型。
- 识别子类型。
- 定义其他属性。
- 标记管道的起点和终点。

对于电气接头，只使用一个连接点，并将之定位在电线或电缆退出接头的地方。用户可为每个管脚添加一个连接点，但用户必须使用连接点图解销 id 来定义管脚号。

对于管道设计零部件，为每个端口添加一个连接点。例如，法兰有连接点，而 T 形则有三个连接点。

12.2.4　零件配置

零件配置有两个推荐做法。

（1）对于管道设计或管筒设计零件，为用户所需的每种大小和规格都包括一个配置。要生成用户自己的管道或管筒零件，将一个 SolidWorks 样例零件复制到库文件夹并指定唯一的名称，然后编辑系列零件设计表以生成用户需要的配置。

（2）为获取更佳性能，生成数个不同弯管，而不是为单一弯管零件中的所有大小、角度和等级半径生成配置。

12.2.5　电气设计要求

电气设计要求，使用具有单连接点的零部件，而非多连接点零件。单连接点接头可使步路更容易，因为在缆束和每个接头管脚之间不需要电线。多连接点接头所需的额外电线会给装配体添加复杂性，影响性能。

有如下两点建议。

（1）对于单连接点接头，将连接点放置在电线或电缆进入或离开接头的地方。

（2）为每个接头添加一个零部件参考。

12.3　工　具　栏

12.3.1　线路工具栏

线路工具栏提供在步路中所使用工具的访问。

🔧【Routing 快速提示】

🔩【管道设计】

🔩【软管】

🔩【电气】

🔩【Routing 工具】

12.3.2　管道设计工具栏

🔧【通过拖/放来开始】：通过拖/放配件来开始管道线路。

🔩【启始于点】：通过给非线路设计零部件添加连接点来开始管道线路设计。

🔩【添加配件】：将配件添加到线路。

🔩【添加点】：给非线路设计零部件添加连接点，这样用户可给现有线路添加零部件。

🔩【编辑线路】：编辑现有管道线路。

🔩【线路属性】：为现有管道线路显示线路属性。

12.3.3　软管设计工具栏

【通过拖/放来开始】：通过拖/放配件来开始管筒线路。

【启始于点】：通过给非线路设计零部件添加连接点来开始管筒线路设计。

【添加配件】：将配件添加到线路。

【添加点】：给非线路设计零部件添加连接点。

【编辑线路】：编辑现有管筒线路。

【线路属性】：为现有管筒线路显示线路属性。

12.3.4　电气工具栏

【按'从/到'开始】：通过输入'从/到'清单开始电气线路。

【通过拖/放来开始】：通过拖/放接头来开始电气线路。

【启始于点】：通过给非线路设计零部件添加连接点来开始电气线路设计。

【重新输入"从/到"】：在列表中的项目更改时重新输入"从/到"列表。

【插入接头】：插入电气接头的多个实例到现有线路中。

【添加点】：给非线路设计零部件添加连接点。

【编辑电线】：在电气线路中添加或编辑电线信息。

【编辑线路】：编辑现有电气线路。

【线路属性】：为现有电气线路显示线路属性。

【平展线路】：为平展工程图准备线路

12.3.5　步路工具工具栏

【Routing 快速提示】：显示 Routing 帮助主题。

【生成连接点】：生成一连接点。

【生成线路点】：生成一线路点。

【自动步路】：自动化线路生成和修改的工具。

【覆盖层】：给线路段添加覆盖层。

【旋转线夹】：旋转现有线夹。

【步路通过线夹】：重新步路现有线路穿过线夹。

【从线夹脱钩】：从线夹脱离线路。

【更改线路直径】：修改线路属性。

【修复线路】：修复折弯半径错误。

【添加折弯】：添加折弯到 3D 线路接合处。

【分割线路】：分割现有线路。

12.4　连接点和线路点

12.4.1　线路点

　　线路点为配件（法兰、弯管、电气接头等）中用于将配件定位在线路草图中的交叉点或端点的点。在具有多个端口的接头中（如 T 形或十字形），用户在添加线路点之前必须在接头的轴线交叉点处生成一个草图点。

　　生成线路点步骤如下。

　　（1）单击 ⊡ 【生成线路点】（步路工具工具栏）或单击 Routing|【Routing 工具】|【生成线路点】。

　　（2）在属性管理器中的【选择】下，单击 ▣ 【选择草图点】，通过选取草图或顶点来定义线路点的位置。

- 对于硬管道和管筒配件，在图形区域中选择一草图点。
- 对于软管配件或电力电缆接头，在图形区域中选择一草图点和一平面。
- 在具有多个端口的配件中，选取轴线交叉点处的草图点。
- 在法兰中，选取与零件的圆柱面同轴心的点。

　　（3）单击 ✅ 【确定】按钮，如图 12-2 所示。

12.4.2　连接点

　　连接点是接头（法兰、弯管、电气接头等）中的一个点，步路段（管道、管筒或电缆）由此开始或终止。管路段只有在至少有一端附加在连接点时才能生成。每个接头零件的每个端口都必须包含一个连接点，定位于相邻管道、管筒或电缆开始或终止的位置。

　　生成连接点的步骤如下。

　　（1）生成一个草图点用于定位连接点。连接点的位置定义相邻管路段的端点。

　　（2）单击 ⊡ 【生成连接点】（步路工具工具栏），或单击 Routing|【Routing 工具】|【生成连接点】。

　　（3）在属性管理器中编辑属性。

　　（4）单击 ✅ 【确定】按钮，如图 12-3 所示。

图 12-2　生成线路点

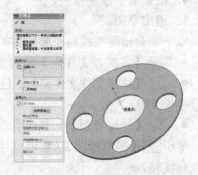

图 12-3　生成连接点

12.5　管道和管筒

12.5.1　管道和管筒的一般步骤

主装配体可包含管道线路子装配体和管筒线路子装配体，但单一线路子装配体不能既包含管道也包含管筒。

1. 准备

单击【工具】|【插件】，确认选择了 SolidWorksRouting。

在开始线路子装配体前，请准备好以下项。

（1）管道或管筒装配体所需的零件文档。将这些零件文档储存在步路库中。

● 管道或管筒零件

● 配件（弯管、法兰、变径管及其他附件）

● 步路硬件(如线夹及托座)。

（2）一主装配体，其中包含需要连接的零部件（箱、泵等）。

（3）选取或消除在法兰/接头落差处自动步路的选项。

2. 步骤

（1）在主装配体中执行以下操作之一。

① 在【步路选项】中确定选择了【在法兰/接头落差处自动步路】。

② 通过单击 [插入零部件]（装配体工具栏）来将法兰或另一端配件插入到主装配体中。

（2）在线路属性属性管理器中设定选项，然后单击 ✔【确定】按钮。会出现以下情况。

① 3D 草图在新的线路子装配体中打开。

② 新线路子装配生成，并在 FeatureManager 设计树中显示为 [管道<n>或管筒<n>-<装配体名称>]。

③ 有一管道或管筒的端头出现，从用户刚放置的法兰或配件延伸。

3. 使用 【直线】（草图工具栏）绘制线路段的路径。对于灵活的管筒线路，也可使用 【样条曲线】（草图工具栏）。

4. 根据需要添加接头。

5. 退出草图。

以下项会出现在线路子装配体的 FeatureManager 设计树中。

● 【零部件文件夹】，包含有用户放置在线路中的法兰和配件。

● 【线路零件文件夹】，包含有在用户退出草图时作为虚拟零部件而生成的管道或管筒。

● 【线路特征】，包含有定义线路路径的 3D 草图。

单击 【编辑线路】（管道设计工具栏）或 【编辑线路】（软管设计工具栏）来编辑现有线路。

12.5.2 零部件

1．管道和管筒零件

管道和管筒零件中，每种类型和大小的原材料都由一个配置表示。

用户也可在 RoutingLibraryManager 中使用 Routing 零部件向导以将零件准备好在 Routing 中使用。

欲生成新的管道或管筒零件。

（1）生成一满足管道或管筒几何要求的零件。

（2）添加特定属性<$属性@管道识别符号>到零件中。该属性：

- 定义零件为管道零件，这样当用户从线路属性属性管理器中浏览管道零件时软件可将之识别。
- 当用户保存装配体时，用做管道零件本地复制的默认名称。
- 必须使每个配置具有独特值。

（3）添加特定属性<$属性@规格>到零件中(可选)。该属性可用于连接点的规格参数，以过滤管道和配件配置。

（4）插入系列零件设计表以生成配置。请在标题行中包括以下参数。

- 外径@管道草图。
- 内径@管道草图。
- 名义直径@过滤器草图。
- $属性@管道识别符号(对于每一配置，数值必须独特)。
- $属性@规格(推荐)。

（5）在于步路文件位置中所指定的步路库中保存零件。

2．弯管零件

用户可通过编辑样例零件或生成用户自己的零件文件来创建用户自己的弯管零件。如果用户在开始线路时在线路属性属性管理器中选取总是使用弯管，软件则在 3D 草图中存在圆角时自动插入弯管。

欲生成简单的弯管零件。

（1）生成一满足弯管几何要求的零件。

（2）在管道退出弯管处的两端生成连接点。

（3）插入系列零件设计表以生成配置。请在标题行中包括以下参数。

- 折弯半径@弯管圆弧。
- 折弯角度@弯管圆弧。
- 直径@连接点 1。
- 直径@连接点 2。
- 规格@连接点 1(推荐)。
- 规格@连接点 2(推荐)。

（4）在步路文件位置中所指定的步路库中保存零件。

3．法兰零件

法兰经常用于管路末端，用来将管道或管筒连接到固定的零部件（例如泵或箱）上。法兰也可用来连接管道的长直管段。

欲生成法兰零件。

（1）生成一满足法兰几何要求的零件。

（2）在管道退出法兰处生成一连接点。连接点必须是：

● 与法兰的圆形边线同心。

● 在法兰内具有正确的深度。

（3）生成线路点（可选项），线路点可使用户：

● 终止带法兰的线路。

● 在线路中将法兰背靠背放置。

（4）插入系列零件设计表以生成配置。

（5）在步路文件位置所指定的步路库中保存零件。

4．变径管零件

变径管用于更改所选位置的管道或管筒直径。变径管有两个带有不同直径参数值的连接点（**CPoints**）。

用户可以生成两种类型变径管。

（1）同心变径管

同心变径管必须在连接点（**CPoints**）中间包括线路点（**RPoint**），如图 12-4 所示。

RPoint 可让用户在草图段中央点处插入同心变径管。当用户添加同心变径管到草图段末端时，线路将穿越变径管，并且将有一短线路段添加到变径管之外，这样用户可继续步路。

（2）偏心变径管

偏心变径管无 **RPoint**，如图 12-5 所示。

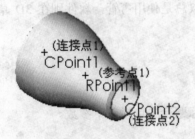

图 12-4　同心变径管

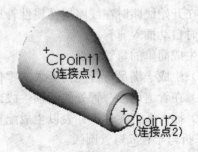

图 12-5　偏心变径管

欲在线路子装配体中控制偏心变径管的角度方向。

（1）在变径管零件中。

① 创建一个与穿越变径管的线路相垂直的轴。

② 将轴重新命名为竖直。

（2）在线路子装配体的线路草图中，绘制一条与线路垂直的构造性直线。

12.5.3 步路装配体操作

1. 高亮显示搜索窗格

搜索电力线路装配体中诸如接头和其相关电线之类的项目。

要激活高亮显示搜索。

（1）打开装配体，此外，可打开诸如 ECAD 工程图之类的文档、输入的图表或任何包含有文字串的其他工程图。

（2）在任务窗格中选择 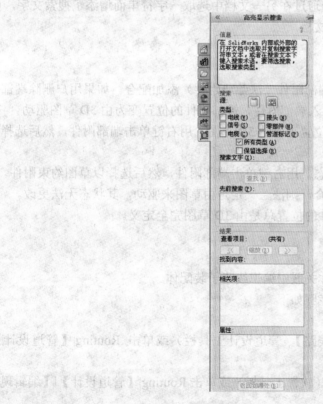【高亮显示搜索】选项卡，如图 12-6 所示。

（3）单击——，将任务窗格保持打开。

（4）选择搜索源和类型，输入搜索文本，然后单击【查找】。

图 12-6 高亮显示搜索

（1）【搜索】选项组

- 【剪贴板】：当在任何打开的文档中选取和复制文字后，从剪贴板选定搜索文本。
- 【工程图】：从打开的工程图中搜索文字。
- 【电线】：搜索单导体电线，在结果中列举电线和其相关接头。
- 【信号】：在用来生成线路的"从/到"清单中搜索识别为信号的项目。
- 【电缆】：搜索多导体电缆，在结果中列举电缆和其相关接头。

- 【接头】：搜索电力接头，在结果中列举接头和其相关电线和电缆。
- 【零部件】：在顶层装配体中搜索任何项目，如壳体和电缆线夹。
- 【所有类型】：搜索以上所列举的所有类型。
- 【保留选择】：保留当前在图形区域中高亮显示的选择内容，但不保留搜索的结果。
- 【搜索文字】：输入要搜索的文本。
- 【查找】：单击以进行搜索。
- 【先前搜索】：列举最近的搜索内容。

（2）【结果】选项组

- 【查看项目】：列举用户在查看所查找到条目总数中的条目。
- 【缩放】：在图形区域中放大到条目。
- 【相关项】：列举与选定的结果相关的接头、零部件、电线或电缆。
- 【属性】：列举在相关项目中选定的条目属性。
- 【返回到源处】：如果用户通过在另一文档中选取一字符串而增添了搜索文字，单击返回到源处以返回到该文档。

2．配合步路子装配体

在线路子装配体中，只能在端部附件（法兰或附件）添加配合。如果用户删除端部附件上的配合或在 3D 草图的端点插入端部附件，端部附件的位置变为由 3D 草图驱动。

- 如果用户要由端部附件的位置来驱动 3D 草图，用右键单击端部附件，然后选择以附件约束草图。
- 如要恢复附件到被驱动状态，用右键单击端部附件，然后选择以草图约束附件。
- 如果附件是固定的或被配合，则法兰一定是由草图来驱动，其状态无法更改。

线路装配体中所有其他零部件的位置总是由 3D 草图完全定义。

3．编辑步路子装配体

通常，用户应该在顶层装配体关联中编辑线路子装配体。

编辑线路草图并修改线路的步骤如下。

（1）单击以下之一。

① 【编辑现有管道设计线路】（管道设计工具栏）或单击 Routing|【管道设计】|【编辑现有管道设计线路】。

② 【编辑现有软管线路】（软管工具栏）或单击 Routing|【管道设计】|【编辑现有软管线路】。

③ 【编辑现有线路】（电气工具栏）或单击 Routing|【电气】|【编辑现有线路】。

（2）从列表中选择线路子装配体。

所选的线路子装配体在图形区域中高亮显示。

（3）单击 ✔ 【确定】按钮。

所选线路子装配体的线路草图将会打开。

（4）当用户在草图中拖动线段时，线路段会更新以反映变更。当用户退出草图时，此子装配体会重建。

4．更改线路的直径

用户可更改管道或管筒线路的直径和规格。更改线路属性管理器出现，这样用户可为线路中所有单元（法兰、弯管、管道等）选择新的配置。

更改线路的直径的步骤如下。

（1）在编辑线路草图时，选取线路中一线段。

（2）单击 ![icon]【更改线路直径】（步路工具工具栏）或单击 Routing|【Routing 工具】|【更改线路直径】。

更改线路属性管理器出现。图形区域中该线路段被高亮显示。最靠近线路段上所选位置的配件将出现在第一配件下，并为粉色；第二配件为蓝色，如图 12-7 所示。

（3）在属性管理器中设定选项并进行选择。

（4）根据需要单击 ![icon] 为线路中剩余单元进行选择。

（5）单击 ![icon]【确定】按钮。

5．沿现有的表面步路

用户可以使用尺寸工具以定义的距离从现有表面生成步路，该尺寸工具中已添加步路特定属性。用户还可以测量距离管道中心线或外表面的等距距离，并包括或排除覆盖层厚度。

（1）单击 ![icon]【编辑线路】（管道设计工具栏）或单击选择【步路】|【管道设计】|【编辑线路】。

（2）使用智能尺寸标注工具（【工具】|【尺寸】|【智能】），选择等距的管道，然后选择参考对象。在下面的图像中，用户已选择等距的管道段和作为参考的基体，如图 12-8 所示。

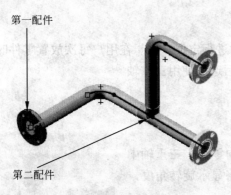

图 12-7　更改线路直径

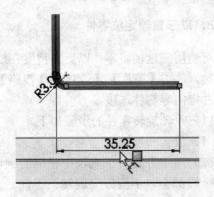

图 12-8　等距管道段

（3）再单击鼠标，来决定尺寸所要放置的位置。修改属性管理器出现。

（4）在该属性管理器中，输入等距距离，然后单击 ![icon]【确定】按钮。该距离从管道外表面计算。

（5）要计算中心线的距离，请在其他选项卡上选择使用中心线尺寸。

（6）在同一选项卡上，用户可以选择或清除【包括覆盖层厚度】选项。

（7）单击 ![icon]【确定】按钮。

6. 分割线路

用户可分割线路并在分割的每一侧应用不同的属性。

分割线路的步骤如下。

（1）进行以下操作之一。

① 单击 ![icon]【分割线路】（步路工具工具栏）或单击 Routing|【步路工具】|【分割线路】。

② 在编辑线路时，用右键单击一线路草图实体，然后选择【分割线路】。

（2）单击草图实体上的分割位置。

该草图实体被分割成两个实体，并且这两个实体之间会添加一个分割点。

7. 添加配件

用户可以给线路添加配件，如法兰、T 型配件、弯管等。用户可以在端点、交叉点或是用户使用分割实体 ![icon]【草图工具栏】在线段中央插入的点处添加配件。

手动添加配件的步骤如下。

（1）编辑 3D 草图时，从 ![icon]【设计库文件夹】中拖动配件，并将指针指向 3D 草图中用户想放置该配件的位置。

（2）在放置配件前。

● 按 Tab 键观阅可能的配件对齐情况。

● 按住 Shift 键并按左和右方向键以观阅配件的可能角度方向。

（3）当对齐和方向正确时，放置配件。

（4）选择所需的配置。

（5）单击【确定】按钮。

8. 以三重轴定位零件

可使用三重轴将零件以更大精度在线路中进行定位。要想在用户每次放置零件时显示三重轴，单击【工具】|【选项】|【步路】，然后选取使用三重轴定位并定向零部件选项。

以三重轴旋转零件的步骤如下。

（1）放置三重轴。

（2）单击并旋转三重轴中相应的圆以定向零件。三重轴中的每个圆都会以不同方向旋转该零件。此时将显示旋转角度，并且零件发生旋转，如图 12-9 所示。

（3）到达所需位置后，释放鼠标按键。

9. 移除管道或管筒

用户可使用移除管道或移除管筒功能从配件之间移除管道或管筒段。移除接头之间的管道或管筒的步骤如下。

图 12-9　三重轴旋转零件

（1）在 FeatureManager 设计树中扩展 ![icon]【线路装配体】。

（2）用右键单击 ![icon]【线路】，然后选择【编辑线路】。

（3）在图形区域中用右键单击要移除的线路段的绘制线，然后选择【移除管道】或【移除管筒】，如图 12-10 和图 12-11 所示。

　　图 12-10　选择要移除的管道或管筒

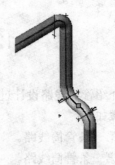
图 12-11　管段被移除后

12.5.4　步路装配体的工程图

1．步路装配体的工程图

在线路子装配体的工程图中，用户可用中心线字体显示管道或管筒的路径。

- 如果线路的 3D 草图显示在装配体文件中，则该线路的路径将自动显示在任何一个所生成的工程视图中。
- 如果草图隐藏在装配体文档中，则该路径将隐藏在新的工程视图中。

2．步路装配体的材料明细表

当用户为线路装配体生成材料明细表（BOM）时，用户可以选择使每个独特切割长度列为单独项目的模板。用户可将一个 BOM 添加到线路设计装配体或为线路设计装配体选定的工程图视图中。

为线路装配体或选定的工程图视图生成基于表格的材料明细表的步骤如下。

（1）单击【插入】|【表格】|【材料明细表】。

（2）在材料明细表属性管理器中，在【表格模板】下选取一个模板（如 bom-standard.sldbomtbt）。

（3）设定其他选项并单击 ✅【确定】按钮。

（4）在图形区域中单击以放置表格。

3．生成管道设计装配体的工程图

用户可创建包括有线路设计草图、材料明细表或零件序号的管道设计装配体的等轴测工程图。在创建工程图之前，单击 ▦【选项】（标准工具栏），然后单击文件位置为图纸格式和材料明细表选取默认路径。生成工程图的步骤如下。

（1）从保存的线路设计装配体中单击 🔳【管道工程图】。

（2）单击 🔳 选取一个图纸格式模板。

（3）选择【管道设计材料明细表模板】，然后单击 选取一个材料明细表模板。

（4）选择其他选项，然后单击 ✅【确定】。

12.6 管筒设计范例

本范例介绍管筒线路设计过程，模型如图 12-12 所示。

主要步骤如下：

1. 创建第一条管筒线路。

2. 创建第二条管筒线路。

3. 保存装配体及线路子装配体。

12.6.1 创建第一条管筒线路

（1）启动中文版 SolidWorks 2013，单击【标准】工具栏中的 ☑【打开】按钮，弹出【打开】属性管理器，打开光盘中的 tubing route 装配体文件，单击 ✅【确定】按钮，如图 12-13 所示。

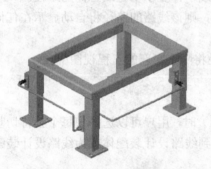
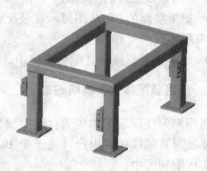

图 12-12 管筒线路　　　　　　　　　　图 12-13 打开装配体

（2）选择管筒配件。打开设计库中的 routing|tubing|tube fittings 文件夹，选择 solidworks-lok male connector 管筒配件为拖放对象，左键拖动到装配体的阀门处不放，由于设计库中标准件自带有配合参考，配件会自动捕捉配合，然后松开左键，如图 12-14 所示。在弹出的配置窗口中，选择 MALE CONNECTOR-0.500TX0.500NPT 配置，然后单击【确定】按钮，如图 12-15 所示。

图 12-14 添加管筒配件　　　　　　　　图 12-15 选择配置

（3）拖动和上面同样的管筒配件，左键按住拖动到阀门处，自动捕捉到配合后松开鼠标，如图 12-16 所示。在弹出的配置窗口中，选择配置 MALE CONNECTOR-0.500TX0.500NPT，然后单击确定。

（4）选择下拉菜单【视图】|【步路点】，显示装配体中配件上所有连接点。

（5）在黄色阀门上刚刚添加的管筒配件处右键单击连接点 Cpoint2，从快捷菜单中选择【开始步路】，从连接点延伸出一小段端头，如图 12-17 所示。

图 12-16　添加第二个管筒配件　　　　图 12-17　开始步路

（6）弹出【线路属性】属性管理器，在【文件名称】选项卡下命名步路子装配体为 Tube_1；在【折弯-弯管】选项卡下设置折弯半径为 0.5in，其余选项使用默认设置，如图 12-18 所示。

（7）右键单击灰色阀门上配件连接点 Cpoint2，从快捷菜单里选择【添加到线路】，从连接点延伸出一小段端头，如图 12-19 所示。

图 12-18　【线路属性】设置　　　　图 12-19　添加连接点到线路

（8）右键单击此处生成的端头端点，从快捷菜单里选择【自动步路】，系统弹出【自动步路】属性管理器，如图 12-20 所示。

（9）在图形区域中单击另外一个阀门上的端头端点，【自动步路】属性管理器的【当前选择】选择框中显示出所选择的两个端点。在【步路模式】选项卡下，选择【自动步路】；在【自动步路】选项卡下，选中【正交线路】复选框，单击【正交路径】中的滚动按钮，选择如图 12-21 所示的正交线路。单击【确定】按钮，自动步路完成。

（10）单击　和　退出草图和线路子装配体，第一条管筒线路生成，如图 12-22 所示。

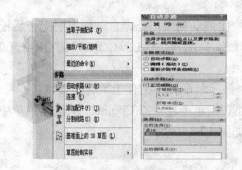

图 12-20　自动步路

图 12-21　选择正交线路

12.6.2　创建第二条管筒线路

（1）打开设计库中的 routing|tubing|tube fittings 文件夹，选择 solidworks- lok male connector 管筒配件为拖动对象，左键拖动到装配体的阀门另一侧处不放，配件会自动捕捉配合，然后松开左键，如图 12-23 所示。在弹出的配置窗口中，选择配置 MALE CONNECTOR-0.500TX0.500NPT，然后单击【确定】按钮，如图 12-24 所示。

图 12-22　完成第一条管筒线路

图 12-23　添加管筒配件

图 12-24　选择配置

（2）拖动和上面同样的管筒配件，左键按住拖动到阀门处，自动捕捉到配合后松开鼠标，如图 12-25 所示。在弹出的配置窗口中，选择配置 MALE CONNECTOR-0.500TX0.500NPT，然后单击【确定】按钮。

（3）选择下拉菜单【视图】|【步路点】，显示装配体中配件上所有连接点。

（4）在灰色阀门上刚刚添加的管筒配件处右键单击连接点 Cpoint2，从快捷菜单中选择【开始步路】，从连接点延伸出一小段端头，如图 12-26 所示。

图 12-25　添加第二个管筒配件

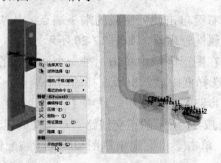

图 12-26　开始步路

（5）弹出【线路属性】属性管理器，在【文件名称】选项卡下命名步路子装配体为 Tube_2；在【折弯-弯管】选项卡下设置折弯半径为 0.5in，其余选项使用默认设置，如图 12-27 所示。

（6）右键单击绿色阀门上配件连接点 Cpoint2，从快捷菜单里选择【添加到线路】，从连接点延伸出一小段端头，如图 12-28 所示。

图 12-27 【线路属性】设置　　　　　图 12-28 添加连接点到线路

（7）右键单击此处生成的端头端点，从快捷菜单里选择【自动步路】，系统弹出【自动步路】属性管理器，如图 12-29 所示。

（8）在图形区域中选中另外一个阀门上的端头端点，【自动步路】属性管理器的【当前选择】选择框中显示出所选择的两个端点。在【步路模式】选项卡下，选择【自动步路】；在【自动步路】选项卡下，选中【正交线路】复选框，单击【正交路径】中的滚动按钮，选择如图 12-30 所示的正交线路。单击【确定】按钮，自动步路完成。

图 12-29 自动步路　　　　　图 12-30 选择正交线路

（9）单击 ﹣和 ﹣退出草图和线路子装配体，第二条管筒线路生成，如图 12-31 所示。

12.6.3 打包保存装配体

（1）单击【文件】菜单下的打包选项，弹出【打包】对话框，勾选所有相关的零件、子装配体和装配体文件，选择【保存到 zip 文件】选项，将以上文件保存到一个指定文件夹中，单击【保存】按钮，如图 12-32 所示。

（2）至此，一个装配体的管筒线路设计完成。

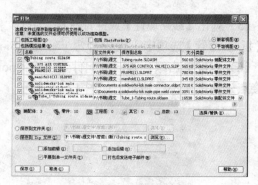

图 12-31　完成第二条管筒线路　　　　　图 12-32　【打包】对话框

12.7　电力线路设计范例

本范例介绍一个电线路设计过程 ，完成后的模型如图 12-33 所示。
主要步骤如下：
1. 创建第一条线路。
2. 创建第二条线路。
3. 创建第三条线路。
4. 创建第四条线路。
5. 创建第五条线路。
6. 创建第六条线路。
7. 创建第七条线路。
8. 保存相关文件。

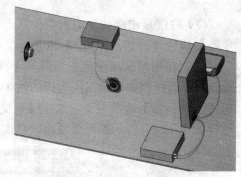

图 12-33　电力线路

12.7.1　创建第一条线路

（1）启动中文版 SolidWorks 2013，单击【标准】工具栏中的 【打开】按钮，弹出【打开】属性管理器，打开【电力线路】|【资料】文件夹下的【线路装配体.sldasm】装配体文件，单击 【确定】按钮，如图 12-34 所示。

（2）选择 solidworks Routing |【电气】|【通过拖/放来创建】菜单命令，系统弹出【信息】窗口如图 12-35 所示，该信息框提示可从设计库中直接添加接头开始布路。

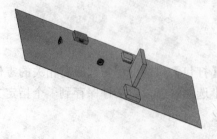

图 12-34　打开装配体

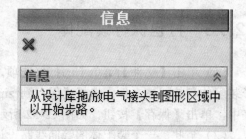

图 12-35　【信息】窗口

（3）在 SolidWorks 框中右方出现设计库，如图 12-36 所示，其中有不同的接头和资源，可直接拖动至所需要添加接头的位置。

（4）打开设计库中 routing|electrical 文件夹，选择 plug-5pindin 连接头为拖动对象，按住左键拖动到喇叭接头附近，到达如图 12-37 所示位置后松开左键，plug-5pindin 连接头会自动与喇叭的接头连接上。

图 12-36　设计库

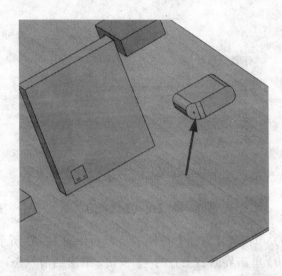

图 12-37　施放接头位置

（5）自动连接上之后如图 12-38 所示。

（6）接头连接后会弹出【线路属性】属性管理器，在弹出的【线路属性】属性管理器中，设置【文件名称】选项为 Harness_1-components1，如图 12-39 所示。

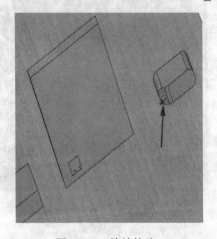

图 12-38　施放接头

图 12-39　【文件名称】选项

（7）在【线路属性】属性管理器中，在【电气】选项组中，设置【子类型】为【缆束】，【外径】为 0.2in，如图 12-40 所示。

（8）其余参数采用默认设置，单击 ✔ 【确定】按钮。系统弹出【自动步路】属性管理器，如图 12-41 所示，单击✖【取消】按钮。

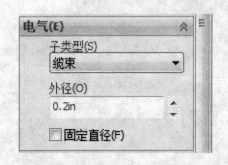

图 12-40　【电气】选项组

图 12-41　【自动步路】属性管理器

（9）单击✖【取消】按钮后，界面如图 12-42 所示。

（10）单击界面右上方的 ⤵ 按钮，退出当前状态，再单击 ⤴ 按钮，进入装配体状态，如图 12-43 所示，此时在接头尾端伸出一段线路。

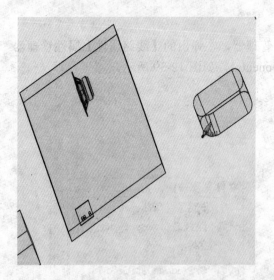

图 12-42　取消自动布路后的界面

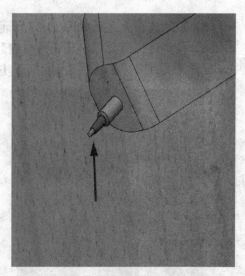

图 12-43　伸出线路端头

（11）打开设计库中 routing|electrical 文件夹，选择 plug-6pin-minidin 连接头为拖动对象；按住左键拖动到板连接母头附近，到达如图 12-44 所示位置后松开左键。

（12）接头自动连接后如图 12-45 所示，在左侧弹出的【线路属性】属性管理器中单击✖【取消】按钮。

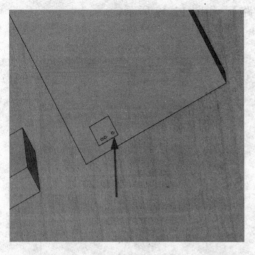

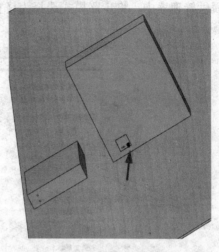

图 12-44　连接 plug-6pin-minidin 连接头位置　　　　　图 12-45　连接 plug-6pin-minidin 连接头

（13）添加线路。右击如图 12-46 所示的线路端头，出现菜单，在该菜单中，选择【编辑线路】这一项。

（14）右击 plug-6pin-minidin 连接头，出现一个菜单，在该菜单中选择【添加到线路】这一项，如图 12-47 所示。

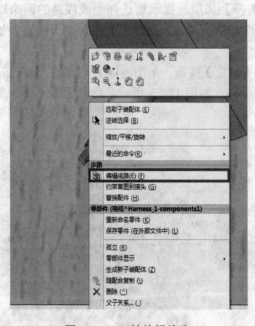

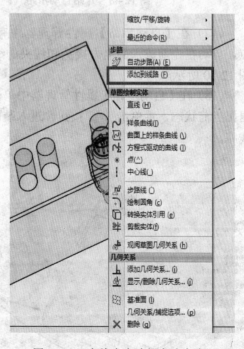

图 12-46　开始编辑线路　　　　　　　　　　图 12-47　在线夹中选择自动步路

（15）再右击 plug-6pin-minidin 连接头，出现一个菜单，在该菜单中选择【自动步路】这一项，如图 12-48 所示。

（16）在线夹中选择自动步路后，在界面左方出现一个【自动步路】属性管理器，在该属性管理器中，将步路模式选择为【自动步路】，如图 12-49 所示。

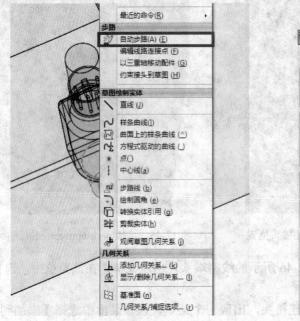
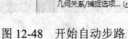

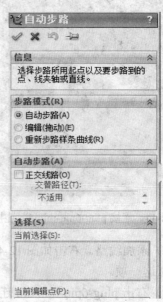

图 12-48　开始自动步路　　　　　　　　　图 12-49　【自动步路】属性管理器

（17）在【自动步路】属性管理器中有【选择】选项，提示要选择生成线路的两个端点，自动在先前放入的电力接头和线夹的线路点 RPoint1、RPoint2 之间添加电力线路，如图 12-50 所示。

（18）在【自动步路】属性管理器中单击 ✅【确定】按钮，单击界面右上方的 按钮，退出当前状态，再单击 按钮，进入装配体状态，如图 12-51 所示，此时生成了第一条线路。

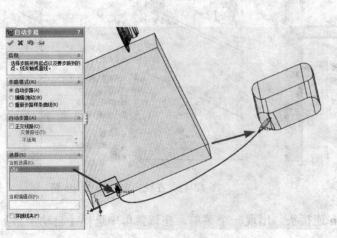

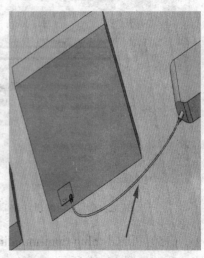

图 12-50　选择要生成第一条线路的两个端点　　　　　　图 12-51　生成第一条线路

12.7.2　创建第二条线路

（1）打开设计库中 routing | electrical 文件夹，选择 plug-5pindin 连接头为拖放对象，按住左键拖动到喇叭接头附近，到达如图 12-52 所示位置后松开左键，plug-5pindin 连接头会自动与喇叭的接头连接上。

（2）自动连接上之后如图 12-53 所示。

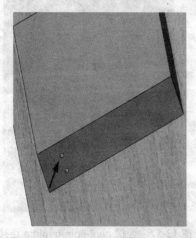
图 12-52　施放接头位置

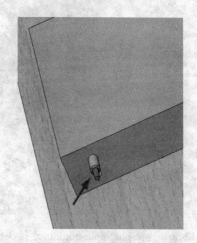
图 12-53　施放接头

（3）接头连接后会弹出【线路属性】属性管理器，如图 12-54 所示。

（4）在【文件名称】选项中，命名步路子装配体为 Harness_4-components1。在【电气】选项中，设置【子类型】为【缆束】，【外径】为 0.2in。其余参数采用默认设置，单击 ✔【确定】按钮。系统弹出【自动步路】属性管理器，单击 ✖【取消】按钮。

（5）单击界面右上方的 按钮，退出当前状态，再单击 按钮，进入装配体状态，如图 12-55 所示，此时在接头尾端伸出一段线路。

图 12-54　【线路属性】属性管理器

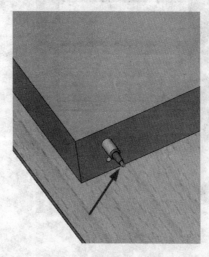
图 12-55　伸出线路端头

（6）添加线路零部件。打开设计库中 routing｜electrical 文件夹，选择 plug-6pin-minidin 连接头为拖动对象，按住左键拖动到板连接母头附近，到达如图 12-56 所示位置后松开左键。

（7）接头自动连接后如图 12-57 所示，在左侧弹出的【线路属性】属性管理器中单击✖ 【取消】按钮。

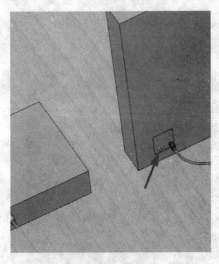

图 12-56　连接 plug-6pin-minidin 连接头位置

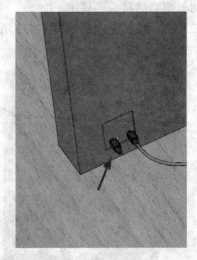

图 12-57　连接 plug-6pin-minidin 连接头

（8）右击如图 12-58 所示的线路端头，出现菜单，在该菜单中，选择【编辑线路】这一项。

（9）开始编辑线路后，右击 plug-6pin-minidin 连接头，出现一个菜单，在该菜单中选择【添加到线路】这一项，如图 12-59 所示。

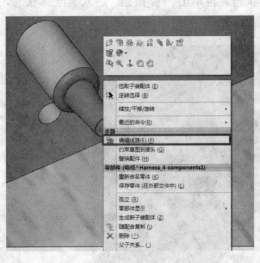

图 12-58　开始编辑线路

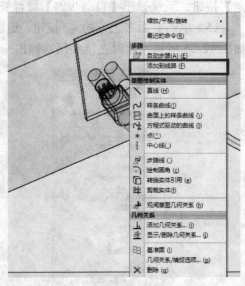

图 12-59　在线夹中选择自动步路

（10）再右击 plug-6pin-minidin 连接头，出现一个菜单，在该菜单中选择【自动步路】这一项如图 12-60 所示。

（11）在线夹中选择自动步路后，在界面左方出现一个【自动步路】属性管理器，在该属性管理器中，将步路模式选择为【自动步路】。在【自动步路】属性管理器中有【选择】选项，提示要选择生成线路的两个端点，自动在先前放入的电力接头和线夹的线路点 RPoint1、RPoint2 之间添加电力线路，如图 12-61 所示。

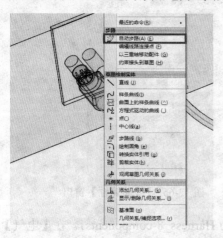

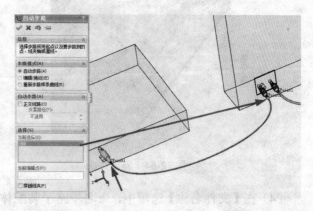

图 12-60　开始自动步路　　　　　　　图 12-61　选择要生成第二条线路的两个端点

（12）在【自动步路】属性管理器中单击 ✓【确定】按钮，单击界面右上方的 按钮，退出当前状态，再单击 按钮，进入装配体状态如图 12-62 所示，此时生成了第二条线路。

12.7.3　创建第三条线路

（1）打开设计库中 routing｜electrical 文件夹，选择 plug-5pindin 连接头为拖动对象，按住左键拖动到喇叭接头附近，到达如图 12-63 所示位置后松开左键，plug-5pindin 连接头会自动与喇叭的接头连接上。

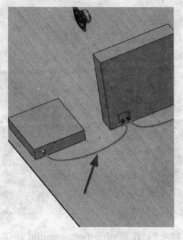

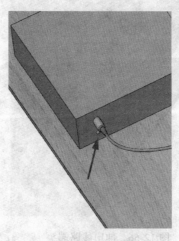

图 12-62　生成第二条线路　　　　　　　图 12-63　施放接头位置

（2）自动连接上之后如图 12-64 所示。

（3）接头连接后会弹出【线路属性】属性管理器，如图 12-65 所示。

图 12-64　施放接头　　　　　　　　　　图 12-65　【线路属性】窗口

（4）在【文件名称】选项中，命名步路子装配体为 Harness_8-components1。在【电气】选项中，设置子类型为【缆束】，外径为 0.2in。其余参数采用默认设置，单击 ✅ 【确定】按钮。系统弹出【自动步路】属性管理器，单击 ❌ 【取消】按钮。

（5）单击界面右上方的 🔄 按钮，退出当前状态，再单击 🔲 按钮，进入装配体状态，如图 12-66 所示，此时在接头尾端伸出一段线路。

（6）添加线路零部件。打开设计库中 routing｜electrical 文件夹，选择 plug-6pin-minidin 连接头为拖动对象，按住左键拖动到板连接母头附近，到达如图 12-67 所示位置后松开左键。

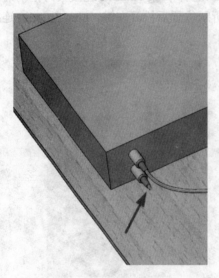

图 12-66　伸出线路端头　　　　　　　图 12-67　连接 plug-6pin-minidin 连接头位置

（7）接头自动连接后如图 12-68 所示，在左侧弹出的【线路属性】属性管理器中单击✖
【取消】按钮。

（8）添加线路。右击如图 12-69 所示的线路端头，出现菜单，在该菜单中，选择【编
辑线路】这一项。

图 12-68　连接 plug-6pin-minidin 连接头

图 12-69　开始编辑线路

（9）开始编辑线路后，右击 plug-6pin-minidin 连接头，出现一个菜单，在该菜单中选
择【添加到线路】这一项，如图 12-70 所示。

（10）再右击 plug-6pin-minidin 连接头，出现一个菜单，在该菜单中单击【自动步路】
这一项，如图 12-71 所示。

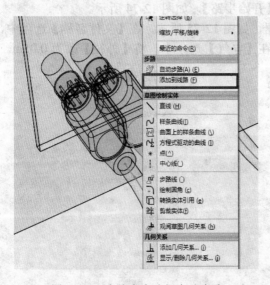

图 12-70　在线夹中选择自动步路

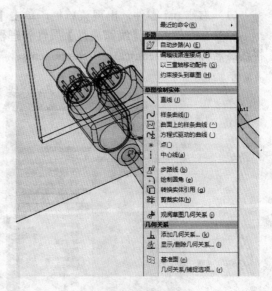

图 12-71　开始自动步路

（11）在线夹中选择自动步路后，在界面左方出现一个【自动步路】属性管理器，在该

属性管理器中，将步路模式选择为【自动步路】。

（12）在【自动步路】属性管理器中有【选择】选项，提示要选择生成线路的两个端点，自动在先前放入的电力接头和线夹的线路点 RPoint1、RPoint2 之间添加电力线路，如图 12-72 所示。

（13）在【自动步路】属性管理器中单击 ✓【确定】按钮，单击界面右上方的 按钮，退出当前状态，再单击 按钮，进入装配体状态如图 12-73 所示，此时生成了第三条线路。

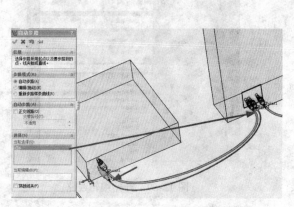

图 12-72　选择要生成第一条线路的两个端点

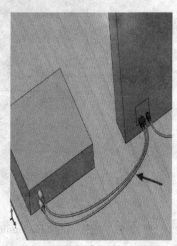

图 12-73　生成第三条线路

12.7.4　创建第四条线路

（1）右击 pai 零件，出现菜单栏，单击【开始步路】，如图 12-74 所示。

（2）在左侧弹出【线路属性】属性管理器，如图 12-75 所示，在【文件名称】选项中，将线路名称改为 Electrical_10-components1，在【电气】选项中，将【外径】改为 0.05in。

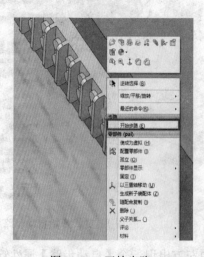

图 12-74　开始步路

图 12-75　【线路属性】属性管理器

（3）设置完成后，单击 ✔【确定】按钮，出现【自动步路】属性管理器，单击 ✖【取消】按钮，再单击界面右上方的 ⤴ 按钮，退出当前状态，再单击 🔧 按钮，进入装配体状态如图 12-76 所示，此时伸出了一段线路端头。

（4）添加线路零部件。打开设计库中 routing | electrical 文件夹，选择 terminal 连接头为拖动对象，按住左键拖动到喇叭接头附近，到达如图 12-77 所示位置后松开左键，terminal连接头会自动与喇叭的接头连接上。

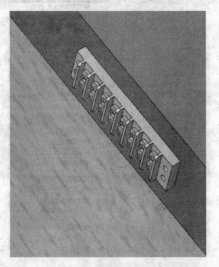

图 12-76　伸出线路端头

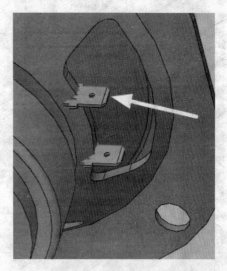

图 12-77　施放接头的位置

（5）接头自动连接上之后如图 12-78 所示，在左侧弹出【线路属性】属性管理器，单击 ✖【取消】按钮。

（6）右击 pai 零件的伸出的线路端头，出现菜单，在菜单中单击【编辑线路】选项，如图 12-79 所示。

图 12-78　接头自动连接

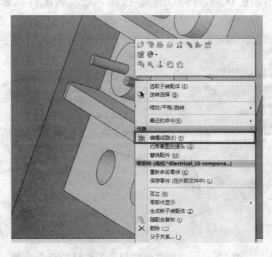

图 12-79　开始编辑线路

（7）开始编辑线路后，右击 terminal 连接头，出现一个菜单，在该菜单中单击【添加到线路】这一项，如图 12-80 所示。

（8）再右击 terminal 连接头，出现一个菜单，在该菜单中单击【自动步路】这一项，如图 12-81 所示。

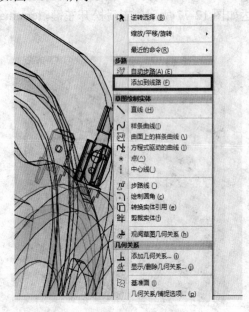

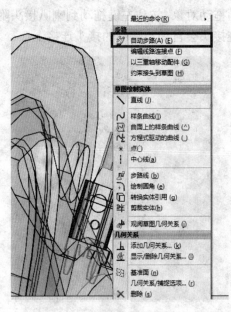

图 12-80　在线夹中选择自动步路　　　　　　　　　图 12-81　开始自动步路

（9）在线夹中选择自动步路后，在界面左方出现一个【自动步路】属性管理器，在该属性管理器中，将步路模式选择为【自动步路】。在【自动步路】属性管理器中有【选择】选项，提示要选择生成线路的两个端点，自动在先前放入的电力接头和线夹的线路点 RPoint1、RPoint2 之间添加电力线路，如图 12-82 所示。

（10）在【自动步路】属性管理器中单击 ✓【确定】按钮，单击界面右上方的 按钮，退出当前状态，再单击 按钮，进入装配体状态如图 12-83 所示，此时生成了第四条线路。

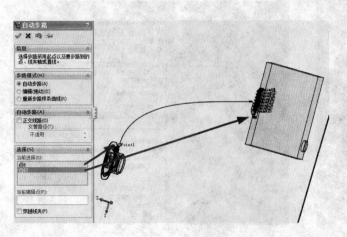

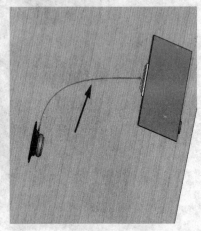

图 12-82　选择要生成第一条线路的两个端点　　　　　图 12-83　生成第四条线路

12.7.5 创建第五条线路

（1）打开设计库中 routing\electrical 文件夹，选择 terminal 连接头为拖动对象，按住左键拖动到喇叭接头附近，到达如图 12-84 所示位置后松开左键，terminal 连接头会自动与喇叭的接头连接上。

（2）接头自动连接上之后如图 12-85 所示，在左侧弹出【线路属性】属性管理器，单击✖【取消】按钮。

图 12-84　施放接头的位置

图 12-85　接头自动连接

（3）右击 pai 零件的伸出的线路端头，出现菜单，在菜单中选择【编辑线路】选项，如图 12-86 所示。

（4）开始编辑线路后，右击 terminal 连接头，出现一个菜单，在该菜单中单击【添加到线路】这一项，如图 12-87 所示。

图 12-86　开始编辑线路

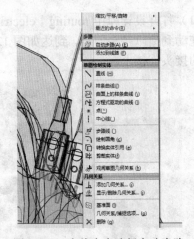

图 12-87　在线夹中选择自动步路

（5）再右击 terminal 连接头，出现一个菜单，在该菜单中单击【自动步路】这一项，如图 12-88 所示。

（6）在线夹中选择自动步路后，在界面左方出现一个【自动步路】属性管理器，在该属性管理器中，将步路模式选择为【自动步路】。在【自动步路】属性管理器中有【选择】选项，提示要选择生成线路的两个端点，自动在先前放入的电力接头和线夹的线路点 RPoint1、RPoint2 之间添加电力线路，如图 12-89 所示。

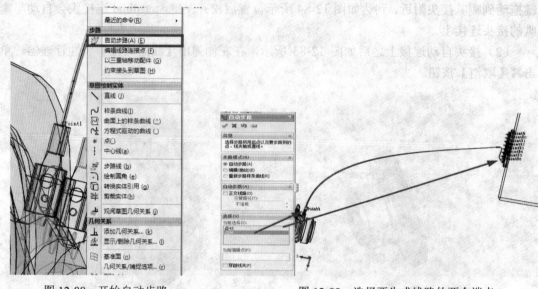

图 12-88　开始自动步路　　　　图 12-89　选择要生成线路的两个端点

（7）在【自动步路】属性管理器中单击 ✅ 【确定】按钮，单击界面右上方的 🔄 按钮，退出当前状态，再单击 🔧 按钮，进入装配体状态，如图 12-90 所示，此时生成了第五条线路。

12.7.6　创建第六条线路

（1）打开设计库中 routing｜electrical 文件夹，选择 terminal 连接头为拖动对象，按住左键拖动到喇叭接头附近，到达如图 12-91 所示位置后松开左键，terminal 连接头会自动与喇叭的接头连接上。

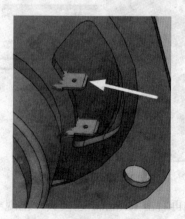

图 12-90　生成第五条线路　　　　图 12-91　施放接头的位置

（2）接头自动连接上之后如图 12-92 所示，在左侧弹出【线路属性】属性管理器，单击✖【取消】按钮。

（3）右击 pai 零件的伸出的线路端头，出现菜单，在菜单中单击【编辑线路】选项，如图 12-93 所示。

图 12-92　接头自动连接

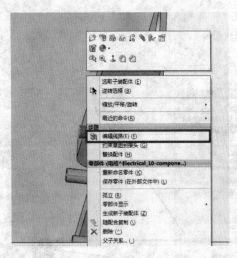

图 12-93　开始编辑线路

（4）开始编辑线路后，右击 terminal 连接头，出现一个菜单，在该菜单中单击【添加到线路】这一项，如图 12-94 所示。

（5）再右击 terminal 连接头，出现一个菜单，在该菜单中单击【自动步路】这一项，如图 12-95 所示。

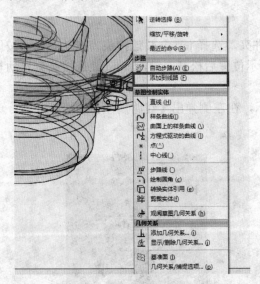

图 12-94　在线夹中选择自动步路

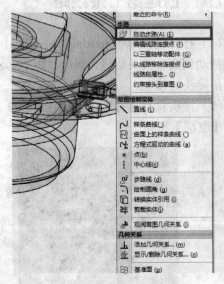

图 12-95　开始自动步路

（6）在线夹中选择自动步路后，在界面左方出现一个【自动步路】属性管理器，在该属性管理器中，将步路模式选择为【自动步路】。在【自动步路】属性管理器中有【选择】

选项，提示要选择生成线路的两个端点，自动在先前放入的电力接头和线夹的线路点RPoint1、RPoint2 之间添加电力线路，如图 12-96 所示。

（7）在【自动步路】属性管理器中单击 ✅【确定】按钮，单击界面右上方的 按钮，退出当前状态，再单击 按钮，进入装配体状态，如图 12-97 所示，此时生成了第六条线路。

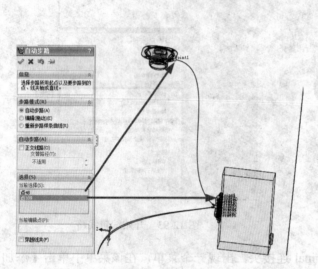

图 12-96　选择要生成线路的两个端点

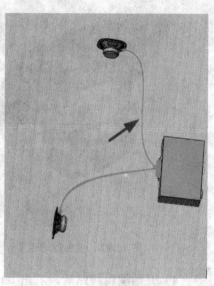

图 12-97　生成第六条线路

12.7.7　创建第七条线路

（1）打开设计库中 routing｜electrical 文件夹，选择 terminal 连接头为拖动对象，按住左键拖动到喇叭接头附近，到达如图 12-98 所示位置后松开左键，terminal 连接头会自动与喇叭的接头连接上。

（2）接头自动连接上之后如图 12-99 所示，在左侧弹出【线路属性】属性管理器，单击❌【取消】按钮。

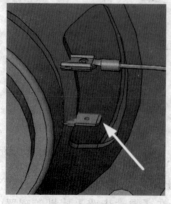

图 12-98　施放接头的位置

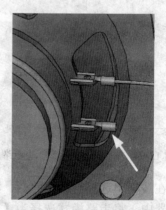

图 12-99　接头自动连接

（3）右击 pai 零件的伸出的线路端头，出现菜单，在菜单中单击【编辑线路】选项，如图 12-100 所示。

（4）开始编辑线路后，右击 terminal 连接头，出现一个菜单，在该菜单中单击【添加到线路】这一项，如图 12-101 所示。

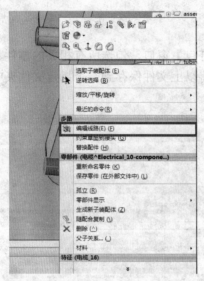

图 12-100　开始编辑线路

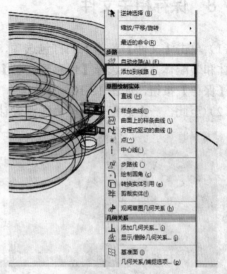

图 12-101　在线夹中选择自动步路

（5）再右击 terminal 连接头，出现一个菜单，在该菜单中单击【自动步路】这一项，如图 12-102 所示。

（6）在线夹中选择自动步路后，在界面左方出现一个【自动步路】属性管理器，在该属性管理器中，将步路模式选择为【自动步路】。在【自动步路】属性管理器中有【选择】选项，提示要选择生成线路的两个端点，自动在先前放入的电力接头和线夹的线路点 RPoint1、RPoint2 之间添加电力线路，如图 12-103 所示。

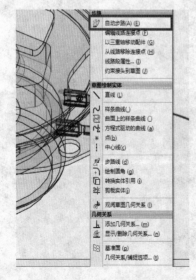

图 12-102　开始自动步路

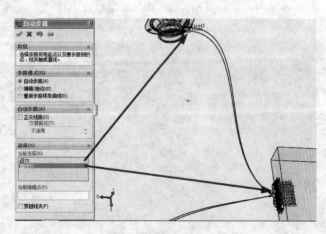

图 12-103　选择要生成线路的两个端点

（7）在【自动步路】属性管理器中单击 ✅【确定】按钮，单击界面右上方的 按钮，退出当前状态，再单击 按钮，进入装配体状态如图 12-104 所示，此时生成了第四条线路。

12.7.8　保存相关文件

（1）单击【文件】菜单下的打包选项，弹出【打包】窗口，勾选所有相关的零件、子装配体和装配体文件，选择【保存到文件】选项，将以上文件保存到一个指定文件夹中，单击【保存】按钮，如图 12-105 所示。

（2）至此，一个装配体的电力线路设计完成。

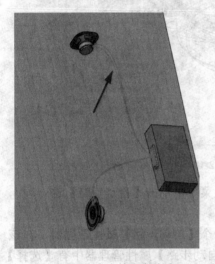

图 12-104　生成第七条线路

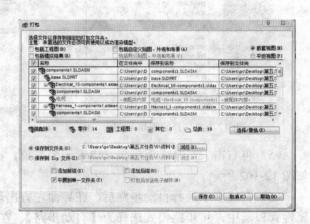

图 12-105　【打包】保存装配体及线路装配体

第 13 章　PhotoView 360 图片渲染

PhotoView 360 是一个 SolidWorks 插件，可在 SolidWorks 模型中产生具有真实感的渲染。渲染的图像组合包括模型中的外观、光源、布景及贴图。PhotoView 360 可用于 SolidWorks Professional 和 SolidWorks Premium。

使用 PhotoView 360 进行图片渲染的步骤如下。

（1）在模型打开时插入 PhotoView 360，单击【工具】|【插件】中选择 PhotoView 360。

（2）在图形区域中开启预览或者打开预览窗口查看对模型所做的更改如何影响渲染。

（3）编辑外观、布景、光源以及贴图。

（4）编辑 PhotoView 选项。

（5）进行最终渲染。

（6）在渲染帧属性管理器中保存图像。

注意：在默认情况下，PhotoView 中的照明关闭。在关闭光源时，可以使用布景所提供的逼真光源，该光源通常足够进行渲染。在 PhotoView 中，通常需要使用其他照明措施来照亮模型中的封闭空间。

13.1　布 景 设 置

布景是由环绕 SolidWorks 模型的虚拟框或者球形组成的，可以调整布景壁的大小和位置。此外，可以为每个布景壁切换显示状态和反射度，并将背景添加到布景。

选择 PhotoView 360|【编辑布景】菜单命令，弹出【编辑布景】属性管理器，如图 13-1 所示。

1.【基本】选项卡

（1）【背景】选项组

随布景使用背景图像，这样在模型背后可见的内容与由环境所投射的反射不同。背景类型包括：

● 【无】：将背景设定到白色。

● 【颜色】：将背景设定到单一颜色。

● 【梯度】：将背景设定到由顶部渐变颜色和底部渐变颜色所定义的颜色范围。

● 【图像】：将背景设定到选择的图像。

● 【使用环境】：移除背景，从而使环境可见。

● 【背景颜色】：将背景设定到单一颜色。

图 13-1　【编辑布景】属性管理器

【保留背景】：在背景类型是彩色、渐变或图像时可供使用。

（2）【环境】选项组

选取任何球状映射为布景环境的图像。

（3）【楼板】选项组

- 【楼板反射度】：在楼板上显示模型反射。
- 【楼板阴影】：在楼板上显示模型所投射的阴影。
- 【将楼板与此对齐】：将楼板与基准面对齐，选取 XY、YZ、XZ 之一或选定的基准面。
- ↗【反转楼板方向】：绕楼板移动虚拟天花板 180 度。
- 【楼板等距】：将模型高度设定到楼板之上或之下。
- ↗【反转等距方向】：交换楼板和模型的位置。

2. 【高级】选项卡

【高级】选项卡如图 13-2 所示。

（1）【楼板大小/旋转】选项组

- 【固定高宽比例】：当更改宽度或高度时均匀缩放楼板。
- 【自动调整楼板大小】：根据模型的边界框调整楼板大小。
- 【宽度和深度】：调整楼板的宽度和深度。
- 【高宽比例】（只读）：显示当前的高宽比例。
- 【旋转】：相对环境旋转楼板。

（2）【环境旋转】选项组

环境旋转相对于模型水平旋转环境。影响到光源、反射及背景的可见部分。

（3）【布景文件】选项组

- 【浏览】：选取另一布景文件进行使用。
- 【保存布景】：将当前布景保存到文件，会提示将保存了布景的文件夹在任务窗格中保持可见。

3. 【照明度】选项卡

【照明度】选项卡如图 13-3 所示。

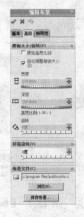

图 13-2 【高级】选项卡　　　　图 13-3 【照明度】选项卡

- 【背景明暗度】：在 PhotoView 中设定背景的明暗度，在基本选项卡上的背景是无或
  白色时没有效果。
- 【渲染明暗度】：设定由 HDRI（高动态范围图像）环境在渲染中所促使的明暗度。
- 【布景反射度】：设定由 HDRI 环境所提供的反射量。

13.2　光　源　设　置

SolidWorks 提供 3 种光源类型，即线光源、点光源和聚光源。

1．线光源

在【特征管理器设计树】中，展开 DisplayManager 文件夹，单击 【查看布景、光
源和相机】按钮，右击【光源】图标选择【添加线光源】命令，如图 13-4 所示。在【属性
管理器】中弹出【线光源 22】属性设置框，如图 13-5 所示。

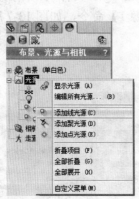
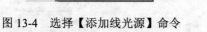

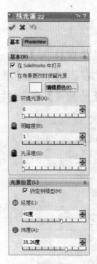

图 13-4　选择【添加线光源】命令　　　图 13-5　【线光源 22】属性设置框

（1）【基本】选项组
- 【在 SolidWorks 中打开】：打开或关闭模型中的光源。
- 【在布景更改时保留光源】：在布景变化后，保留模型中的光源。
- 【编辑颜色】：显示颜色调色板。
- ■【环境光源】：设置光源的强度。
- ■【明暗度】：设置光源的明暗度。
- ■【光泽度】：设置光泽表面在光线照射处显示强光的能力。

（2）【光源位置】选项组
- 【锁定到模型】：选择此选项，相对于模型的光源位置被保留。
- ◉【经度】：光源的经度坐标。

● ▦【纬度】：光源的纬度坐标。

2. 点光源

在【特征管理器设计树】中，展开◑DisplayManager 文件夹，单击▨【查看布景、光源和相机】按钮，右击【光源】图标选择【点光源 1】命令，如图 13-6 所示，在【属性管理器】中弹出【线光源 1】的属性设置框。

（1）【基本】选项组与线光源的【基本】选项组属性设置相同，在此不再赘述。

（2）【光源位置】选项组：

● 【球坐标】：使用球形坐标系指定光源的位置。

● 【笛卡儿式】：使用笛卡儿式坐标系指定光源的位置。

● 【锁定到模型】：选择此选项，相对于模型的光源位置被保留。

（3）▱【目标 X 坐标】：点光源的 X 轴坐标。

（4）▱【目标 Y 坐标】：点光源的 Y 轴坐标。

（5）▱【目标 Z 坐标】：点光源的 Z 轴坐标。

3. 聚光源

在【特征管理器设计树】中，展开◑DisplayManager 文件夹，单击▨【查看布景、光源和相机】按钮，右击【光源】图标选择【点光源 1】命令，如图 13-7 所示，在【属性管理器】中弹出【聚光源 1】的属性设置框。

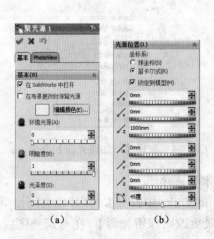

图 13-6 【点光源 1】属性设置框　　图 13-7 【聚光源 1】属性设置框

（1）【基本】选项组

【基本】选项组与线光源的【基本】选项组属性设置相同，在此不再赘述。

（2）【光源位置】选项组

● ▱【光源 X 坐标】：聚光源在空间中的 X 轴坐标。

● ▱【光源 Y 坐标】：聚光源在空间中的 Y 轴坐标。

● ▱【光源 Z 坐标】：聚光源在空间中的 Z 轴坐标。

- $\sqrt{x}$【目标 X 坐标】：聚光源在模型上所投射到的点的 X 轴坐标。
- $\sqrt{y}$【目标 Y 坐标】：聚光源在模型上所投射到的点的 Y 轴坐标。
- $\sqrt{z}$【目标 Z 坐标】：聚光源在模型上所投射到的点的 Z 轴坐标。
- ◻【圆锥角】：指定光束传播的角度，较小的角度生成较窄的光束。

13.3　外　观　设　置

外观是模型表面的材料属性，添加外观是使模型表面具有某种材料的表面属性。

单击 PhotoWorks 工具栏中的 ◔【外观】按钮（或者单击选择 PhotoWorks|【外观】菜单命令），在【属性管理器】中弹出【颜色】的属性设置框，如图 13-8 所示。

（a）

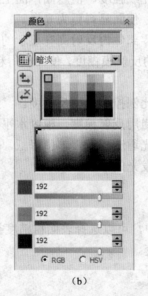
（b）

（c）

图 13-8　【颜色】属性设置框

1.【颜色/图像】选项卡

（1）【所选几何体】选项组
- 【应用到零部件层】：将指定的颜色应用到零部件文件中。
- ◔【应用到零件文档层】：将指定的颜色应用到零件文件中。
- ◻、◇、◻、◔【过滤器】：可以帮助选择模型中的几何实体。
- 【移除外观】：单击该按钮可以从选择的对象上移除设置好的外观。

（2）【外观】选项组
- 【外观文件路径】：标识外观名称和位置。
- 【浏览】：单击以查找并选择外观。

- 【保存外观】：单击以保存外观的自定义复件。

（3）【颜色】选项组

可以添加颜色到所选实体的几何体中所列出的外观。

（4）【显示状态(链接)】选项组

- 【此显示状态】：所做的更改只反映在当前显示状态中。
- 【所有显示状态】：所做的更改反映在所有显示状态中。
- 【指定显示状态】：所做的更改只反映在所选的显示状态中。

2.【照明度】选项卡

在【照明度】选项卡中，可以选择显示其照明属性的外观类型，如图 13-9 所示，根据所选择的类型，其属性设置发生改变。

- 【动态帮助】：显示每个特性的弹出工具提示。
- 【漫射量】：控制面上的光线强度，值越高，面上显得越亮。
- 【光泽量】：控制高亮区，使面显得更为光亮。
- 【光泽颜色】：控制光泽零部件内反射高亮显示的颜色。
- 【光泽传播】：控制面上的反射模糊度，使面显得粗糙或光滑，值越高，高亮区越大，越柔和。
- 【反射量】：以 0 到 1 的比例控制表面反射度。
- 【模糊反射度】：在面上启用反射模糊，模糊水平由光泽传播控制。
- 【透明量】：控制面上的光通透程度，该值降低，不透明度升高。
- 【发光强度】：设置光源发光的强度。

3.【表面粗糙度】选项卡

在【表面粗糙度】选项卡中，可以选择表面粗糙度类型，如图 13-10 所示，根据所选择的类型，其属性设置发生改变。

图 13-9 【照明度】选项卡　　　图 13-10 【表面粗糙度】选项卡

（1）【表面粗糙度】选项组

【表面粗糙度类型】下拉列表中，有如下类型选项：颜色、从文件、涂刷、喷砂、磨光、铸造、机加工、菱形防滑板、防滑板 1、防滑板 2、节状凸纹、酒窝形、链节、锻制、粗制 1、粗制 2、无。

（2）【Photoview 表面粗糙度】选项组

- 【隆起映射】：模拟不平的表面。
- 【隆起强度】：设置模拟的高度。
- 【位移映射】：在物体的表面加纹理。
- 【位移距离】：设置纹理的距离。

13.4　贴 图 设 置

贴图是在模型的表面附加某种平面图形，一般多用于商标和标志的制作。

选择 PhotoView 360|【编辑贴图】菜单命令，在【属性管理器】中弹出【贴图】的属性设置框，如图 13-11 所示。

1.【图像】选项卡

- 【贴图预览】框：显示贴图预览。
- 【浏览】：单击此按钮，选择浏览图形文件。

2.【映射】选项卡

【映射】选项卡如图 13-12 所示。

- 、、、、【过滤器】：可以帮助选择模型中的几何实体。

图 13-11　【贴图】属性设置框

3.【照明度】选项卡

【照明度】选项卡如图 13-13 所示。可以选择贴图对照明度的反应，根据选择的选项不同，其属性设置发生改变，在此不再赘述。

图 13-12　【映射】选项卡

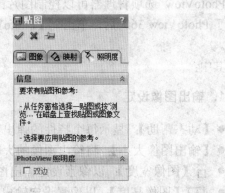

图 13-13　【照明度】选项卡

13.5 渲 染 图 像

PhotoView 能以逼真的外观、布景、光源等渲染 SolidWorks 模型，并提供直观显示渲染图像的多种方法。

13.5.1 PhotoView 整合预览

可在 SolidWorks 图形区域内预览当前模型的渲染。要开始预览，插入 PhotoView 插件后，单击 PhotoView 360|【整合预览】按钮。显示界面如图 13-14 所示。

13.5.2 PhotoView 预览窗口

PhotoView 预览窗口是独立于 SolidWorks 主窗口外的单独窗口。要显示该窗口，插入 PhotoView 插件，单击 PhotoView 360|【预览窗口】菜单命令，显示界面如图 13-15 所示。

图 13-14　整合预览　　　　　　　　　　图 13-15　预览窗口

13.5.3 PhotoView 选项

PhotoView 选项管理器可以控制图片的渲染质量，包括输出图像品质和渲染品质。在插入了 PhotoView 360 后，单击 【PhotoView 选项】按钮以打开选项管理器，如图 13-16 所示。

其中：

1. 输出图像设定

- 【动态帮助】：显示每个特性的弹出工具提示。
- 【输出图像大小】：将输出图像的大小设定到标准宽度和高度。
- ⊟【图像宽度】：以像素设定输出图像的宽度。
- Ⅱ□【图像高度】：以像素设定输出图像的高度。

- 【固定高宽比例】：保留输出图像中宽度到高度的当前比率。
- 【使用相机高宽比例】：将输出图像的高宽比设定到相继视野的高宽比。
- 【使用背景高宽比例】：将最终渲染的高宽比设定为背景图像的高宽比。
- 【图像格式】：为渲染的图像更改文件类型。
- 【默认图像路径】：为使用 Task Scheduler 所排定的渲染设定默认路径。

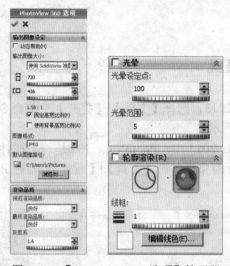

图 13-16　【PhotoView 360 选项】管理器

2. 渲染品质

- 【预览渲染品质】：为预览设定品质等级，高品质图像需要更多时间才能渲染。
- 【最终渲染品质】：为最终渲染设定品质等级。
- 【灰度系】：设定灰度系数。

3. 光晕

- 【光晕设定点】：标识光晕效果应用的明暗度或发光度等级。
- 【光晕范围】：设定光晕从光源辐射的距离。

4. 轮廓渲染

- 【只随轮廓渲染】：只以轮廓线进行渲染，保留背景或布景显示和景深设定。
- 【渲染轮廓和实体模型】：以轮廓线渲染图像。
- 【线粗】：以像素设定轮廓线的粗细。
- 【编辑线色】：设定轮廓线的颜色。

13.6　范　　例

电饭锅模型如图 13-17 所示。
主要步骤如下：

1．转换文件格式。
2．设置光源。
3．设置模型外观。
4．设置外部环境。
5．设置贴图。
6．完善其他设定。
7．输出图像。

13.6.1 转换文件格式

图 13-17 电饭锅模型

（1）打开 SolidWorks 2013，选择【文件】|【打开】菜单命令，在弹出窗口中选择【电饭锅.sldprt】，如图 13-18 所示。

（2）由于在 SolidWorks 2013 中，PhotoView 360 是一个插件，因此在模型打开时需插入 PhotoView 360 才能进行渲染，单击【工具】|【插件】，勾选 PhotoView 360，如图 13-19 所示。

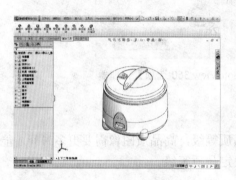

图 13-18 更新模型版本 　　　　　　　　 图 13-19 启动 PhotoView 360 插件

（3）在菜单栏中找到并选择按钮 🔍【适合视图】，将模型位置调整至全屏窗口。以便全局观察模型，为后续的调整模型位置做好准备，如图 13-20 所示。

（4）在视图窗口中右击，选择【试图定向】，单击【上视】。切换到上视图方向，如图 13-21 所示。

图 13-20 适合视图显示 　　　　　　　　　 图 13-21 切换上视图

（5）在视图窗口中右击，单击 旋转视图 (E) 【旋转】按钮，调整模型视图位置，将其旋转到如图 13-22 所示大致的位置。

（6）在视图窗口中单击右键，选取 放大或缩小 (C) 【放大或缩小】，放大图形；单击 平移 (F) 【平移】按钮，将模型位置调整到恰当位置，如图 13-23 所示。

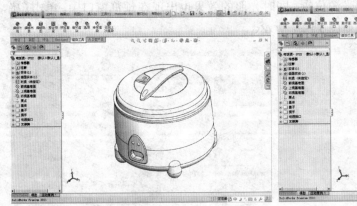

图 13-22　旋转模型

图 13-23　缩放/移动模型

（7）在视图窗口中单击右键，单击【试图定向】，单击 【新视图】按钮，将该方向视图保存，并取名为【视图 1】，单击【确定】保存，如图 13-24 所示。

13.6.2　设置光源

（1）选择 FeatureManager 设计树标签，右击 【光源、相机与布景】文件夹，选择添加线光源，【线光源】属性管理器将显示出来。在【光源位置】中设置经度为 86.4 度，纬度为–18 度，右侧绘图区也将显示出虚拟的线光源灯泡位置，同时光照的效果也出现在预览窗口中，单击【确定】按钮，完成线光源的设置，如图 13-25 所示。

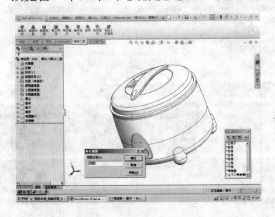

图 13-24　保存视图

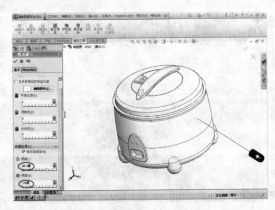

图 13-25　设置线光源

（2）选择草图工具栏【视图】，单击【光源与相机】，选择添加 【点光源】，显示【点光源】属性管理器。在【光源位置】中设置 X 为 270mm，Y 为 160 mm，Z 为 10 mm，右侧绘图区也将显示出一个虚拟的点光源位置，同时光照的效果也出现在预览窗口中，单击【确定】按钮，完成点光源的设置，如图 13-26 所示。

（3）选择草图工具栏【视图】，单击【光源与相机】，选择添加 【聚光源】，显示【聚光源】属性管理器。在【光源位置】中设置 X 为 400mm，Y 为 90mm，Z 为 940mm，右侧绘图区也将显示出一个虚拟的聚光源位置，同时光照的效果也出现在预览窗口中，单击【确定】按钮，完成聚光源的设置，如图 13-27 所示。

图 13-26　设置点光源

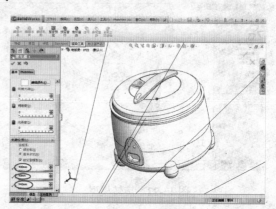

图 13-27　设置聚光源

13.6.3　设置模型外观

（1）菜单栏中单击 PhotoView 360，单击 【预览渲染】按钮，弹出预览窗口，如图 13-28 所示。

（2）在菜单栏中单击 PhotoView 360，单击 【编辑外观】，弹出外观编辑栏及材料库，如图 13-29 所示。

图 13-28　预览渲染

图 13-29　编辑外观界面

（3）在外观、布景和贴图项目栏中列举了各种类型的材料，以及它们所附带的外观属性特性，如图 13-30 所示。

（4）在菜单栏中单击 PhotoView 360，单击 <img> | 编辑外观(A)... 【编辑外观】，弹出外观编辑栏及材料库，在外观、布景和贴图项目栏中，单击【金属】|【铝】|【蓝色阳极铝】，在视图窗口中单击要渲染的部位，如图 13-31 所示，单击 <img>【确定】按钮完成。效果如图 13-32 所示。

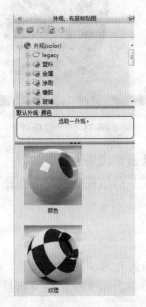
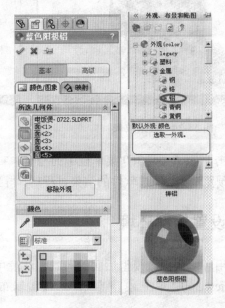

图 13-30　外观、布景和贴图项目栏　　　　　　图 13-31　添加外观

（5）用同样的方法选择材质库中的选取外观、布景和贴图项目栏中的【塑料】|【高光泽】|【黑色高光泽塑料】材质，为其添加外观，如图 13-33 所示。

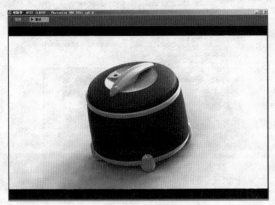

图 13-32　渲染效果　　　　　　　　　　图 13-33　渲染效果

（6）选取外观、布景和贴图项目栏中的【塑料】|【高光泽】|【黄色高光泽塑料】材质，用同样方法渲染外观，如图 13-34 所示。

（7）选取外观、布景和贴图项目栏中的【塑料】|【高光泽】|【奶油色高光泽塑料】材质，用同样方法渲染外观，如图 13-35 所示。

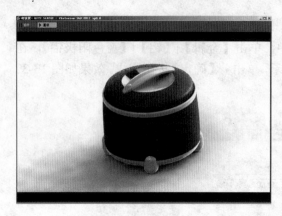
图 13-34　渲染效果

图 13-35　渲染效果

（8）单击 PhotoView 360 菜单栏中的 <u>最终渲染(F)</u>【最终渲染】工具，对先前得到的外观效果进行预览渲染。经过软件的渲染过程后，得到了初步的渲染效果图，如图 13-36 所示。

13.6.4　设置外部环境

（1）应用环境会更改模型后面的布景。环境可影响到光源和阴影的外观。在菜单栏中选择 PhotoView 360，单击 <u>编辑布景(S)…</u>【编辑布景】，弹出布景编辑栏及布景材料库，如图 13-37 所示。

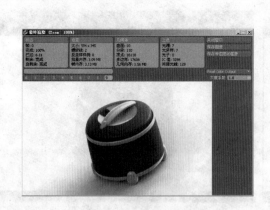
图 13-36　初步渲染效果图

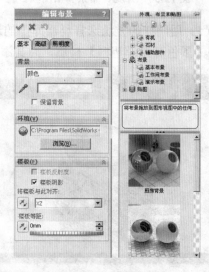
图 13-37　布景编辑栏

（2）选择其中一个库，添加到模型中去。单击【古老粉尘色】作为环境选项，双击或者利用鼠标拖动，将其放置到视图中。得到添加环境后的效果，如图 13-38 所示。

（3）单击 <u>编辑布景(S)…</u>【编辑布景】，对环境进行设置。在基本项设置中设置背景为【使用环境】，选择楼板背景与 XZ 轴对齐，勾选楼板阴影，设置楼板等距数值，如图 13-39 所示。

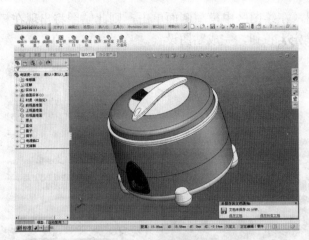

图 13-38　添加环境效果

图 13-39　设置环境

（4）在高级项中勾选【自动调整楼板大小】，设置【环境旋转】为 180 度，如图 13-40所示。

（5）回到视图窗口中，利用旋转和平移命令对视图进行调整，得到模型在视图中适当的位置，以及利用缩放来调整模型的位置，使其与环境中的其他图形看起来位置合适，如图 13-41 所示。

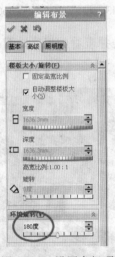

图 13-40　设置高级项

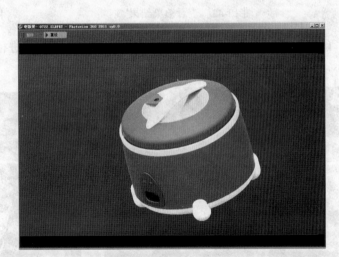

图 13-41　调整模型位置

（6）在菜单栏中选择并单击【最终渲染】按钮，对效果再次进行渲染并查看结果。此时得到的是添加了环境之后对外观影响以后的总图。此时已经得到了较逼真的图像，如图 13-42 所示。

13.6.5　设置贴图

（1）单击 PhotoView 360 菜单栏中的 【编辑贴图】工具，在【Photoworks 项目】中将提供一些预置的贴图，如图 13-43 所示。

　　（2）单击【Solidworks】贴图，在绘图区中模型侧面单击，则此贴图将出现在模型区域中，如图 13-44 所示，单击【确定】按钮，完成贴图设置。

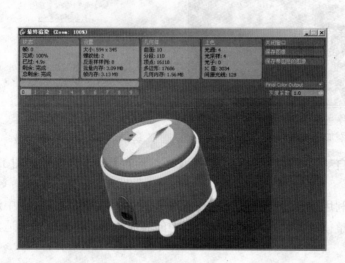

图 13-42　查看渲染结果　　　　　　　　　图 13-43　设置 photoview 360 项目

　　（3）在菜单栏中单击【最终渲染】按钮，对效果再次进行渲染并查看结果，如图 13-45 所示。

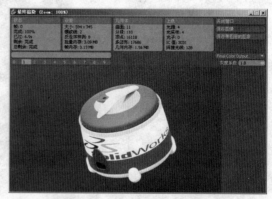

图 13-44　贴图预览　　　　　　　　　　　　图 13-45　渲染效果图

13.6.6　完善其他设定

　　（1）单击 PhotoView 360 菜单栏，单击【选项】按钮，弹出【设定】属性管理器。调整渲染品质、启用光晕等项来完善渲染效果，如图 13-46 所示。

　　（2）再次单击【最终渲染】按钮，对效果再次进行渲染并查看结果。此时得到的效果与先前的结果进行比较，有明显的反光效果了，如图 13-47 所示。

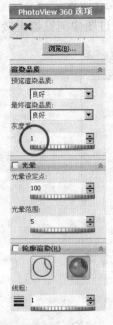

图 13-46　设置光晕参数

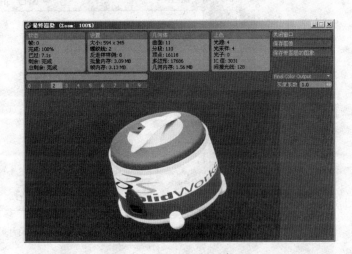

图 13-47　调整渲染明暗度后渲染

13.6.7　输出图像

（1）准备输出结果图像，首先需要对输出进行必要的设置。在 PhotoView 360 菜单栏中单击【选项】按钮，弹出【设定】属性管理器，在【输出图像】选项卡中，设定【帧宽度】为 594，【帧高度】为 345，在【图像格式】下拉菜单中选择 JPEG，如图 13-48 所示。

（2）在菜单栏中单击【最终渲染】，完成所有设置后对图像进行渲染。得到最终效果图，如图 13-49 所示。

图 13-48　输出设置

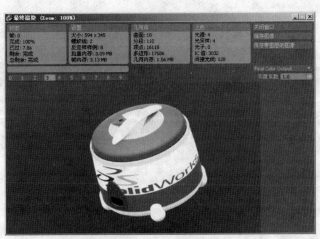

图 13-49　最终渲染

（3）在最终渲染结果的窗口中单击【保存图像】，为其指定保存的路径以及名称。指定保存类型为 JPEG，输入文件名【电饭锅渲染效果图】，如图 13-50 所示。

至此，电饭锅的渲染过程全部完成，得到图像结果后，可以通过图像浏览器直接查看。

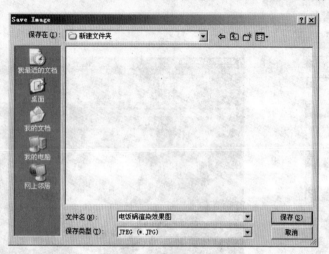

图 13-50　保存图像

第 14 章 动 画 制 作

SolidWorks Motion 作为 SolidWorks 自带插件，主要用于制作产品的动画演示，可以制作产品设计的虚拟装配过程、虚拟拆卸过程和虚拟运行过程，使用户通过动画可以直观地理解设计师的意图。

14.1 简 介

运动算例是装配体模型运动的图形模拟，并可将诸如光源和相机透视图之类的视觉属性融合到运动算例中。

可从运动算例中使用 MotionManager 运动管理器，此为基于时间线的界面，包括有以下运动算例工具。

（1）动画（可在 SolidWorks 内使用）：可使用动画来演示装配体的运动，例如，添加马达来驱动装配体一个或多个零件的运动；使用设定键码点在不同时间规定装配体零部件的位置。

（2）基本运动（可在 SolidWorks 内使用）：可使用基本运动在装配体上模仿马达、弹簧、碰撞以及引力，基本运动在计算运动时考虑到质量。

（3）运动分析（可在 SolidWorks 白金版的 SolidWorks Motion 插件中使用）：可使用运动分析装配体上精确模拟和分析运动单元的效果（包括力、弹簧、阻尼，以及摩擦）。运动分析使用计算能力强大的动力求解器，在计算中考虑到材料属性、质量及惯性。

14.1.1　时间线

时间线是动画的时间界面，它显示在动画【特征管理器设计树】的右侧。当定位时间栏、在图形区域中移动零部件或者更改视像属性时，时间栏会使用键码点和更改栏显示这些更改。

时间线被竖直网格线均分，这些网络线对应于表示时间的数字标记。数字标记从 00:00:00 开始，其间距取决于窗口的大小。例如，沿时间线可能每隔 1 秒、2 秒或者 5 秒就会有 1 个标记，如图 14-1 所示。

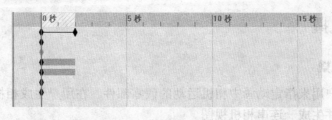

图 14-1　时间线

如果需要显示零部件，可以沿时间线单击任意位置，以更新该点的零部件位置。定位时间栏和图形区域中的零部件后，可以通过控制键码点来编辑动画。在时间线区域中右击，然后在弹出的快捷菜单中进行选择，如图 14-2 所示。

- 【放置键码】：添加新的键码点，并在指针位置添加 1 组相关联的键码点。
- 【动画向导】：可以调出【动画向导】属性管理器。

沿时间线右击任一键码点，在弹出的快捷菜单中可以选择需要执行的操作，如图 14-3 所示。

- 【剪切】、【删除】：对于 00:00:00 标记处的键码点不可用。
- 【替换键码】：更新所选键码点以反映模型的当前状态。
- 【压缩】：将所选键码点及相关键码点从其指定的函数中排除。
- 【插值模式】：在播放过程中控制零部件的加速、减速或者视像属性。

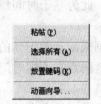

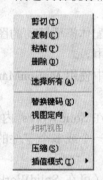

图 14-2　选项快捷菜单　　　　图 14-3　操作快捷菜单

14.1.2　键码点和键码属性

每个键码画面在时间线上都包括代表开始运动时间或者结束运动时间的键码点。无论何时定位 1 个新的键码点，它都会对应于运动或者视像属性的更改。

键码点：对应于所定义的装配体零部件位置、视觉属性或模拟单元状态的实体。

关键帧：键码点之间可以为任何时间长度的区域，此定义为零部件运动或视觉属性发生更改时的关键点。

当将鼠标指针移动至任一键码点上时，零件序号将会显示此键码点的键码属性。如果零部件在动画【特征管理器设计树】中没有展开，则所有的键码属性都会包含在零件序号中。

14.1.3　相机撬

1. 生成相机撬

相机撬为用户用来指定动画中相机运动的假零部件。在用户生成相机撬后，用户可添加相机到相机撬并生成一连串相机视图。

创建相机撬步骤如下。

（1）生成一假零部件作为相机撬。相机撬的大小无关紧要，因为这在动画先后顺序中会隐藏。

（2）打开一装配体并将相机撬（假零部件）插入到装配体中。

（3）将相机撬远离模型定位，从而包容用户移动装配体时零部件的位置，如图 14-4 所示。

（4）在相机撬侧面和模型之间添加一平行配合，如图 14-5 所示。

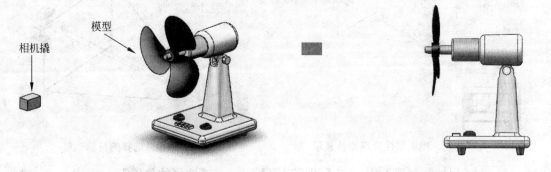

图 14-4　相机撬定位　　　　　　　　　　　　　图 14-5　添加侧面的平行配合

（5）在相机撬正面和模型正面之间添加一平行配合，如图 14-6 所示。

（6）使用前视视图将相机撬相对于模型而大致居中，如图 14-7 所示。

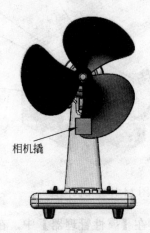

图 14-6　添加正面的平行配合　　　　　　　　　图 14-7　相机撬居中

（7）保存此装配体。

2．添加相机并定位相机撬

在用户生成相机撬后，用户可添加相机，将之附加在相机撬上，然后制作相机视图。操作步骤如下。

（1）打开包括相机撬的装配体文档。

（2）单击【右视】（标准工具栏）。

（3）右击 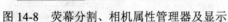【光源、相机与布景】（MotionManager 树），然后选择 【添加相机】。荧屏分割成视口，相机属性管理器及显示，如图 14-8 所示。

（4）在【属性管理器】中，在【目标点】下选择【选择的目标】。

（5）在图形区域中，选择一草图实体并用来将目标点附加到相机撬，如图 14-9 所示。

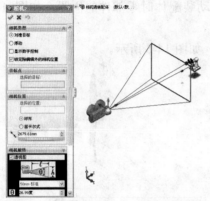

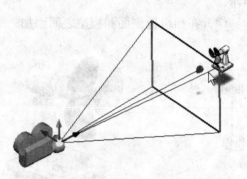

图 14-8　荧幕分割、相机属性管理器及显示

图 14-9　选择的目标

（6）在【属性管理器】中，在【相机位置】下单击【选择的位置】。

（7）在图形区域中，选择一草图实体并用来指定相机位置，如图 14-10 所示。

（8）拖动【视野】以通过使用视口作为参考来进行拍照。与相机轴垂直而上下拖动视野矩形，从而调整模型视图的角度。在视口的右窗格中检查用户的结果，如图 14-11 所示。

图 14-10　相机位置

图 14-11　调整视野

（9）在【属性管理器】中，在【相机旋转】下单击【通过选择设定卷数】。

（10）在图形区域中选择一个面以在用户拖动相机撬来生成路径时防止相机滑动，如图 14-12 所示。

（11）单击 【确定】按钮。

通过使用这些设定并水平移动相机撬，用户可生成一相机撬动画，在此动画中相机移向模型。根据用户的视野设定，用户可在动画过程中将模型保留在画面中。

图 14-12　通过选择确定卷数

3．生成相机撬动画

用户可通过生成一假零部件作为相机撬，然后将相机附加到相机撬上的草图实体来生成基于相机的动画。

生成相机撬动画步骤如下。

（1）创建一相机撬。

（2）添加相机，将之附加到相机撬，然后定位相机撬。

（3）右击🔘【视向及相机视图】（MotionManager 设计树），然后切换【禁用观阅键码生成】以使图标更改到🖎。

（4）在视图工具栏上，单击适当的工具以在左边显示相机撬，在右侧显示装配体零部件，如图 14-13 所示。

（5）为动画中的每个时间点重复这些步骤以设定动画序列。

① 在时间线中拖动时间栏。

② 在图形区域中将相机撬拖到新位置。

（6）重复步骤（4）到步骤（6），直到用户完成相机撬的路径为止。

（7）在 FeatureManager 设计树中，右击相机撬，然后单击【隐藏】。

（8）在第一个【视向及相机视图】🖎 键码点处（时间 00:00:00）右击时间线。

（9）单击【视图定向】，然后单击相机。

（10）单击▶【从头播放】（MotionManager 工具栏）。

4．更改相机试图设定

（1）在【光源、相机与布景】文件夹中双击🐱【相机】。

（2）修改设定然后单击✔【确定】按钮。

5．保存动画

单击 MotionManager 工具栏中的▣【保存动画】。【保存动画到文件】属性管理器如图 14-14 所示。

图 14-13　视图显示

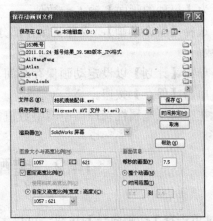

图 14-14　【保存动画到文件】属性管理器

用户可将在 MotionManager 中生成的任何动画保存为以下格式之一。

● 一个 Microsoft .avi 文件。

● 静止图像的系列 .bmp 文件。

● 静止图像的系列 .tga 文件。

如果插入了 PhotoView 360，保存动画到文件属性管理器能让用户使用逼真视频渲染，带有阴影、真实反射及反走样等效果。

（1）属性设置

● □【宽度】：定义动画的宽度。

● □【高度】：定义动画的高度。

● 固定高宽比例：在变更宽度或高度时，保留图像的原有比例。

● 选择下列选项之一。

【使用相机高宽比例】：在至少定义了一个相机时可用。

【自定义高宽比例】：选择或输入新的比例。

【压缩视频】

当用户保存动画为 Windows 视频（.avi）格式时用户可将之压缩。用户所选择的压缩、运动及窗口大小设定可影响到用户的视频结果，【视频压缩】属性管理器如图 14-15 所示。

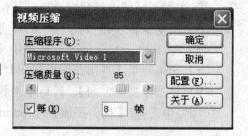

压缩量会影响图像的品质。使用较低的压缩比例可生成较小但图像品质也较差的文件。

图 14-15　【视频压缩】属性管理器

（2）操作步骤

① 单击 MotionManager 工具栏中的【保存动画】 ▥。

② 保存动画到文件属性管理器中。

● 为文件名称输入一名称。

● 选择保存类型的格式。

● 为渲染器选择数值。

③ 在画面信息下。

a. 为【每秒的画面】输入一数值。

b. 选择【整个动画】，或者要保存部分动画，选择【时间范围】并输入开始和结束数值的秒数。

④ 单击【计划】以设定动画保存时间。

⑤ 单击【保存】按钮。

⑥ 在视频压缩属性管理器中调整数值，然后单击【确定】按钮。

14.2　装配体爆炸动画

通过单击 ▧【动画向导】按钮，可以生成爆炸动画，即将装配体的爆炸视图步骤按照时间先后顺序转化为动画形式。

生成爆炸动画的操作步骤如下。

（1）打开一个装配体，如图 14-16 所示。

（2）单击图形区域下方的【运动算例】按钮，在下拉列表框中选择【动画】选项，在图形区域下方出现【运动管理器】工具栏和时间线。单击【运动管理器】工具栏中的 【动画向导】按钮，弹出【选择动画类型】属性管理器，如图 14-17 所示。

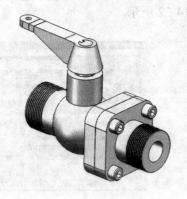

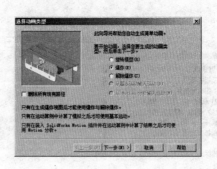

图 14-16　打开装配体　　　　　　　　　图 14-17　【选择动画类型】属性管理器

（3）单击【爆炸】单选按钮，单击【下一步】按钮，弹出【动画控制选项】属性管理器，如图 14-18 所示。

（4）在【动画控制选项】属性管理器中，设置【时间长度（秒）】为 4，单击【完成】按钮，完成爆炸动画的设置。单击【运动管理器】工具栏中的 【播放】按钮，观看爆炸动画效果，如图 14-19 所示。

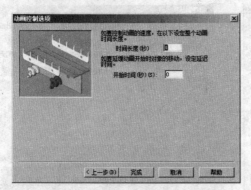

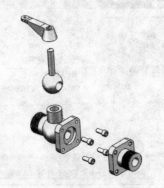

图 14-18　【动画控制选项】属性管理器　　　图 14-19　爆炸动画完成效果

14.3　旋 转 动 画

通过单击 【动画向导】按钮，可以生成旋转动画，即模型绕着指定的轴线进行旋转的动画。

生成旋转动画的操作步骤如下。

（1）打开一个装配体，如图 14-20 所示。

（2）单击图形区域下方的【运动算例】按钮，在下拉列表框中选择【动画】选项，在图形区域下方出现【运动管理器】工具栏和时间线，如图 14-21 所示。单击【运动管理器】工具栏中的 【动画向导】按钮，弹出【选择动画类型】属性管理器，如图 14-22 所示。

图 14-20　打开装配体

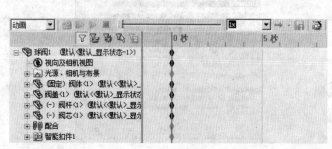

图 14-21　运动算例界面

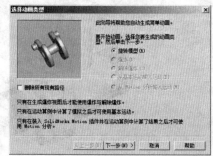

图 14-22　【选择动画类型】属性管理器

（3）单击【旋转模型】单选按钮，如果删除现有的动画序列，则选择【删除所有现有路径】选项，单击【下一步】按钮，弹出【选择一旋转轴】属性管理器，如图 14-23 所示。

（4）单击【Y-轴】单选按钮选择旋转轴，设置【旋转次数】为 1，单击【顺时针】单选按钮，单击【下一步】按钮，弹出【动画控制选项】属性管理器，如图 14-24 所示。

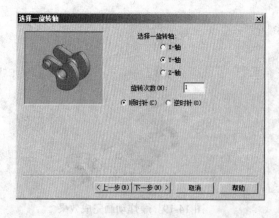

图 14-23　【选择一旋转轴】属性管理器

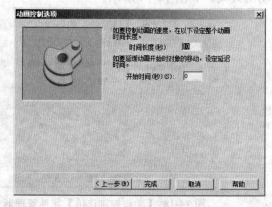

图 14-24　【动画控制选项】属性管理器

（5）设置动画播放的【时间长度（秒）】为 10 秒，运动延迟的【开始时间（秒）】为 0 秒（时间线含有相应的更改栏和键码点，具体取决于【时间长度（秒）】和【开始时间（秒）】的属性设置），单击【完成】按钮，完成旋转动画的设置。单击【运动管理器】工具栏中的 【播放】按钮，观看旋转动画效果。

14.4　距离或者角度配合动画

在 SolidWorks 中可以添加限制运动的配合，这些配合也影响到 SolidWorks Motion 中的零件的运动。

生成距离配合动画的操作步骤如下。

（1）打开一个装配体，如图 14-25 所示。

（2）单击图形区域下方的【运动算例】按钮，在下拉列表框中选择【动画】选项，在图形区域下方出现【运动管理器】工具栏和时间线。单击小滑块零件，沿时间线拖动时间栏，设置动画顺序的时间长度，单击动画的最后时刻，如图 14-26 所示。

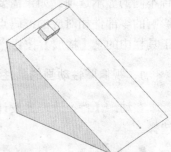

图 14-25　打开装配体

（3）在动画【特征管理器设计树】中，双击【距离 1】图标，在弹出的【修改】属性管理器中，更改数值为 30.00mm，如图 14-27 所示。

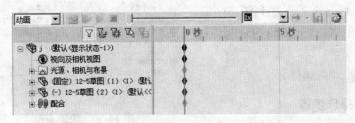

图 14-26　设定时间栏长度　　　　　图 14-27　【修改】属性管理器

（4）单击【运动管理器】工具栏中的 ▷【播放】按钮，当动画开始时，端点和参考直线上端点之间距离是 10mm，如图 14-28 所示；当动画结束时，球心和参考直线上端点之间距离是 60mm，如图 14-29 所示。

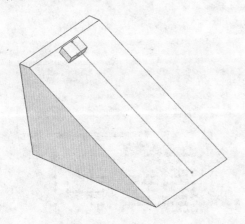

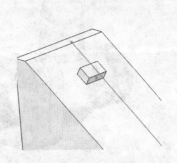

图 14-28　动画开始时　　　　　　　图 14-29　动画结束时

14.5 视像属性动画

可以动态改变单个或者多个零部件的显示，并且在相同或者不同的装配体零部件中组合不同的显示选项。如果需要更改任意 1 个零部件的视像属性，沿时间线选择 1 个与想要影响的零部件相对应的键码点，然后改变零部件的视像属性即可。单击 SolidWorks Motion 工具栏中的 ▷【播放】按钮，该零部件的视像属性将会随着动画的进程而变化。

1．视像属性动画的属性设置

在动画【特征管理器设计树】中，右击想要影响的零部件，在弹出的快捷菜单中进行选择。

- 🖼【隐藏】：隐藏或者显示零部件。
- 🖼【更改透明度】：向零部件添加透明度。
- 【零部件显示】：更改零部件的显示方式，如图 14-30 所示。
- 🔧【以三重轴移动】：将参考轴添加到图形区域中的任意位置，使基于 X、Y、Z 轴的装配体移动和定向更加方便。
- 【外观】：改变零部件的外观属性。

2．生成视像属性动画的操作步骤

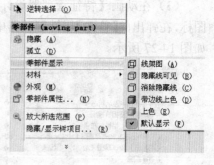

图 14-30　快捷菜单

（1）打开一个装配体，单击图形区域下方的【运动算例】按钮，在下拉列表框中选择【动画】选项，在图形区域下方出现【运动管理器】工具栏和时间线。首先利用【运动管理器】工具栏中的 🖼【动画向导】按钮制作装配体的爆炸动画，如图 14-31 所示。

（2）单击时间线上的最后时刻，如图 14-32 所示。

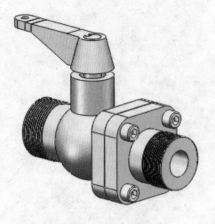

图 14-31　打开装配体

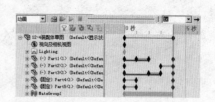

图 14-32　时间线

（3）右击 1 个零件，在弹出的快捷菜单中选择【更改透明度】命令，如图 14-33 所示。

（4）按照上面的步骤可以为其他零部件更改透明度属性，单击【运动管理器】工具栏中的▷【播放】按钮，观看动画效果。被更改了透明度的零件在装配后变成了半透明效果，如图 14-34 所示。

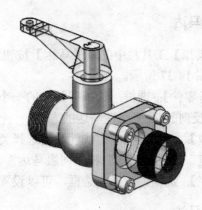

图 14-33　选择【更改透明度】命令　　　　图 14-34　更改透明度后的效果

14.6　运动模拟动画

物理模拟可以允许模拟马达、弹簧及引力等在装配体上的效果。物理模拟将模拟成分与 SolidWorks 工具（如配合和物理动力等）相结合以围绕装配体移动零部件。物理模拟包括引力、线性或者旋转马达、线性弹簧等。

14.6.1　引力

引力是模拟沿某一方向的万有引力，在零部件自由度之内逼真地移动零部件。

单击【模拟】工具栏中的 🗊【引力】按钮（或者单击选择【插入】|【模拟】|【引力】菜单命令），在【属性管理器】中弹出【引力】的属性设置框，如图 14-35 所示。

● 【引力参数】：选择线性边线、平面、基准面或者基准轴作为引力的方向参考。

● 🔄【反向】：改变引力的方向。

● 【数字】选框：选择此选框，可以设置【数字引力值】，如图 14-36 所示。

图 14-35　【引力】的属性设置框　　　　图 14-36　选择【数字】选框

14.6.2　线性马达和旋转马达

线性马达和旋转马达为使用物理动力围绕 1 个装配体移动零部件的模拟成分。

1．线性马达

单击【模拟】工具栏中的 【马达】按钮，在【属性管理器】中弹出【马达】的属性设置框，如图 14-37 所示。

- ●【参考零件】：选框：选择零部件的一个点。
- ● 【反向】：改变线性马达的方向。
- ●【类型】：下拉选框：为线性马达选择类型，包括"等速"、"距离"、"振荡"、"插值"、"表达式"和"伺服马达"。
- ●【数字】：选框：选择此选框，可以设置速度数值。

2．旋转马达

单击【模拟】工具栏中的 【马达】按钮，在【属性管理器】中弹出【旋转马达】的属性设置框，如图 14-38 所示。

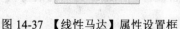

图 14-37　【线性马达】属性设置框　　　图 14-38　【旋转马达】属性设置框

【旋转马达】的属性设置与【线性马达】类似，这里不再赘述。

14.6.3　线性弹簧

线性弹簧为使用物理动力围绕 1 个装配体移动零部件的模拟成分。

单击【模拟】工具栏中的 【线性弹簧】按钮（或者单击选择【插入】|【模拟】|【线性弹簧】菜单命令），在【属性管理器】中弹出【线性弹簧】的属性设置框，如图 14-39 所示。

1.【弹簧参数】选项组

- ▢：为弹簧端点选取两个特征。
- $k x^e$：根据弹簧的函数表达式选取弹簧力表达式
  指数。
- k：根据弹簧的函数表达式设定弹簧常数。
- ▣：设定自由长度，初始距离为当前在图形区域中
  显示的零件之间的长度。

2.【阻尼】选项组

- $c v^e$：选取阻尼力表达式指数。
- C：设定阻尼常数。

图 14-39　【线性弹簧】属性设置框

14.7　范　　例

雷达俯仰机构模型如图 14-40 所示。

主要步骤如下：

1．插入零件。

2．设置配合。

3．模拟运动。

14.1.1　插入零件

（1）启动中文版 SolidWorks 2013，单击【标准】工具栏中的▢【新建】按钮，弹出【新建 SolidWorks 文件】属性管理器，单击【装配体】按钮，如图 14-41 所示，单击【确定】按钮。

图 14-40　雷达俯仰机构模型

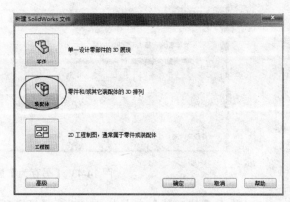

图 14-41　新建装配体窗体

（2）弹出【开始装配体】属性管理器，单击【浏览】按钮，选择【固定座】零件，单击【打开】按钮，如图 14-42 所示，单击【确定】按钮。在图形区域中单击以放置零件。

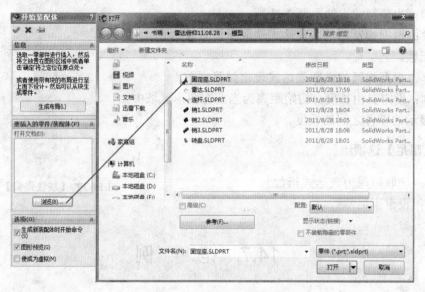

图 14-42　插入零件

（3）单击【文件】|【另存为】菜单命令，弹出【另存为】属性管理器，在【文件名】文字框中输入装配体名称【雷达俯仰】，单击【保存】按钮，如图 14-43 所示。

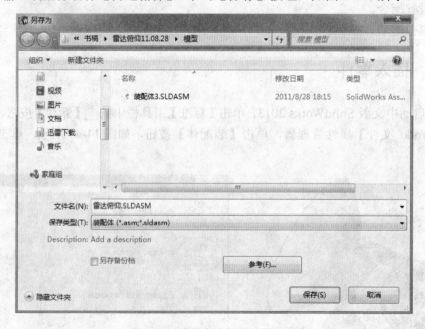

图 14-43　【另存为】属性管理器

（4）单击【装配体】工具栏中的 【插入零部件】命令按钮，系统弹出【开始装配体】属性管理器，重复步骤（2）和步骤（4），将装配体所需的所有零件放置在图形区域中，如图 14-44 所示。

14.1.2　设置配合

（1）为了便于进行配合约束，将零部件【雷达】进行旋转，单击【装配体】工具栏中的 【移动零部件】 下拉按钮，选择 【旋转零部件】命令，弹出【旋转零部件】的属性设置，此时鼠标变为图标 ，旋转至合适位置，单击 【确定】按钮，如图 14-45 所示。

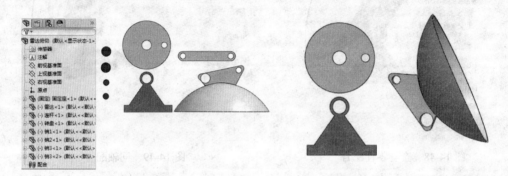

图 14-44　完成插入零件　　　　　　　图 14-45　旋转零部件

（2）单击【装配体】工具栏中的 【配合】按钮，弹出【配合】的属性设置。激活【标准配合】选项下的 【同轴心】按钮，在 【要配合的实体】选择框中，选择如图 14-46 所示的面，其他保持默认，单击 【确定】按钮，完成同轴配合。

（3）激活【标准配合】选项下的 【重合】按钮，在 【要配合的实体】选择框中，选择如图 14-47 所示的面，其他保持默认，单击 【确定】按钮，完成重合配合。

图 14-46　同轴配合　　　　　　　　　图 14-47　重合配合

（4）可以查看【固定座】零件的约束情况，在装配体的特征树中单击【固定座】前的图标 ，展开零件【固定座】的特征树，再单击【雷达俯仰中的配合】前的 ，可以查看如图 14-48 所示的配合类型。

（5）单击【装配体】工具栏中的 🔗【配合】按钮，弹出【配合】的属性设置。激活【标准配合】选项下的 ◎【同轴心】按钮，在 🗂【要配合的实体】选择框中，选择如图 14-49 所示的面，其他保持默认，单击 ✅【确定】按钮，完成同轴配合。

图 14-48　查看零件配合　　　　　　　　　　图 14-49　同轴配合

（6）继续进行配合约束，激活【标准配合】选项下的 📐【重合】按钮，在 🗂【要配合的实体】选择框中，选择如图 14-50 所示的面，其他保持默认，单击 ✅【确定】按钮，完成重合配合。

（7）激活【标准配合】选项下的 ◎【同轴心】按钮，在 🗂【要配合的实体】选择框中，选择如图 14-51 所示的面，其他保持默认，单击 ✅【确定】按钮，完成同轴配合。

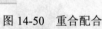

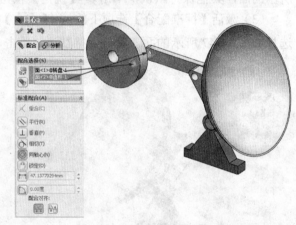

图 14-50　重合配合　　　　　　　　　　　图 14-51　同轴配合

（8）继续进行配合约束，激活【标准配合】选项下的 📐【重合】按钮，在 🗂【要配合的实体】选择框中，选择如图 14-52 所示的面，其他保持默认，单击 ✅【确定】按钮，完成重合配合。

（9）激活【标准配合】选项下的 ◎【同轴心】按钮，在 🗂【要配合的实体】选择框中，选择如图 14-53 所示的面，其他保持默认，单击 ✅【确定】按钮，完成同轴配合。

（10）继续进行配合约束，激活【标准配合】选项下的 📐【重合】按钮，在 🗂【要配合的实体】选择框中，选择如图 14-54 所示的面，其他保持默认，单击 ✅【确定】按钮，完成重合配合。

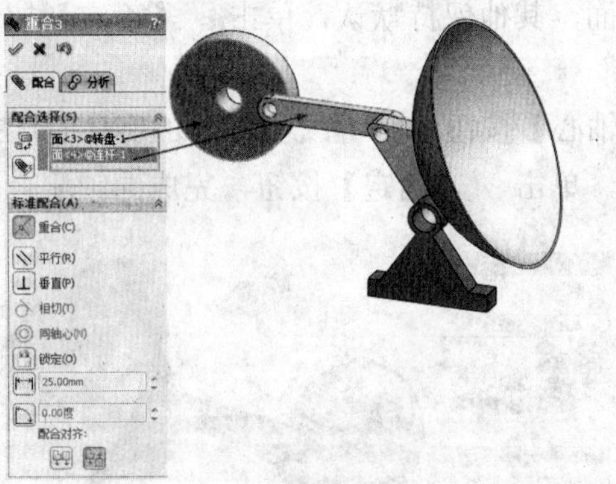

图 14-52　重合配合

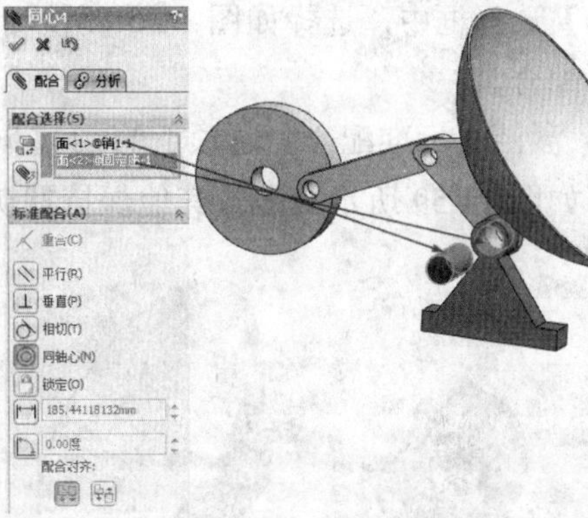

图 14-53　同轴配合

（11）激活【标准配合】选项下的◎【同轴心】按钮，在【要配合的实体】选择框中，选择如图 14-55 所示的面，其他保持默认，单击✓【确定】按钮，完成同轴配合。

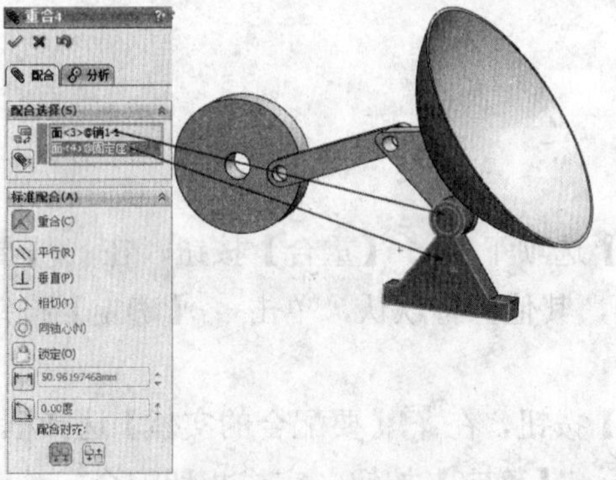

图 14-54　重合配合

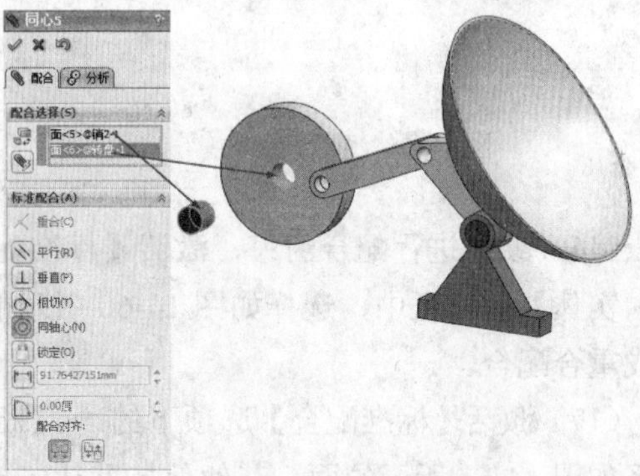

图 14-55　同轴配合

（12）继续进行配合约束，激活【标准配合】选项下的【重合】按钮，在【要配合的实体】选择框中，选择如图 14-56 所示的面，其他保持默认，单击✓【确定】按钮，完成重合配合。

（13）激活【标准配合】选项下的◎【同轴心】按钮，在【要配合的实体】选择框中，选择如图 14-57 所示的面，其他保持默认，单击✓【确定】按钮，完成同轴配合。

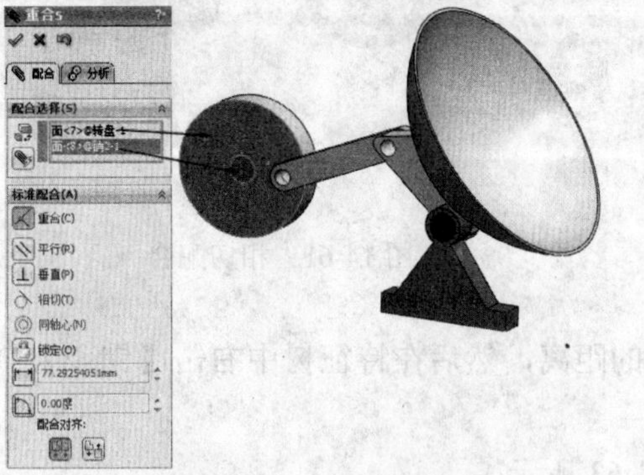

图 14-56　重合配合

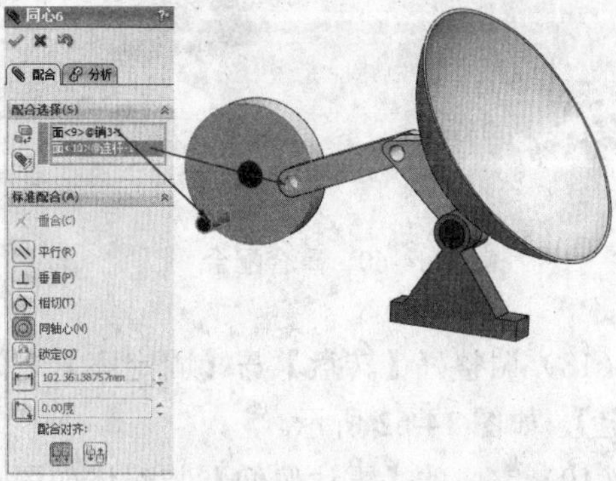

图 14-57　同轴配合

（14）继续进行配合约束，激活【标准配合】选项下的 ⚒【重合】按钮，在 🔲【要配合的实体】选择框中，选择如图 14-58 所示的面，其他保持默认，单击 ✅【确定】按钮，完成重合配合。

（15）激活【标准配合】选项下的 ◎【同轴心】按钮，在 🔲【要配合的实体】选择框中，选择如图 14-59 所示的面，其他保持默认，单击 ✅【确定】按钮，完成同轴配合。

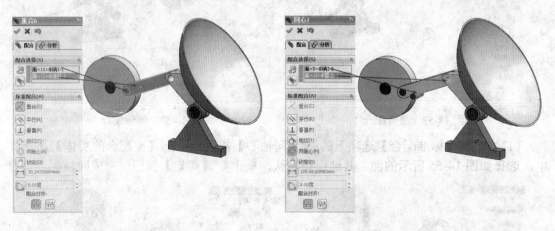

图 14-58　重合配合　　　　　　　　　　　图 14-59　同轴配合

（16）继续进行配合约束，激活【标准配合】选项下的 ⚒【重合】按钮，在 🔲【要配合的实体】选择框中，选择如图 14-60 所示的面，其他保持默认，单击 ✅【确定】按钮，完成重合配合。

（17）激活【标准配合】选项下的 ◔【相切】按钮，在 🔲【要配合的实体】选择框中，选择如图 14-61 所示的面，其他保持默认，单击 ✅【确定】按钮，完成相切配合。

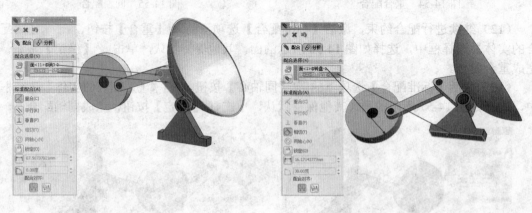

图 14-60　重合配合　　　　　　　　　　　图 14-61　相切配合

（18）调整好【转盘】与【固定座】之间的距离，然后在特征树中右击【销 2】，单击【固定】，如图 14-62 所示。

（19）完成的【雷达俯仰】装配体如图 14-63 所示。

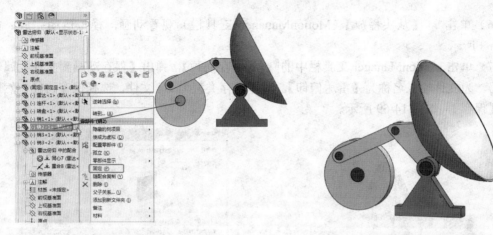

图 14-62　固定零部件　　　　　　　图 14-63　完成装配体配合约束

14.1.3　模拟运动

（1）单击运动算例选项卡（位于图形区域下部模型选项卡右边），为装配体生成第一个运动算例，如图 14-64 所示。

（2）从运动算例拖动时间栏以设定动画序组的持续时间，如图 14-65 所示。

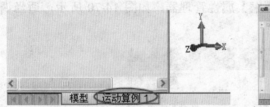

图 14-64　生成运动算例

图 14-65　设定动画持续时间

（3）单击装配体 MotionManager 工具栏中的 ⚙【马达】。

（4）在【马达】属性管理器中，在【马达类型】选项组中，单击【旋转马达】；在【零部件/方向】选项组中，选择 🔲【马达位置】在【转盘】上，在【运动】选项组中，选择恒定马达【等速】，如图 14-66 所示，单击 ✓【确定】按钮，完成马达设置。

（5）完成动画设置后，时间轴如图 14-67 所示。

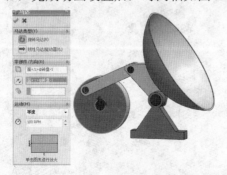

图 14-66　马达设置

图 14-67　时间轴状态

（6）单击 ▷ 【从头播放】（MotionManager 工具栏）观看动画，模拟运动完成，如图 14-68 所示。

（7）单击 MotionManager 工具栏中的 ⊞ 【保存动画】，弹出【保存动画到文件】属性管理器。为文件输入名称为【雷达俯仰】，选择保存类型为.avi 文件，选择保存路径，然后单击【保存】，如图 14-69 所示。

图 14-68　观看动画

图 14-69　保存动画

（8）单击【保存】后，弹出【视频压缩】属性管理器，如图 14-70 所示，适当调整后单击【确定】按钮。

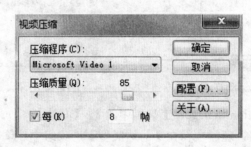

图 14-70　压缩视频

第15章　仿真分析

计算机仿真分析又称计算机辅助工程（Computer Aided Engineering，CAE），指用计算机辅助求解分析复杂工程、产品的结构力学性能以及优化结构性能等。CAE 系统的核心思想是结构的离散化，即将实际结构离散为有限数目的规则单元组合体，实际结构的物理性能通过对离散体进行分析，得出满足工程精度的近似结果来替代对实际结构的分析，这样可以解决很多实际工程需要解决而理论分析又无法解决的复杂问题。SolidWorks 为用户提供了多种仿真分析工具，包括 SimulationXpress 静力学分析，FloXpress 流体分析，TolAnalyst 公差分析和 DFMXpress 数控加工，使用户可以在电脑中测试设计的合理性，无须进行昂贵而费时的现场测试，因此有助于减少成本、缩短时间。

15.1　有限元分析

有限元分析（SimulationXpress）根据有限元法，使用线性静态分析从而计算应力。SimulationXpress 属性管理器向导将定义材质、约束、载荷、分析模型以及查看结果。每完成一个步骤，SimulationXpress 会立即将其保存。如果关闭并重新启动 SimulationXpress，但不关闭该模型文件，则可以获取该信息，必须保存模型文件才能保存分析数据。

单击选择【工具】|SimulationXpress 菜单命令，弹出 SimulationXpress 属性管理器，如图 15-1 所示。

（1）【夹具】选项卡：应用约束到模型的面。

（2）【载荷】选项卡：应用力和压力到模型的面。

（3）【材料】选项卡：指定材质到模型。

（4）【运行】选项卡：可以选择使用默认设置进行分析或者更改设置。

（5）【结果】选项卡：按以下方法查看分析结果。

（6）【优化】选项卡：根据特定准则优化模型尺寸。

使用 SimulationXpress 完成静力学分析需要以下 5个步骤。

（1）应用约束。

（2）应用载荷。

（3）定义材质。

（4）分析模型。

（5）查看结果。

图 15-1　SimulationXpress 属性管理器

15.1.1　约束

在【约束】选项卡中定义约束。每个约束可以包含多个面，受约束的面在所有方向上都受到约束，必须至少约束模型的 1 个面，以防止由于刚性实体运动而导致分析失败。在 SimulationXpress 属性管理器中，单击【添加夹具】按钮。在图形区域中单击希望约束的面，如图 15-2 所示，在屏幕左侧的标签栏中出现夹具的列表，如图 15-3 所示，即可完成约束的定义。

图 15-2　设置【类型】选项卡

图 15-3　出现约束组的列表

15.1.2　载荷

在【载荷】选项卡中，可以应用力和压力载荷到模型的面。

1．施加力的方法

（1）在 SimulationXpress 属性管理器中，单击【下一步】按钮。单击【添加力】按钮。

（2）在图形区域中单击需要应用载荷的面，选择力的单位，输入力的数值，如图 15-4 所示。

（3）在屏幕左侧的标签栏中出现外部载荷的列表，如图 15-5 所示。

图 15-4　设置【载荷】选项卡

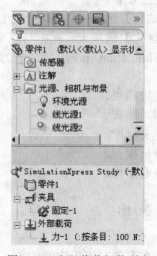

图 15-5　出现载荷组的列表

2．施加压力的方法

可以应用多个压力到单个或者多个面。SimulationXpress 垂直于每个面应用压力载荷。

（1）在 SimulationXpress 属性管理器中，单击【下一步】按钮，再单击【添加压力】按钮。

（2）在图形区域中单击需要应用载荷的面，选择力的单位，输入压力的数值，如图 15-6 所示。

（3）在屏幕左侧的标签栏中出现外部载荷的列表，如图 15-7 所示。

图 15-6　设置【载荷】选项卡

图 15-7　出现载荷组的列表

15.1.3　材质

SimulationXpress 通过材质库给模型指定材质。如果指定给模型的材质不在材质库中，退出 SimulationXpress，将所需材质添加到库，然后重新打开 SimulationXpress。

材质可以是各向同性、正交各向异性或者各向异性，SimulationXpress 只支持各向同性材质。设定材质的窗体如图 15-8 所示。

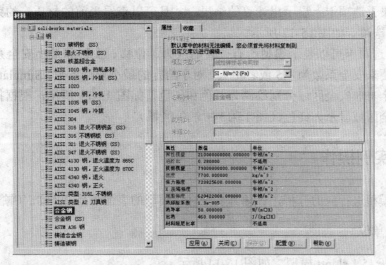

图 15-8　设置材质的窗体

15.1.4 分析

在 SimulationXpress 属性管理器中，选择【Run 分析】选项卡，可以选择【更改网格密度】。如果希望获取更精确的结果，可以向右（细）拖动滑杆；如果希望进行快速估测，可以向左（粗）拖动滑杆，如图 15-9 所示。

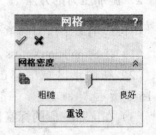

图 15-9 设置【Run 分析】选项卡

单击【运行】按钮，进行分析运算，如图 15-10 所示。分析进行时，将动态显示分析进度，如图 15-11 所示。

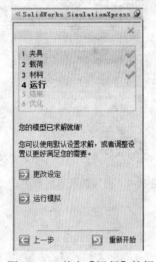

图 15-10 单击【运行】按钮

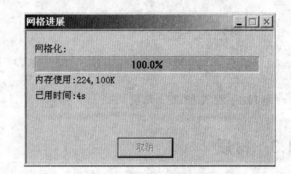

图 15-11 分析进度

15.1.5 结果

在【结果】选项卡上显示出计算的结果，并且可以查看当前的材质、约束和载荷等内容，【结果】选项卡如图 15-12 所示。

【结果】选项卡可以显示模型所有位置的应力、位移、变形和最小安全系数。标准工程规则通常要求安全系数为 1.5 或者更大。对于给定的最小安全系数，SimulationXpress 会将可能的安全与非安全区域分别绘制为蓝色和红色，如图 15-13 所示，根据指定安全系数划分的非安全区域显示为红色（图 15-13 中浅色区域）。

15.1.6 实例操作

对给定模型进行应力分析，评估其安全性，模型的表面承受 3000Pa（帕）的压力。

1. 设置单位

（1）打开 15.1.sldprt 模型，如图 15-14 所示。

（2）选择【工具】|SimulationXpress 菜单命令，弹出 SimulationXpress 属性管理器，如图 15-15 所示。

（3）在【欢迎】选项卡中，单击【选项】按钮，弹出单位选项设置界面，设置【单位系统】为【公制】，并指定文件保存的【结果位置】，如图 15-16 所示，单击【确定】按钮。

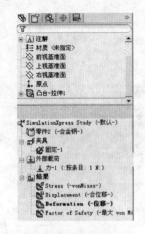

图 15-12　【结果】选项卡

图 15-13　按安全区域绘图

图 15-14　打开模型

图 15-15　SimulationXpress 属性管理器

图 15-16　设置单位系统

2. 应用约束

（1）在【约束】选项卡中，出现应用约束界面，如图 15-17 所示。

（2）单击【添加夹具】按钮，出现定义约束组的界面，在图形区域中单击模型的两个内圆柱面，则约束固定符号显示在该面上，如图 15-18 所示。

图 15-17 【约束】选项卡

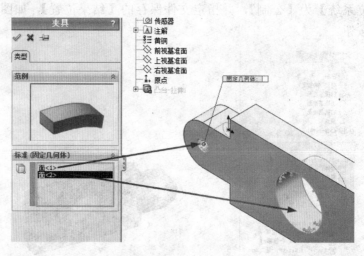

图 15-18 固定约束

（3）单击【确定】按钮，可以通过【添加夹具】按钮定义多个约束条件，如图 15-19 所示，单击【下一步】按钮。

3．应用载荷

（1）在【载荷】选项卡中，出现应用载荷界面，如图 15-20 所示。

图 15-19 定义约束组

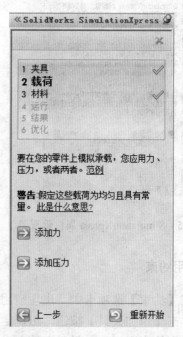

图 15-20 【载荷】选项卡

（2）单击【添加压力】按钮，弹出压力设置选项卡，如图 15-21 所示。

（3）在图形区域中单击模型的上面，如图 15-22 所示，压力符号显示在表面上。单击【确定】按钮，完成载荷的设置，如图 15-23 所示，单击【下一步】按钮。

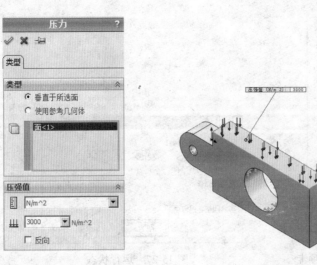

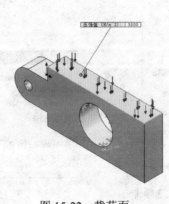

　　图 15-21　单击【压力】单选按钮　　　　图 15-22　载荷面　　　　图 15-23　定义载荷组

4．定义材质

在【Material 材质】选项卡中，可以选择 SolidWorks 预置的材质。这里选择【黄铜】选项，单击【应用】按钮，黄铜材质被应用到模型上，如图 15-24 所示。单击【关闭】按钮，完成材质的设定，如图 15-25 所示。

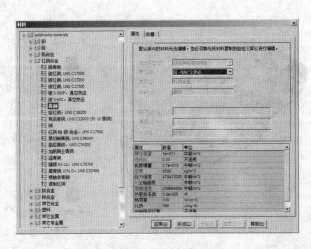

　　　　图 15-24　定义材质　　　　　　　　　　图 15-25　定义材质完成

5．运行分析

在【Run 分析】选项卡中，单击【运行】按钮，如图 15-26 所示，屏幕上显示出运行状态以及分析信息，如图 15-27 所示。

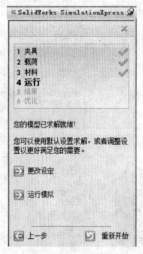

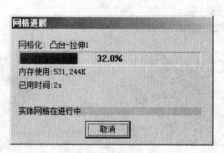

图 15-26　【Run 分析】选项卡　　　　　　图 15-27　运行状态

6．观察结果

（1）运行分析完成，变形的动画将自动显示出来，如图 15-28 所示，单击【停止动画】按钮。

（2）在【Results 结果】选项卡中，单击【是，继续】单选按钮，进入下一个页面，单击【显示 von Mises 应力】单选按钮，绘图区中将显示模型的应力云图，如图 15-29 所示。

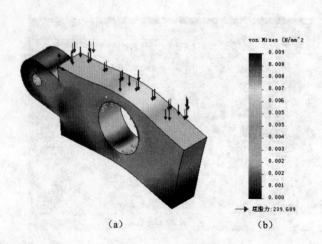

（a）　　　　　　　　　（b）

图 15-28　【结果】选项卡　　　　　　　　图 15-29　应力结果

（3）单击【显示位移】单选按钮，绘图区中将显示模型的位移云图，如图 15-30 所示。

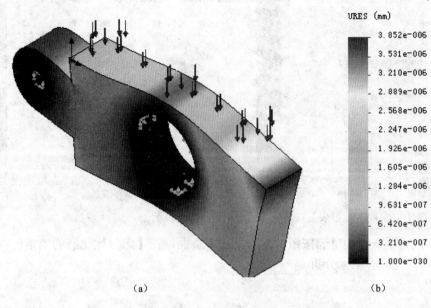

（a）   （b）

图 15-30　位移结果

（4）单击【在以下显示安全系数（FOS）的位置】单选按钮，并在选择框中输入 200000，图区中将显示模型在安全系数是 200000 的危险区域，如图 15-31 所示。

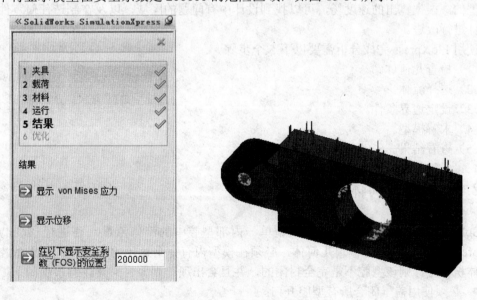

图 15-31　显示危险区域

（5）在【结果】选项卡中，单击【生成 HTML 报表】单选按钮，进入下一个页面，如图 15-32 所示。

（6）单击【生成报表】单选按钮，生成报表，如图 15-33 所示。

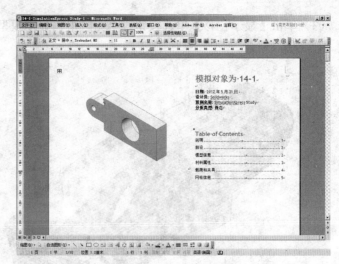

图 15-32   单击【生成 HTML 报表】按钮   图 15-33   生成报表

（7）单击【下一步】单选按钮，进入下一个页面，在【您想优化您的模型吗？】提问下，选择 No，完成有限元分析。

15.2   流 体 分 析

SolidWorks FloXpress 是一个流体力学应用程序，可计算流体是如何穿过零件或装配体模型的。根据算出的速度场，可以找到设计中有问题的区域，以及在制造任何零件之前对零件进行改进。

使用 FloXpress 完成分析需要以下 5 个步骤。

（1）检查几何体。
（2）选择流体。
（3）设定边界条件。
（4）求解模型。
（5）查看结果。

15.2.1   检查几何体

SolidWorks FloXpress 可计算模型单一内部型腔中的流体流量。要进行 SolidWorks FloXpress 分析，软件会检查几何体，必须在模型内有完全封闭的单型腔。如果型腔内的流体体积为零，则该型腔不是完全封闭的，并且会出现一则警告，其注意事项如下。

- 必须使用盖子闭合所有型腔开口。
- 要在装配体中生成盖子，请生成新零件以完全盖住入口和出口开口。
- 要在零件中生成盖子，请生成实体特征以完全盖住开口。
- 盖子必须由实体特征（如拉伸）组成，曲面对于作为盖子而言无效。

检查几何体的属性栏，如图 15-34 所示。

其中：

【流体体积】选项组

【查看流体体积】：将模型转为线架图视图，然后放大以显示流体体积。

【最小的流道】：定义用于最小的流道的几何体。

15.2.2　选择流体

可以选择水或空气作为计算的流体，但不可以同时使用不同的流体。选择流体的属性栏，如图 15-35 所示。

图 15-34　检查几何体

图 15-35　流体的属性栏

15.2.3　设定边界条件

设定边界条件包括设定入口条件和设定出口条件。

1．设定入口条件

必须指定应用入口边界条件和参数的面。设定入口条件的属性栏，如图 15-36 所示。

【入口】选项组

【压力】：使用压力作为流量公制单位。

【容积流量比】：将流量容积作为流量公制单位。

【质量流量比】：将流量质量作为流量公制单位。

【要应用入口边界条件的面】：设定用于入口边界的面。

T【温度】：设定流进流体的温度。

2．设定出口条件

必须选择应用出口边界条件和参数的面。设定出口条件的属性栏如图 15-37 所示。

【出口】选项组中的属性与【入口】选项组的设置属性完全相同。

15.2.4　求解模型

运行分析以计算流体参数。其属性栏如图 15-38 所示。

图 15-36　流量入口　　　　　　　　图 15-37　流量出口

15.2.5　查看结果

SolidWorks FloXpress 完成分析后，可以检查分析结果。其结果属性栏如图 15-39 所示。

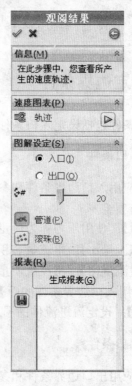

图 15-38　分析界面　　　　　　　　图 15-39　查看结果

1.【速度图表】选项组

【轨迹】：显示轨迹的动态速度图解，图形区域会分色显示速度范围（米/秒），轨迹根据每点的速度值以不同颜色显示。

2.【图解设定】选项组

入口和出口：以入口或出口透视图视角展示流体在零件内的移动情况。

🔧#【轨迹数】：轨迹的个数。

🐟【管道】：以管道代表轨迹。

🎲【滚珠】：以滚珠代表轨迹。

3.【报表】选项组

💾【捕捉图像】：将流动轨迹快照保存为 JPEG 图像。

📝【报告】：生成 Microsoft Word 报告，其中包含所有项目信息、最高流速和任何快照图像。

15.2.6　实例操作

本范例将计算弯头的内部流动情况，并生成分析报告。模型如图 15-40 所示。

主要步骤如下：

1．检查几何体。

2．选择流体。

3．设定流量入口条件。

4．设定流量出口条件。

5．求解模型。

6．查看结果。

1．检查几何体

（1）启动中文版 SolidWorks 2013，单击【标准】工具栏中的 🗁【打开】按钮，弹出【打开】属性管理器，选择本书配套模型中的 15.2.sldprt，单击【打开】按钮，打开零件，如图 15-41 所示。

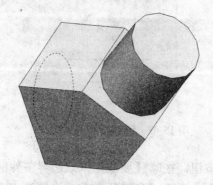
图 15-40　模型

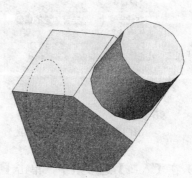
图 15-41　阀门模型

（2）选择【工具】|FloXpress 菜单命令，弹出【检查几何体】属性管理器，如图 15-42 所示。

（3）在【流体体积】选项组中，单击【查看流体体积】按钮，绘图区将高亮度显示出流体的分布，并显示出最小的流道尺寸，如图 15-43 所示。

图 15-42　【检查几何体】属性管理器

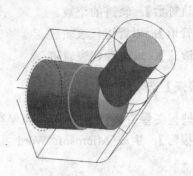

图 15-43　显示流体体积

2．选择流体

单击 【下一步】按钮，如图 15-44 所示，提示用户选择具体的流体，在本例中选择【水】。

3．设定流量入口条件

（1）单击 【下一步】按钮，弹出【流量入口】属性框，如图 15-45 所示。

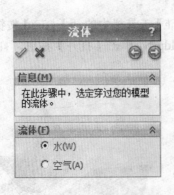

图 15-44　选择流体类型

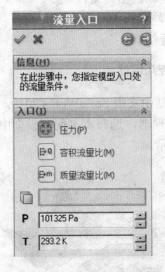

图 15-45　【流量入口】属性框

（2）在【入口】选项组中，单击【压力】按钮，在 【要应用入口边界条件的面】选框中选择绘图区中和流体相接触的端盖的内侧面，在 P【环境压力】中设置为 301325Pa，如图 15-46 所示。

4．设定流量出口条件

（1）单击 **【下一步】**按钮，如图 15-47 所示，弹出【流量出口】属性设置框。

（2）在【出口】选项组中，单击【压力】按钮，在 【要应用出口边界条件的面】中选择绘图区中和流体相接触的端盖的内侧面，在 **P**【环境压力】中保持默认的设置，如图 15-48 所示。

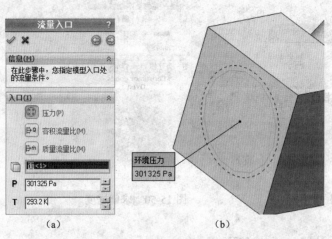

图 15-46 设置流量入口条件　　　　　　图 15-47 【流量出口】属性设置框

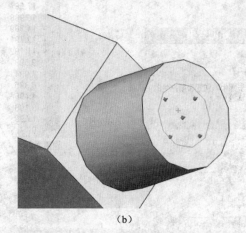

图 15-48 设置流量出口条件

5．求解模型

（1）单击 **【下一步】**按钮，如图 15-49 所示，弹出【解出】属性设置框。

（2）在【解出】属性框中，单击 按钮，开始流体分析，屏幕上显示出运行状态及分析信息，如图 15-50 所示。

6．查看结果

（1）运行分析完成，显示【观阅结果】属性框，如图 15-51 所示。

（2）在【速度图表】选项组中，单击 ▷ 按钮，绘图区中将显示出流体的速度分布，为了显示清晰，可以将弯头零件隐藏，如图 15-52 所示。

图 15-49 【解出】属性框

图 15-50 求解进度

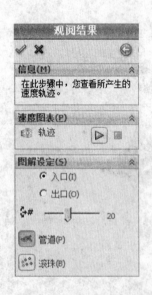

图 15-51 【观阅结果】属性框

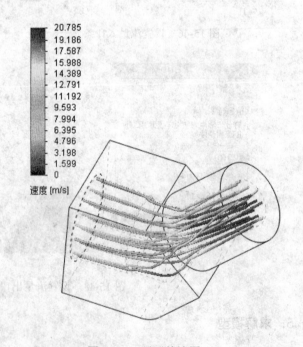

图 15-52 显示轨迹图

（3）在【图解设定】选项组中，单击【滚珠】按钮，绘图区中的流体将以滚珠形式显示出来，如图 15-53 所示。

（4）在【报表】选项组中，单击【生成报表】按钮，有关流体分析的结果将以 Word 形式显示出来，如图 15-54 所示。

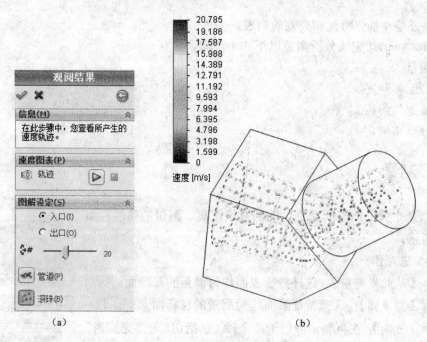

图 15-53 以滚珠形式显示轨迹图

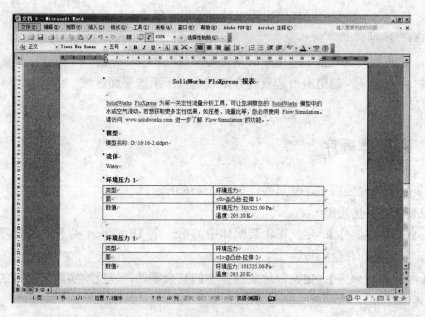

图 15-54 生成报表

15.3 公 差 分 析

TolAnalyst 是一种公差分析工具,用于研究公差和装配体方法对一个装配体的两个特征间的尺寸所产生的影响。每次研究的结果为一个最小与最大公差、一个最小与最大和方根（RSS）公差及基值特征和公差的列表。

使用 TolAnalyst 完成分析需要以下 4 个步骤。

（1）测量。

（2）装配体顺序。

（3）装配体约束。

（4）分析结果。

15.3.1　测量

测量指两个 DimXpert 特征之间的直线距离。测量的属性栏如图 15-55 所示。

【测量】选项组

1. 　【从此处测量】：选择特征表面作为测量的基准面。

2. 　【测量到】：选择特征表面作为测量的目标面。

3.【测量方向】：在将测量应用于两个轴（包括切口轴）之间时，设定尺寸的方向。

- X、Y 和 Z：这些选项与坐标系相对，适用于每个与特征轴相垂直的轴。

- N：法向，确定垂直于两个轴的最短距离尺寸。

- U：用户定义，确定沿所选直线方向或垂直于所选平面区域的尺寸。

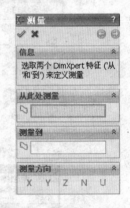

图 15-55　测量的属性栏

15.3.2　装配体顺序

定义装配体的安装顺序，其属性栏如图 15-56 所示。

【公差装配体】选项组

（1）　【基体零件】：定义简化装配体中的第一个 DimXpert 零件，基体零件是固定的，需设定要评估的测量原点。

（2）【零部件和顺序】：定义简化装配体中的其余零件，以反映实际或计划的装配流程的顺序选择零件。

15.3.3　装配体约束

装配体约束与配合类似。约束依据 DimXpert 特征之间的几何关系，而配合则依据几何实体之间的几何关系。此外，约束按顺序应用，应用顺序非常重要，将对结果产生重大影响。装配体约束的属性栏如图 15-57 所示。

在【装配体约束】选项组中：

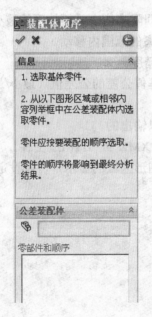

图 15-56 装配体顺序属性栏   图 15-57 装配体约束的属性栏

1.【约束过滤器】

使用【约束过滤器】可隐藏或显示约束类型有：

- ⟋【重合】
- ◎【同轴心】
- ↦【距离】
- ⟋【相切】

【显示阵列】：显示阵列约束，清除后，将显示阵列中每个实例的约束。

【使用智能过滤器】：隐藏与所考虑特征距离较远的约束。

2.【公差装配体】

列出零件及其约束状态。

15.3.4 分析结果

分析结果的属性栏如图 15-58 所示。

【分析结果】选项组

（1）以下分析参数用于设定评估准则和结果的精度。

- 【方位公差】：将几何方位公差以及角度加减位置公差加入到最糟情形条件的评估中。
- 【垂直于原点特征】：更新测量向量，这里的测量向量指将垂直于基准面或测量【属性管理器】中从此处测量特征的轴向量。

图 15-58 分析结果界面

- 【浮动扣件和销钉】：使用孔和扣件之间的间隙来增大最糟情形的最小和最大结果，每个零件可以在等于孔与扣件之间径向距离的范围内移动。
- 【公差精度】：设定分析摘要给出的结果的精度。

（2）【重算】：运行分析，在变更一个或多个基值公差的公差值（最小/最大促进值下）后，单击重算。

（3）【分析摘要】：显示结果。这些结果是可以输出的。

（4）【输出结果】：单击将结果保存为 Excel、XML 或 HTML 文件。

（5）【分析数据和显示】：列出促进值并管理图形区域的显示，可以设定最小和最大情形条件的数据和显示。

15.3.5 实例操作

测量皮带轮端面到侧面之间的距离和公差。

1. 准备模型

（1）启动中文版 SolidWorks 2013，单击【标准】工具栏中的 【打开】按钮，弹出【打开】属性管理器，选择配套文件中的 15.3.sldasm，单击【确定】按钮，如图 15-59 所示。

（2）选择【工具】|【插件】菜单命令，弹出【插件】属性管理器，单击 TolAnalyst 前后的方框，使之处于被选择状态，如图 15-60 所示，启动 TolAnalyst 公差分析插件。

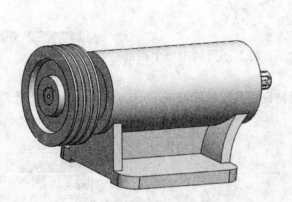

图 15-59　打开模型

图 15-60　启动 SolidWorks Motion 插件

（3）单击 DimXpertmanager 标签栏，属性管理器将切换到公差分析模块中，如图 15-61 所示。

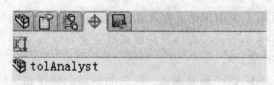

图 15-61　公差分析标签栏

2．测量

单击 ⊕ DimXpertmanager 标签栏中 🔲 TolAnalyst 菜单命令，弹出【测量】属性栏，在【从此处测量】中选择绘图区中皮带轮的侧面，在【测量到】中选择底座的侧面，按住鼠标左键将鼠标拉动到合适地点，释放左键，屏幕上将出现相应的测量数值，同时【信息】属性栏中将显示"测量已定义。从可用选项中选择或单击下一步"，代表已经获得测量的数值，如图 15-62 所示。

3．装配体顺序

（1）单击【测量】属性栏中的 ⊖【下一步】按钮，进入【装配体顺序】界面。在绘图区中单击皮带轮装配体中的座体，代表首先装配座体，座体的名称也相应地显示在【零部件和顺序】属性栏中，如图 15-63 所示。

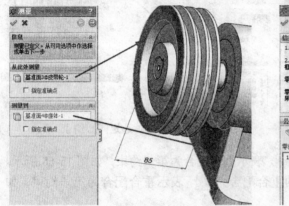

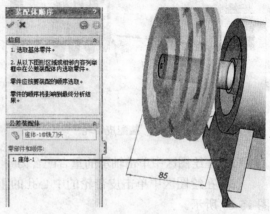

图 15-62　测量界面　　　　　　　　　　　　　　图 15-63　装配座体

（2）在绘图区中单击皮带轮装配体中的轴承，表示第二步装配轴承，轴承的名称也相应地显示在【零部件和顺序】属性栏中，如图 15-64 所示。

（3）在绘图区中单击销轴，表示第三步装配轴，轴的名称也相应地显示在【零部件和顺序】属性栏中，如图 15-65 所示。

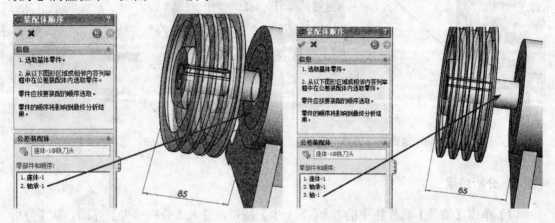

图 15-64　装配侧支撑座　　　　　　　　　　　　图 15-65　装配销轴

（4）在绘图区中单击皮带轮，表示第四步装配皮带轮，皮带轮的名称也相应地显示在【零部件和顺序】属性栏中，同时【信息】属性栏中将显示"测量特征之间的装配体顺序已定义"，如图 15-66 所示。

4. 装配体约束

（1）单击【测量】属性栏中的 ⊖【下一步】按钮，进入【装配体约束】界面。在绘图区中单击侧座孔的重合配合为 ①，表示重合配合为第一约束，如图 15-67 所示。

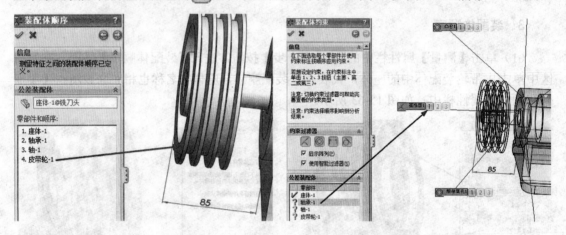

图 15-66　装配皮带轮　　　　　　　　　　图 15-67　选定同心约束

（2）在绘图区中单击轴承的重合配合为 ①，表示重合配合为第一约束，如图 15-68 所示。

（3）在绘图区中单击皮带轮的中心孔的重合配合为 ①，表示重合配合为第一约束，如图 15-69 所示。

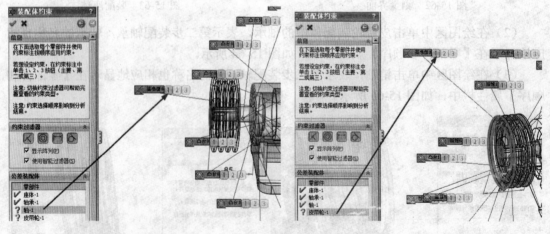

图 15-68　选定同心约束　　　　　　　　　　图 15-69　选定同心约束

5. 分析结果

（1）单击【测量】属性栏中的 ⊖【下一步】按钮，进入【分析结果】界面。从【分析摘要】选项框中得到可见名义误差为 85，最大误差能达到 86，最小误差达到 84，如图 15-70 所示。

（2）在【分析摘要】选项栏中将显示出误差的主要来源，如图 15-71 所示，从分析摘要可知，误差来自于座体和轴，因此可以通过提高该零件的加工精度来减小误差。

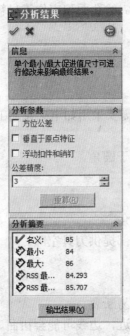

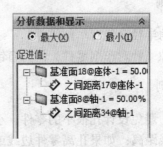

图 15-70 分析结果 　　　　 图 15-71 分析摘要

15.4 数 控 加 工

DFMXpress 是一种用于核准 SolidWorks 零件可制造性的分析工具。使用 DFMXpress 识别可能导致加工问题或增加生产成本的设计区域。其主要内容如下。

- 规则说明。
- 配置规则。
- 核准零件。

15.4.1 规则说明

数控加工模块包括的加工规则有钻孔规则、碾磨规则、车削规则、钣金规则和标准孔大小。

1. 钻孔规则

- 孔直径：具有较小直径(小于 3.0 mm) 或深度-直径比率较高(大于 2.75) 的孔较难

加工，不推荐进行常规批量生产。

- 平底孔：盲孔应为锥底形状而非平底形状。
- 孔入口和出口曲面：对于钻孔的入口和出口，曲面应与孔轴垂直。
- 孔与型腔相交：钻孔不应与型腔相交。
- 部分孔：当孔与特征边线相交时，至少 75% 的孔面积应位于材料之内。
- 线性和角度公差：公差不应过紧。

2. 碾磨规则

- 深容套和槽缝：既深又狭窄的槽缝很难加工。
- 尖内角：尖内角无法通过传统碾磨工艺加工，需要采用如电火花加工 (EDM) 之类的非传统加工工艺。
- 外边线上的圆角：对于外部边角，倒角优先于圆角。

3. 车削规则

- 最小边角半径（针对车削零件）：避免尖内角。
- 镗孔空隙（针对车削零件）：为盲镗孔的底部提供刀具空隙。

4. 钣金规则

- 孔直径：避免设计孔很小的零件，小钻头容易断裂。
- 孔到边线距离：如果孔离零件边线或折弯太近，边线可能会扭曲。
- 孔间距：如果孔彼此太近，材料可能会扭曲。
- 弯曲半径：如果弯曲太严重，材料可能会断裂。

5. 标准孔大小

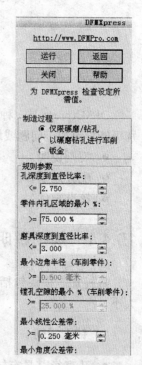

- 为孔使用标准钻头和冲孔大小，不常见的孔直径会增加制造成本。
- DFMXpress 从 SolidWorks Toolbox 创建一标准孔大小列表，可以配置 DFMXpress 所识别的标准孔大小。

15.4.2 配置规则

配置规则的属性栏如图 15-72 所示。

（1）【制造过程】选项组：指定为之设定规则参数的制造过程，选取其中一项。

- 【仅限碾磨/钻孔】：铣削和钻孔的规则。
- 【以碾磨钻孔进行车削】：铣削和钻孔规则以及车削零件的其他规则。
- 【钣金】：钣金零件的规则。

（2）【规则参数】选项组：为制造过程选择项列举参数。

图 15-72 规则配置界面

15.4.3　实例操作

（1）启动中文版 SolidWorks 2013，单击【标准】工具栏中的 【打开】按钮，弹出【打开】属性管理器，选择配套模型中的 15.4.sldprt，单击【打开】按钮，如图 15-73 所示。

（2）启动 DFMXpress，单击【工具】|DFMXpress 菜单命令，如图 15-74 所示。

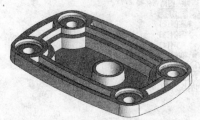

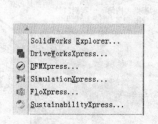

图 15-73　打开模型　　　　　　图 15-74　启动菜单　　　　　　图 15-75　启动界面

（3）弹出 DFMXpress 属性设置窗体，如图 15-75 所示。

（4）根据零件的形状，设定检查规则，单击【设定】按钮，弹出设定属性栏，设置相应的数据，如图 15-76 所示。

（5）单击【返回】按钮，完成属性设置，单击【运行】按钮，进行可制造性分析，结果将自动显示出来，如图 15-77 所示，其中【规则失败】将显示成红色，【规则通过】将显示成绿色。

图 15-76　设定界面　　　　　　　　　图 15-77　运行结果

（6）单击失败规则下的【实例 1】，屏幕上将自动出现提示，提示具体失败原因【使用

传统碾磨很难取得尖内角】，绘图区中将用高亮度来显示该实例对应的特征，如图 15-78
所示。

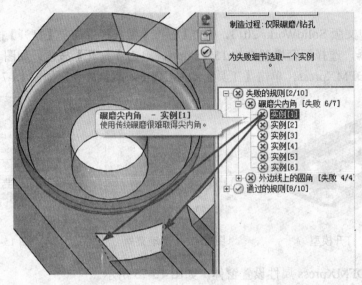

图 15-78　失败实例 1

参 考 文 献

[1] 谷得桥. SolidWorks 2011【中文版】机械设计从入门到精通. 北京：机械工业出版社，2011.

[2] 陈超祥，叶修梓. SolidWorks 工程图教程. 北京：机械工业出版社，2011.

[3] 陈超祥，叶修梓. SolidWorks 零件与装配体教程. 北京：机械工业出版社，2011.

[4] 陈超祥，叶修梓. SolidWorks 高级教程简编. 北京：机械工业出版社，2011.

[5] 张晋西，郭学琴. SolidWorks 及 COSMOSMotion 机械仿真设计. 北京：清华大学出版社，2007.